"十三五"职业教育国家规划教材

计算机应用基础

（第2版）

主　编　石　忠　杜少杰
副主编　王晓蓓　王雅玡　姜晓刚
参　编　徐　涛　吴世柱
主　审　李　新

北京理工大学出版社
BEIJING INSTITUTE OF TECHNOLOGY PRESS

内 容 简 介

本书面向具有计算机初级操作能力的读者,讲解了 Windows 7 操作系统、计算机硬件组成、计算机网络(包括移动互联网)、Office 办公软件和计算机维护等 5 个方面的内容,其中 Office 办公软件中包含 Word 2010、Excel 2010、PowerPoint 2010。全书从 Windows 7 操作系统讲起,将以上 5 个方面的理论知识融入到 68 个实用、有趣的任务中,注重培养计算机操作能力和使用计算机解决实际问题的能力。全书语言通俗、术语规范,同时提供了图片、视频、自测、实验指导等多种学习资源。本书可作为各类职业院校计算机基础课程的教材使用,也可用于计算机爱好者自学。

版权专有　侵权必究

图书在版编目(CIP)数据

计算机应用基础 / 石忠,杜少杰主编. —2 版. —北京:北京理工大学出版社,2019.11(2022.6 重印)
ISBN 978-7-5682-7848-5

Ⅰ. ①计… Ⅱ. ①石…②杜… Ⅲ. ①电子计算机-教材 Ⅳ. ①TP3

中国版本图书馆 CIP 数据核字(2019)第 243547 号

出版发行 /	北京理工大学出版社有限责任公司	
社　　址 /	北京市海淀区中关村南大街 5 号	
邮　　编 /	100081	
电　　话 /	(010)68914775(总编室)	
	(010)82562903(教材售后服务热线)	
	(010)68944723(其他图书服务热线)	
网　　址 /	http://www.bitpress.com.cn	
经　　销 /	全国各地新华书店	
印　　刷 /	涿州市新华印刷有限公司	
开　　本 /	787 毫米×1092 毫米　1/16	
印　　张 /	17.25	责任编辑 / 高　芳
字　　数 /	403 千字	文案编辑 / 高　芳
版　　次 /	2019 年 11 月第 2 版　2022 年 6 月第 10 次印刷	责任校对 / 周瑞红
定　　价 /	45.00 元	责任印制 / 施胜娟

图书出现印装质量问题,请拨打售后服务热线,本社负责调换

我想，凡是阅读此书的人，都是想要学习计算机基础知识，以便更好地使用计算机来解决工作和生活中遇到的各种问题。比如，重新安装 Windows 7 操作系统、帮助朋友组装计算机、对重要文件进行加密、制作精美的演示文稿等。当前讲解计算机基础知识的书很多，本书的主要特色如下。

1. 内容实用

作为长期从事计算机基础教学的一线教师，我们深知初学者的学习基础和想要学习的技能；同时，作为工作、生活都离不开计算机的超级用户，我们有丰富的实践经验和理论基础，两者的结合使我们能够为读者提供实用的内容。本书提供了软件安装卸载、Windows 7 操作系统安装与优化、网络设置与资源下载（包括移动互联网）、电子文档处理、电子表格的制作和数据分析统计、演示文稿的美化与动态效果制作，以及日常计算机使用中的信息安全、病毒防范等内容，并提供了使用中的经验技巧。

2. 以任务为载体

凭借教师对初学者学习能力、学习特点的了解，我们把以上理论知识融入 68 个实际任务中。通过解释在完成任务过程中遇到的现象，完成理论知识的传递。比如，通过文字、图片、文档等 3 个不同的下载需求，来讲解如何获取不同类型的网上资源。

3. 培养实际操作能力

如果不能进行实际的操作，任何计算机知识都是纸上谈兵、毫无意义。本书提供了完成这些任务的详细操作步骤，学习者通过亲自动手操作完成知识的学习，潜移默化中培养了操作能力。

4. 培养自主应用能力

能够按既定的步骤操作计算机，但是遇到使用中的实际问题就手足无措，显然这也不能达到学习的目的。在本书中，我们通过训练项目来培养自主应用能力，指导学习者分析出实际问题中蕴含的理论知识。比如，学习完 Word 中表格的内容后，要求制作一份个人求职简历表。

5. 学习过程的即时指导

由于计算机自身的特点，不同的软件配置会导致不同的操作结果，而且，初学者往往只在乎完成操作，却很少去关注操作过程中产生的各种现象。翻开此书，您会发现本书在体例上与其他同类图书有很大不同，增加了"边做边想"和"边学边做"栏目。在按步骤完成任务的操作过程中，右侧的"边做边想"栏目会即时提醒学习者观察、记录该操作产生的结果，思考其原因，为后续的理论学习做铺垫。在理论讲解过程中，右侧的"边学边做"栏目以操作实例的形式，指导学习者去实践该理论知识所产生的现象，并进行记录。这种在实践中观察思考、在讲解中实践体验的做法，实现了从现象到本质、从理论到实践的双向融合。这种独特的方式非常适合于计算机类操作知识的学习，会让你的学习事半功倍。

6. 4个专业类的职场案例集

针对不同专业开设"计算机应用基础"课程的不同需求，突出"计算机应用基础"应用于不同专业的特色性和专业性，本书编者在4个专业类精心选取了66个职场案例，分别针对旅游管理类专业、机械电子类专业、财经会计类专业和医疗护理类专业，所有案例集均可在北京理工大学出版社网站（www.bitpress.com.cn）上免费下载。

本书是山东省高等职业院校基础课程教学改革立项课题《计算机文化基础教学改革与实践》的研究成果。其中，滨州职业学院石忠编写第1章；滨州职业学院杜少杰编写第2、3章；滨州职业学院王晓蓓编写第3、4章，王雅玡编写第6章，姜晓刚编写第5章；安徽三联学院徐涛编写第7章；山东阳光数码科技有限公司项目经理吴世柱编写第8章。本书编写体例由杜少杰设计，石忠负责统稿。李新对全书进行了最终审核。

本书的编写经过了我们认真地审读和校验，尽管如此，仍不敢保证书中没有任何错误。聪明的读者，如果您发现了错误，请一定告诉我们。ducare@126.com，期待您的来信。

编　者

第1章 Windows 7 操作系统 ··· 1

任务 1-1 在"桌面"进行特定功能的鼠标操作 ··· 2
  任务描述 ··· 2
  任务实现 ··· 2
  知识点：鼠标操作及其功能描述 ··· 3

任务 1-2 "计算机"窗口操作 ··· 5
  任务描述 ··· 5
  任务实现 ··· 5
  知识点：窗口组成及其基本操作 ··· 6

任务 1-3 "显示 属性"对话框操作 ··· 9
  任务描述 ··· 9
  任务实现 ··· 9
  知识点：对话框及其组成元素 ··· 10

任务 1-4 让屏幕上的文字大一些 ··· 11
  任务描述 ··· 11
  任务实现 ··· 12
  知识点：桌面外观与屏幕分辨率 ··· 13

任务 1-5 在任务栏通知区域隐藏 QQ 图标 ··· 15
  任务描述 ··· 15
  任务实现 ··· 15
  知识点：任务栏 ··· 16

任务 1-6 录入文章"计算机的发展" ··· 18
  任务描述 ··· 18
  任务实现 ··· 19
  知识点：文字录入时常见操作 ··· 21

任务 1-7 设置喜欢的输入法为首选中文输入法 ··· 24
  任务描述 ··· 24
  任务实现 ··· 24
  知识点：输入法的添加与删除 ··· 24

任务 1-8 说出 4 个文件的内容 ··· 25

　　　　任务描述 ··· 25
　　　　任务实现 ··· 25
　　　　知识点：文件及其类型、文件夹 ·· 26
　　任务 1-9　说出"winmine.exe"和"calc.exe"文件的功能 ······················· 31
　　　　任务描述 ··· 31
　　　　任务实现 ··· 31
　　　　知识点：程序文件及其运行 ·· 32
　　任务 1-10　录制一段你的笑声 ·· 34
　　　　任务描述 ··· 34
　　　　任务实现 ··· 34
　　　　知识点：文件的新建与保存 ·· 35
　　任务 1-11　把手机中的照片导入到电脑中 ··· 37
　　　　任务描述 ··· 37
　　　　任务实现 ··· 37
　　　　知识点：文件基本操作 ··· 38
　　任务 1-12　恢复误删除的照片 ·· 39
　　　　任务描述 ··· 39
　　　　任务实现 ··· 39
　　　　知识点：文件的彻底删除与还原 ··· 39
　　总结与复习 ·· 40

第 2 章　Windows 7 管理软硬件 ·· 44

　　任务 2-1　模拟购买电脑 ··· 45
　　　　任务描述 ··· 45
　　　　任务实现 ··· 45
　　　　知识点：计算机的硬件组成、几个重要的硬件、计算机的工作过程 ········ 46
　　任务 2-2　查看 CPU、硬盘型号 ·· 51
　　　　任务描述 ··· 51
　　　　任务实现 ··· 51
　　　　知识点：系统诊断命令 ··· 52
　　任务 2-3　安装方正 T35 扫描仪 ·· 53
　　　　任务描述 ··· 53
　　　　任务实现 ··· 54
　　　　知识点：硬件驱动程序、硬件安装步骤 ··· 56
　　任务 2-4　卸载旧打印机 ··· 58
　　　　任务描述 ··· 58
　　　　任务实现 ··· 58
　　　　知识点：卸载硬件设备 ··· 59
　　● 任务 2-5　播放一首好听的 Flash 歌曲 ··· 59
　　　　任务描述 ··· 59

任务实现 60
 　　知识点：软件、软件的安装、文件与应用程序的关联 62
 任务 2-6　卸载火狐播放器、WinRAR 和 Windows Media Player 64
 　　任务描述 64
 　　任务实现 64
 　　知识点：卸载程序和组件 66
 任务 2-7　我的文件到哪里去了 67
 　　任务描述 67
 　　任务实现 67
 　　知识点：文件搜索、快捷方式 68
 任务 2-8　隐藏"班委会演讲稿" 70
 　　任务描述 70
 　　任务实现 70
 　　知识点：文件属性 70
 总结与复习 71

第3章　网络连接 73

 任务 3-1　认识实验室内的网络设备 74
 　　任务描述 74
 　　任务实现 74
 　　知识点：网络中使用的设备和传输介质 74
 任务 3-2　在局域网中共享文件和打印机 77
 　　任务描述 77
 　　任务实现 77
 　　知识点：Windows 7 的网络功能、TCP/IP 协议 81
 任务 3-3　解决局域网使用中的常见故障 84
 　　任务描述 84
 　　任务实现 84
 任务 3-4　了解中国网的结构 85
 　　任务描述 85
 　　任务实现 85
 　　知识点：国际互联网、中国网、IP 地址 86
 任务 3-5　了解移动互联网 88
 　　任务描述 88
 　　任务实现 88
 　　知识点：移动互联网、无线网 88
 任务 3-6　ADSL 宽带上网 90
 　　任务描述 90
 　　任务实现 90
 　　知识点：Internet 接入方式和建立网络连接 91

  任务 3-7 将手机设置为 WLAN 热点 ·················· 92
    任务描述 ··· 92
    任务实现 ··· 92
    知识点：USB 共享、无线接入 ·························· 94
  总结与复习 ··· 94

第 4 章 互联网应用 ·· 96

  任务 4-1 保存"北京理工大学出版社"首页 ··········· 97
    任务描述 ··· 97
    任务实现 ··· 97
    知识点：浏览器使用 ·· 98
  任务 4-2 安装"中华粮网"交易安全控件 ············· 101
    任务描述 ·· 101
    任务实现 ·· 101
    知识点：插件、ActiveX 插件 ·························· 103
  任务 4-3 下载"火狐 Flash 播放器" ······················ 106
    任务描述 ·· 106
    任务实现 ·· 106
    知识点：资源下载 ·· 107
  任务 4-4 查找"大学生使用网络状况"方面的文献 ······ 108
    任务描述 ·· 108
    任务实现 ·· 108
    知识点：中国知网、搜索引擎 ·························· 110
  任务 4-5 用 QQ 与家人视频聊天 ························· 112
    任务描述 ·· 112
    任务实现 ·· 112
    知识点：QQ 的其他实用功能 ························· 112
  任务 4-6 用邮箱给朋友发送照片 ························· 113
    任务描述 ·· 113
    任务实现 ·· 113
    知识点：电子邮件 ·· 114
  总结与复习 ·· 115

第 5 章 文字处理系统 Word 2010 ······························· 117

  任务 5-1 熟悉 Word 2010 的主界面 ······················ 118
    任务描述 ·· 118
    任务实现 ·· 118
    知识点：Word 2010 的主界面 ························ 119
  任务 5-2 修正"我爱世博会"中的错误 ·················· 121
    任务描述 ·· 121

  任务实现 ··· 121
  知识点：查找替换与拼写检查 ··· 122
 任务 5-3 对"一只小鸟"进行格式化 ·· 124
  任务描述 ··· 124
  任务实现 ··· 125
  知识点：文档格式设置 ·· 126
 任务 5-4 制作"临床药学"专业介绍宣传册 ··· 130
  任务描述 ··· 130
  任务实现 ··· 130
  知识点：插入图片与图形 ··· 134
 任务 5-5 制作"个人简历表" ·· 137
  任务描述 ··· 137
  任务实现 ··· 137
  知识点：表格的建立和编辑 ··· 139
 任务 5-6 快速生成学生的成绩单 ··· 141
  任务描述 ··· 141
  任务实现 ··· 141
  知识点：邮件合并、域 ·· 143
 任务 5-7 给文档"走进哈佛大学"插入横版图片和页眉 ·· 143
  任务描述 ··· 143
  任务实现 ··· 144
  知识点：页眉与页脚、分隔符 ··· 146
 任务 5-8 给文档"戚继光传"插入目录和页码 ·· 148
  任务描述 ··· 148
  任务实现 ··· 149
  知识点：样式与目录 ··· 151
 总结与复习 ··· 151

第6章 电子表格处理 ··· 155

 任务 6-1 录入报名数据 ··· 156
  任务描述 ··· 156
  任务实现 ··· 156
  知识点：电子表格基本知识 ··· 157
 任务 6-2 美化工作表 ·· 159
  任务描述 ··· 159
  任务实现 ··· 159
  知识点：单元格格式设定 ··· 161
 任务 6-3 打印工作表 ·· 163
  任务描述 ··· 163
  任务实现 ··· 163

知识点：页面设置 ······ 165
任务 6-4　计算总分名次等 ······ 166
　　任务描述 ······ 166
　　任务实现 ······ 166
　　知识点：公式 ······ 169
任务 6-5　排序和标识获奖者 ······ 172
　　任务描述 ······ 172
　　任务实现 ······ 172
　　知识点：排序与条件格式 ······ 173
任务 6-6　成绩数据筛选及分类汇总 ······ 175
　　任务描述 ······ 175
　　任务实现 ······ 175
　　知识点：Excel 表格 ······ 177
任务 6-7　建立数据透视图 ······ 179
　　任务描述 ······ 179
　　任务实现 ······ 179
　　知识点：数据透视表和数据透视图 ······ 181
任务 6-8　制作饼图 ······ 182
　　任务描述 ······ 182
　　任务实现 ······ 182
　　知识点：图表 ······ 183
任务 6-9　制作柱状图 ······ 185
　　任务描述 ······ 185
　　任务实现 ······ 185
　　知识点：图表的格式 ······ 186
任务 6-10　设置页面布局分页打印 ······ 187
　　任务描述 ······ 187
　　任务实现 ······ 187
　　知识点：分页预览 ······ 189
总结与复习 ······ 189

第 7 章　制作演示文稿 PowerPoint 2010 ······ 191

任务 7-1　初识 PowerPoint 2010 ······ 192
　　任务描述 ······ 192
　　任务实现 ······ 192
　　知识点：PowerPoint 2010 功能区主要按钮的功能及位置 ······ 193
任务 7-2　制作"实践教学的特色"幻灯片 ······ 196
　　任务描述 ······ 196
　　任务实现 ······ 197
　　知识点：幻灯片的版式与背景 ······ 201

任务 7-3　添加"汇报提纲"幻灯片 ……………………………………………… 203
　　任务描述 ………………………………………………………………………… 203
　　任务实现 ………………………………………………………………………… 204
　　知识点：演示文稿、PowerPoint 视图、编辑幻灯片 ……………………………… 205
任务 7-4　美化"案例介绍"幻灯片 ……………………………………………… 208
　　任务描述 ………………………………………………………………………… 208
　　任务实现 ………………………………………………………………………… 209
　　知识点：设计模板与插入各种对象 ……………………………………………… 211
任务 7-5　个性化"大学生职业规划"模板 ………………………………………… 212
　　任务描述 ………………………………………………………………………… 212
　　任务实现 ………………………………………………………………………… 213
　　知识点：幻灯片母版 ……………………………………………………………… 215
任务 7-6　为"汇报提纲"幻灯片应用"炫"模板 ………………………………… 218
　　任务描述 ………………………………………………………………………… 218
　　任务实现 ………………………………………………………………………… 218
　　知识点：模板的获取与选择 ……………………………………………………… 219
任务 7-7　制作带背景音乐的"我的大学生活"封面幻灯片 …………………… 219
　　任务描述 ………………………………………………………………………… 219
　　任务实现 ………………………………………………………………………… 220
　　知识点：插入超链接和音/视频文件 ……………………………………………… 222
任务 7-8　制作带视频的"学院简介"幻灯片 …………………………………… 225
　　任务描述 ………………………………………………………………………… 225
　　任务实现 ………………………………………………………………………… 226
　　知识点：动作设置 ………………………………………………………………… 226
任务 7-9　制作渐次显示的"专业介绍"幻灯片 ………………………………… 227
　　任务描述 ………………………………………………………………………… 227
　　任务实现 ………………………………………………………………………… 227
　　知识点：幻灯片的动态效果 ……………………………………………………… 228
任务 7-10　自动播放"电子银行"演示文稿 ……………………………………… 231
　　任务描述 ………………………………………………………………………… 231
　　任务实现 ………………………………………………………………………… 231
　　知识点：幻灯片的放映 …………………………………………………………… 232
任务 7-11　打印讲义 ………………………………………………………………… 233
　　任务描述 ………………………………………………………………………… 233
　　任务实现 ………………………………………………………………………… 233
　　知识点：演示文稿的打印、网上发布与打包 …………………………………… 234
总结与复习 …………………………………………………………………………… 235

第 8 章　保护计算机 …………………………………………………………… 239

任务 8-1　查杀计算机病毒 ………………………………………………………… 240

  任务描述 ······ 240
  任务实现 ······ 240
   知识点：病毒分类及网络攻击 ······ 242

任务 8-2 优化计算机 ······ 243
  任务描述 ······ 243
  任务实现 ······ 243
   知识点：木马及间谍软件等 ······ 244

任务 8-3 安装 Windows 7 ······ 245
  任务描述 ······ 245
  任务实现 ······ 245
   知识点：硬盘分区 ······ 249

任务 8-4 划分硬盘分区 ······ 251
  任务描述 ······ 251
  任务实现 ······ 251
   知识点：Windows 7 中的文件系统 ······ 254

任务 8-5 快速安装系统 ······ 255
  任务描述 ······ 255
  任务实现 ······ 255

任务 8-6 备份及还原系统 ······ 256
  任务描述 ······ 256
  任务实现 ······ 256

总结与复习 ······ 260

第 1 章　Windows 7 操作系统

情境引入

张敏非常喜欢电脑，但是她自己没有电脑，仅仅是在同学、朋友和网吧的电脑上，用鼠标操作过电脑的图形界面，看看电影、听听歌，玩玩简单的游戏等。由于没有进行系统的学习，导致她不能用专业的语言来描述自己所进行的操作和电脑反馈的界面信息，电脑出现问题时也不能很好地和别人交流。她很想多学习一些电脑操作的知识，以便今后在操作电脑时得心应手、心中有数，同时能自己解决一些简单的电脑故障。

本章将面向电脑初学者，带领读者认识 Windows 7 操作系统的组成元素，使读者能够用术语来表达鼠标的操作，描述电脑反馈的界面信息，明确文件的概念，能输入各式各样的符号。

本章学习目标

能力目标：
- ✓ 能够灵活进行鼠标操作
- ✓ 能够识别 Windows 窗口的组成元素
- ✓ 能够定义个性化的桌面，包括设置背景、屏幕保护程序、图标文字、分辨率
- ✓ 能够添加/删除输入法、设置首选输入法
- ✓ 能够查看文件的主文件名、扩展名、文件大小、修改时间
- ✓ 能够根据文件路径来定位文件
- ✓ 能够新建不同类型的文件，包括 mp3、avi、txt、wav、exe 等
- ✓ 能够进行文件/文件夹的改名、移动、复制、删除、恢复等操作

知识目标：
- ✓ 掌握典型的 Windows 7 窗口的元素组成
- ✓ 掌握对话框的各种元素
- ✓ 掌握汉字、大小写字母、标点符号、特殊符号的输入方法
- ✓ 了解文件概念，掌握非程序文件和程序文件的区别
- ✓ 熟练掌握文件/文件夹的新建、改名、删除、移动、复制的操作步骤
- ✓ 了解记事本、画图、录音机程序的功能

素质目标：
- ✓ 爱惜电脑，正确开关机
- ✓ 热心帮助他人解决电脑故障
- ✓ 使用术语来描述鼠标操作、Windows 7 窗口元素

实验环境需求

硬件要求：

多媒体电脑、USB 接口、光驱、麦克风

软件要求：

Windows 7 操作系统、搜狗输入法、打字练习软件、能播放 mp3 格式的歌曲和 avi 格式的电影、QQ 软件、扫雷游戏

任务 1-1 在"桌面"进行特定功能的鼠标操作

任务描述

Windows 7 操作系统向电脑用户提供了图形化的界面，使用户能够通过鼠标单击的方式来操作计算机，进行工作和娱乐，管理计算机的软硬件，因此我们首先要能够使用鼠标。尝试完成能实现下面功能的鼠标操作。

(1) 将鼠标指向"计算机"。
(2) 选中"计算机"。
(3) 打开"计算机"窗口。
(4) 关闭"计算机"窗口。
(5) 启动"记事本"程序，或打开"记事本"窗口。
(6) 关闭"记事本"程序，或关闭"记事本"窗口。
(7) 弹出（打开）"计算机"快捷菜单。
(8) 关闭（取消）"计算机"快捷菜单。
(9) 弹出（打开）"桌面"快捷菜单。
(10) 关闭（取消）"桌面"快捷菜单。
(11) 同时选中桌面上的"计算机""网络""回收站"三个图标。
(12) 弹出（打开）以上三项的快捷菜单。
(13) 关闭（取消）该快捷菜单。
(14) 同时选中桌面上的第一列所有图标。
(15) 取消所有选中的图标。
(16) 拖动"计算机"图标到桌面最后一个图标的下面。
(17) 重新启动电脑，或重启电脑，简称重启、重启动。

任务实现

(1) 把鼠标移动到"计算机"图标上。
(2) 把鼠标移动到"计算机"图标上，单击。①
(3) 把鼠标移动到"计算机"图标上，双击。
(4) 把鼠标移动到"计算机"窗口左上角的 处，双击。

边做边想

① 选中"计算机"图标后，该图标有什么变化？

（5）单击桌面左下角的"开始"按钮，移动鼠标到"所有程序"选项，在弹出的菜单中单击"附件"选项，然后在弹出的菜单项中单击"记事本"选项。

（6）单击"记事本"窗口右上角的 ✕ 。②

（7）鼠标移动到"计算机"图标，右击。③

（8）（接上面的7）在弹出的"计算机"快捷菜单之外的桌面空白处单击。

（9）鼠标移动到桌面空白处，右击。④

（10）（接上面的9）在弹出的"桌面"快捷菜单之外的桌面空白处单击。

（11）鼠标移动到"计算机"图标，单击；然后鼠标移动到"网络"图标，按住键盘上的"Ctrl"键不松手，单击鼠标后再释放"Ctrl"键；然后鼠标移动到"回收站"图标，按住键盘上的"Ctrl"键不松手，单击鼠标后再释放"Ctrl"。⑤

（12）（接上面的11）鼠标移动到三个被选中图标的任意一个，右击。⑥

（13）⑦

（14）鼠标移动到桌面左上角空白处，向下、向右拖动鼠标到第一列最后一个图标处。

（15）（接上面的14）在桌面空白处单击。

（16）鼠标移动到"计算机"图标，拖动鼠标到桌面最后一个图标的下面，释放鼠标。如果释放后"计算机"图标又自动回到了原来的位置，请查阅下面"知识点"环节中⑧对应的内容。

（17）单击桌面左下角的"开始"按钮，然后单击"关闭"按钮后的三角形状，在弹出的菜单中单击"重新启动"按钮。⑧

知识点：鼠标操作及其功能描述

鼠标是操作电脑最常用的输入设备之一，一般有两个键，分别称为左键和右键。鼠标的基本操作如下所述。

（1）移动：在屏幕上移动但没有按下任何键。

（2）左击：单击鼠标左键一次并立即松开，简称"单击"。

（3）右击：单击鼠标右键一次并立即松开。

（4）双击：连续快速单击鼠标左键两次。

（5）释放：松开鼠标按键。

（6）拖动：按着鼠标左（或右）键不放，然后拖动鼠标。

可以看出，鼠标的操作非常简单，练习几次就能够掌握。

② 再次打开"记事本"窗口，仔细观察"记事本"窗口左上角的小图像，并在此小图像上单击，说出出现的现象。

③ 记录下"计算机"快捷菜单的第三个选项。

④ 记录下"桌面"快捷菜单的第三个选项。

⑤ 三个图标被选中后，有什么变化？按住"Ctrl"键的作用是什么？尝试一下单击这三个图标时，不按住"Ctrl"键，观察产生的结果。

⑥ 记录下该快捷菜单的第三个选项。

⑦ 请写出你采取的操作。

⑧ 请写出关闭电脑的鼠标操作步骤。

边学边做

① 快速将鼠标指向"回收站"，并选中。

② 取消刚才选中的"回收站"。写下取消时单击了桌面哪个位置？

③ 同时选中桌面上的第一个图标和最后一个图标。

④ 桌面上是否有"网络"

读者应知道，在不同的位置进行相同的鼠标操作，其结果是不相同的，比如任务中的（7）和（9），都是右击鼠标，出现的界面却不相同，还有（14）和（16），都是拖动鼠标的动作，产生的结果也是大不相同的。

而且，更为重要的，是我们能够明确鼠标操作所实现的功能。在上面的任务中，任务要求中描述的就是要实现的功能，任务实现中给出的是具体的鼠标动作。概括地说，我们上面的任务中共完成了以下几个功能：

（1）指向：移动鼠标，使指针停留在操作对象上。

（2）选中：指针停留在操作对象上时单击鼠标，使操作对象反白显示。如果想取消选中，则单击该对象之外的桌面空白处即可。①②

（3）选中多个对象：按住键盘上"Ctrl"键的同时，在多个操作对象上单击鼠标，使多个对象都能反白显示。③

（4）打开"操作对象"窗口：如果想要打开的操作对象在桌面上有图标时，在操作对象上双击，将会打开操作对象窗口，进入窗口可实现该操作对象特定的功能。④

有的时候，用户也会发现，想要打开的某个窗口，在桌面上并没有图标，这时应从"开始"→"所有程序"中找到该操作对象，并在操作对象上单击即可。打开"操作对象"窗口也可以称作启动操作对象程序，或者启动操作对象软件。比如，现在要求启动 Windows Media Player 程序（Windows XP 操作系统自带的音频播放软件），那么单击桌面左下角的"开始"菜单，在打开的菜单中单击"所有程序"项，然后在展开的级联菜单中找到"Windows Media Player"，单击即可。⑤

（5）弹出（打开）操作对象的快捷菜单：当把鼠标指向某操作对象并右击，会出现一个菜单，可以实现该操作对象最常用的处理，这个菜单称为快捷菜单。操作对象不同，其所对应的快捷菜单也不同，这一点在前面的任务（7）和（9）已经体验到了。在这里需要说明的一点是，如果选定了多个对象，并想对这多个对象进行相同的操作，可以用快捷菜单实现，弹出多个对象的快捷菜单，需要选中多个对象后，在其中一个反白显示的对象上右击鼠标即可。⑥

（6）关闭（取消）操作对象的快捷菜单：在快捷菜单之外的空白处（不在任何其他操作对象上）单击，即可。

图标？如果有，则打开"网络"窗口。
_____

⑤ 用两种方法打开"Internet Explorer"，分别记录下你所进行的鼠标操作。
_____
_____
_____

⑥ 打开桌面上最后两个图标的快捷菜单。请写下右击鼠标时指针在什么位置？是一次就操作成功的吗？
_____
_____

⑦ 拖动"计算机"图标到"Internet Explorer"图标的后面。
_____

⑧ 拖动"回收站"图标到桌面正中央。

在完成这个操作时，是否遇到释放鼠标后"回收站"图标自动和桌面上其他的图标排列？如果遇到这种情况，打开"桌面"快捷菜单，查看一下排列图标菜单项对应的级联菜单中，"自动排列"项前面是否有✓。单击"自动排列"，该✓消失，然后再进行拖动图标的操作。并思考一下"自动排列"菜单的功能是什么？
_____
_____
_____

4

（7）拖动操作对象：当鼠标指向某操作对象时，拖动鼠标，到目标位置后释放鼠标，实现了拖动操作对象的功能。⑦⑧

上面用术语描述了鼠标操作的作用，本书后续内容将会直接使用这些术语来表示操作步骤，而不是告诉读者单击、右击等原始动作。用术语来描述鼠标操作的作用，这是今后与人交流问题、阅读专业资料的基础。

任务 1–2　"计算机"窗口操作

任务描述

启动电脑，并打开"我的电脑"窗口，按要求实现下面的操作。
（1）请说出"计算机"窗口各组成元素的名称。
（2）最小化"计算机"窗口。
（3）还原"计算机"窗口。
（4）把窗口宽度变小一点。
（5）隐藏"计算机"窗口的状态栏。
（6）显示"计算机"窗口的控制菜单。
（7）把"计算机"窗口移动到屏幕右上角。
（8）激活"计算机"窗口。

任务实现

（1）说出"计算机"窗口各组成元素的名称。如有困难，请参照下文的图1–2。①②③④⑤⑥

（2）单击窗口右上角的最小化按钮▬。⑦

（3）上一步将窗口最小化后，桌面上"计算机"窗口不见了，在桌面下方"开始"按钮右边的任务栏中，出现了文件夹图标，这是窗口最小化后的图标，此时单击这个图标，就可以将窗口恢复成原来的状态。

（4）把鼠标移动到"计算机"窗口的左（或右）边框上，待鼠标变成形如↔的左右箭头时，向右（或左）拖动鼠标，调整至合适的宽度后释放鼠标。⑧

（5）单击"计算机"窗口菜单栏的"查看"菜单，出现如图 1–1 所示的下拉菜单，查看一下"状态栏"菜单项的前面是否有✔，如果有，则单击"状态栏"。⑨

（6）单击"计算机"窗口的左上角空白区域，即可显示控制菜单。

边做边想

① 窗口各组成元素：_____
_____
_____
_____

② 窗口标题栏中的标题是否显示？
_____

③ 菜单栏有几个菜单？第3个菜单项是什么？
_____

④ 工具面板有几个选项？第5个选项的作用是什么？
_____

⑤ 你的窗口显示"状态栏"了吗？如果显示，如何让其不显示？
_____

图1-1 "查看"菜单

⑥ 在"计算机"工作区单击不同的盘符，观察状态栏的变化。

⑦ 窗口有什么变化？你知道"最小化"的作用了吗？

⑧ 你拖动的是左边框还是右边框？

⑨ 此时窗口发生了什么变化？再次打开"查看"菜单，看看"状态栏"前面的✔还有吗？这个✔是什么含义？

⑩ 说出两次单击时标题栏的变化。

（7）鼠标指向"计算机"窗口标题栏，向右上方拖动至恰当位置。

（8）在桌面空白处单击鼠标，观察"计算机"窗口标题栏的变化，然后在"计算机"窗口内单击鼠标。⑩

知识点：窗口组成及其基本操作

在上面的任务中，在"计算机"窗口中进行了几项操作，下面来系统地学习一下有关窗口的内容。Windows 的中文含义为"窗口"，Windows 7 也是窗口化的操作系统，也就是说，通过 Windows 7 系统提供的各种窗口，来实现对电脑的操作。当打开一个文件夹，启动一个程序，或打开一个文档时，都会显示各自的窗口。图 1-2 是读者非常熟悉的"计算机"窗口，通过这个窗口，来认识一下一个典型窗口的各组成元素和基本操作。

由图 1-2 可以看到，窗口由以下几部分组成。

（1）标题栏：用来显示程序或文档名称。活动窗口标题栏为蓝色，非活动窗口为灰色。当窗口处于非活动状态时，在窗口任何位置单击，可以使窗口变成活动窗口，这个操作也叫做激活窗口，这在上面的任务（8）中已经练习过。从标题栏，可以很容易地看出目前电脑所执行的任务，比如播放的歌曲、使用的播放器、正在操作的文档名等。对于操作者，明确这一点是很重要的，它能让你弄清楚操作产生的效果。后续章节中仍然会不断提示读者观察标题栏的变化，以明确自己的操作。值得注意的是，Windows 7 家庭普通版的标题栏默认是透明效果，有时不显示其中的文字。

还可以通过标题栏移动窗口。将鼠标移动到窗口标题栏，拖动到目标位置即可。在上面的任务（7）中已经进行了这种操作。

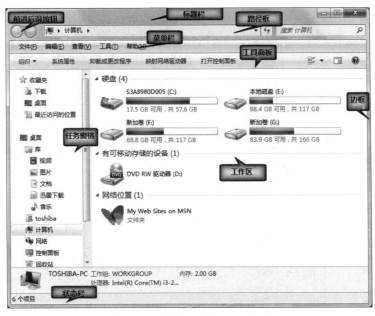

图1-2 "计算机"窗口组成

（2）控制菜单图标：不同的窗口有不同的图标，但是控制菜单所包含的菜单项是相同的。在上面的任务（6）中，通过单击打开了此控制菜单，利用其中的命令可以进行最大化、最小化、移动、改变窗口大小或关闭窗口等操作。

（3）控制按钮：有3个，分别是最小化按钮、最大化按钮（还原按钮）、关闭按钮。单击最小化按钮，可以使当前窗口变成一个图标放到任务栏上；单击最大化按钮，可以使窗口占据整个屏幕。当窗口处于最大化时，此时的最大化按钮就变成了还原按钮，单击还原按钮可以将窗口还原为最大化之前的状态。最大化按钮和还原按钮不会同时出现。单击关闭按钮用来关闭当前窗口。①②

使用"Alt+F4"组合键也能关闭活动窗口。

在此我们应注意最小化窗口和关闭窗口的区别。从表面上来看，最小化窗口和关闭窗口都是使窗口在屏幕上不显示，但是却有本质不同。最小化窗口仅仅使窗口缩小到任务栏上的一个小图标，窗口所对应的程序仍然在运行状态，并不能够释放其所占用的系统资源，关闭窗口将释放该窗口所占用的系统资源。因此，如果一个窗口中进行的工作已经结束，应该关闭它；如果暂时不使用它，以后还要继续使用时，才将其最小化。

边学边做

① 最大化"我的电脑"窗口，画出还原按钮的形状。何时出现最大化按钮，何时出现还原按钮？

_____

_____

② 最大化"我的电脑"窗口，在标题栏上双击，观察出现的现象；然后再次双击标题栏，看看又出现了什么现象。总结一下双击窗口标题栏的作用。

_____

（4）菜单栏：列出了可用的菜单项。

（5）工具面板：工具面板可以看作是新形式的工具栏，其标准配置包括"组织"等诸多选项，其中"组织"项用来进行相应的设置与操作，其他选项根据文件夹具体位置不同，在工具面板中还会出现其他的相应工具项，如浏览回收站时，会出现"清空回收站""还原项目"的选项；而在浏览图片目录时，则会出现"放映幻灯片"的选项；浏览音乐或视频文件目录时，相应的播放按钮则会出现。"

工具面板还提供了进行快捷操作的按钮，单击按钮即可进行相应的命令，而不需要到菜单栏中去查找。比如，"计算机"窗口的"查看"菜单中，对电脑中的内容，提供了"超大图标""平铺""内容""列表""详细信息"等 8 种查看方式，如图 1-1 所示，默认是"平铺"。如果我们想要查看每个磁盘的容量大小，可以更改为"详细信息"方式。工具面板的按钮 ，即是快速更改查看方式的按钮，单击按钮中向下的箭头，出现 8 种查看方式，如图 1-3 所示，大家可以看出来，这与"查看"菜单中所包含的菜单项完全相同。

边学边做

③ 仔细观察、记录当前路径框的内容。
_____
_____

④ 向下拖动滚动条，查看一下当前窗口没有显示出来的内容是什么？如图 1-2 所示的"计算机"窗口为什么没有水平滚动条？
_____
_____

图 1-3　工具面板"查看"按钮

（6）路径框：路径框不仅给出当前目录的位置，其中的各项均可单击，帮助用户直接定位到相应层次。③

（7）任务窗格：用来快速执行一些与当前状态相关的操作。不同的窗口，其任务窗格包含的操作也不同。

（8）工作区：用来显示与当前操作相关的具体内容。

（9）滚动条：当窗口内容超出窗口大小时，窗口会自动产生滚动条，有垂直滚动条和水平滚动条。可以通过鼠标拖动滚动条来查看没有显示出来的内容。④

（10）边框：非最大化窗口四周可见的边线称为边框。当鼠标指针移动到边框或四个角时，鼠标变成双向箭头，拖动鼠标可以改变窗口的大小。⑤

（11）状态栏：显示与当前操作、当前系统状态有关的信息。⑥

⑤ 同时改变窗口的宽和高时，应把鼠标定位在什么位置？尝试改变"计算机"窗口的宽和高，直至出现水平滚动条，画出鼠标处在四个角时的形状。
_____
_____

⑥ 在上面的任务（5）中我们隐藏了状态栏，现在重新让状态栏显示出来，并记录下状态栏的信息。
_____
_____

小经验

及时关闭不用的窗口。同时打开太多的窗口将占用过多的系统资源，对于硬件配置不高的电脑，一般会使系统工作效率严重降低，而且容易造成操作系统错误，还常会有死机情况的发生，所以应注意适当控制打开窗口的数量，对不再使用的窗口要及时关闭。

任务 1–3 "显示 属性"对话框操作

任务描述

现在要为桌面设置一个鲜花的屏幕背景，同时要求连续 5 分钟不使用电脑后自动启动屏幕保护程序，保护时慢速、滚动显示中号文字"知识改变命运"。

任务实现

（1）单击"开始"→"控制面板"→"外观"→"显示"，出现"显示属性设置"窗口，在左侧的工具面板中，单击"更改桌面背景"按钮，出现图 1-4 所示的"选择桌面背景"窗口；①

边学边做

① 注意到了吗，刚刚打开"显示属性设置"窗口时，"应用"按钮是灰色的，单击没有任何效果。当单击［中等（M）–125%］后，"应用"按钮才变成了黑色。你能说说这是为什么吗？再说明一下，按钮在什么情况下会是灰色的？

图 1-4 "选择桌面背景"窗口

（2）在"图片位置"下拉列表框中选择"示例图片"，然后在图片列表中单击"八仙花"图片（此处为第 1 幅图片），单击"保存修改"命令按钮；②③

（3）此时系统返回到"显示属性设置"窗口，单击"更改屏幕保护程序"按钮，出现"屏幕保护程序设置"对话框，单击"屏幕保护程序（S）"下面的列表框右边的下拉按钮，找到并选择"三维文字"；在"等待"右侧的数值设定框将时间设定为 5 分钟，如图 1-8 所示。④

（4）单击图 1-8 所示的"设置"按钮，弹出"三维文字设置"对话框，单击"文本"栏下的"自定义文字"单选按钮，再单击右边的文本框，出现光标后输入"知识改变命运"；在"旋转类型"下拉列表框中选择"滚动；略微向左拖动"旋转速度"下的滑块，使文字运动速度减慢；将"大小"下的滑块

② 你的电脑是宽屏显示器吗？如果是，图片是在屏幕中央，如图 1-5 所示？还是复制了多个图片然后铺满整个屏幕，如图 1-6 所示？还是单幅图片铺满整个屏幕，但有轻微变形，如图 1-7 所示？

图 1-5 图片在中央

图 1-6 多幅图片重复

居中，使文字为中等大小的文字。设置完成后如图 1-9 所示。

图 1-7　单幅图片有变形

图 1-8　"屏幕保护程序设置"对话框

查看图 1-4 左下角"图片位置"下拉列表框中选择的是哪一种方式，居中、平铺还是拉伸？尝试选择不同的方式，观察效果有什么不同。

③ 图 1-4 所示的"选择桌面背景"窗口中，有几个命令按钮？

④ 尝试一下数值设定框能不能直接输入？

（5）至此屏幕保护程序已经设置成功了。现在停止操作电脑，手也离开鼠标，等待 5 分钟，看看电脑屏幕的变化。如果感觉 5 分钟的时间太长，就把上面设置的等待 5 分钟，设置为等待 1 分钟，然后再观察效果。

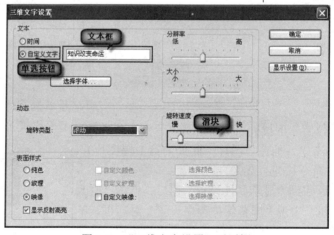

图 1-9　"三维文字设置"对话框

知识点：对话框及其组成元素

上面的任务中，我们通过"显示属性设置"窗口，设置了桌面背景和屏幕保护程序。可以看出来，这个操作比较简单、直观、有趣。除了能设置背景和屏幕保护程序，还应该掌握这个任务涉及的一些对话框元素，如命令按钮、下拉列表框等。

对话框是一种特殊的窗口，通常是用于进行参数设置。各对话框的功能虽有不同，但组成元素主要有选项卡、单选按钮、命令按钮等,在前面的图示中已经指明了这些元素。对于所有对话框而言,无论元素作用如何,用法基本一致。

(1) 文本框:文本框是对话框中的一个矩形方框,单击后会出现闪烁光标,可以通过键盘在其中输入字符、文本。如图 1-9 中用来设置三维文字的文本框。

(2) 列表框:列表框是对话框中以列表形式显示有效选项的框。用户可以直接单击所需选项,如果列表超出框的大小,下面或右边将出现滚动条,可以通过拖动滚动条的方式来查看其他内容。单击即可选中列表框中的相应项。如图 1-4 中用来选择背景图片的列表框。

(3) 下拉列表:作用与列表框基本相同,不同之处在于列表中其他选项需通过单击向下三角按钮 ▼ 才能显示出来。如图 1-9 中用来选择旋转类型的下拉列表框。

(4) 命令按钮:一般位于对话框的右侧或下方,通常呈灰底黑字的凸起状。单击该按钮后可执行相应操作,常见的如"确定""取消"等。有时会发现某个按钮呈灰色,单击后没有任何反应,即无效按钮。这是因为当前不能执行该按钮的功能,如上面任务设置文字大小时的"应用"按钮,当未做出任何选择时,也就是对文字的大小没有做出任何修改,那么也就不能应用设置了,因为还没有设置。①②③

(5) 选项卡:位于对话框标题栏的下方,当对话框的内容很多时,为避免将对话框做得很大,系统将其分门别类,采用选项卡的方式来分页,将内容归类到不同选项卡中,以方便用户进行操作。④

(6) 单选按钮:通常由多个单选按钮组成一组,只能在多个选项中选择一个命令使之生效。其特点是当选项被选中时,选项前的小圆圈中会出现一个小黑点。

(7) 复选框:和单选按钮相似也是由多个按钮组成一组,不同之处是可以从这些选项中选择一项或者多项。其特点是当选项被选中时,选项前的小方块中出现一个对号√。

边学边做

① 在如图 1-9 所示对屏幕保护程序的文字效果进行设置时,默认选中的是哪种样式?此时"选择映像"按钮是灰色的,为什么?

_____

_____

② 请单击"自定义映像"复选框,再次观察"选择映像"按钮,为什么会有这样的改变?

_____

_____

③ 同时想一下如何能使"自定义颜色"复选框和"选择颜色"按钮变为可用,记录下你的操作并思考原因。

_____

_____

④ 在你以前操作电脑的经验中,曾遇到过哪些其他的包含选项卡的对话框,试列举 3 个。

_____

_____

当为宽屏显示器设置桌面背景时,不论是"居中""平铺"还是"拉伸"的方式,都不是令人满意的效果。对于宽屏显示器,可以从网上搜索专门的背景,这个内容可在学习完第 4 章网络资源搜索后进行。如果想把个人照片设置为背景,则需要对照片进行处理。可使用 Photoshop 或美图秀秀等专门的图片处理软件。

任务 1-4 让屏幕上的文字大一些

任务描述

将计算机屏幕上的文字变大一些,以便老年人使用计算机,或者通过投影仪进行计算机操作演示时,观众能够清楚地看到。

任务实现

(1)弹出"显示属性设置"窗口(如不会操作请参照前面的任务1-3),如图1-10所示。选中单选按钮"中等(M)-125%",单击"应用"按钮,桌面上的文字就变大了,如图1-11和图1-12所示。

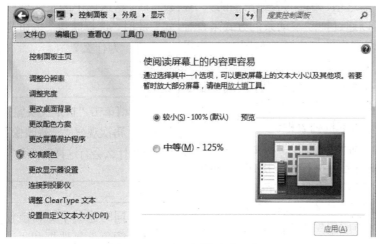

图1-11 正常字体桌面截图

图1-10 "显示属性设置"窗口

图1-12 特大字体桌面截图

(2)此时打开"计算机"窗口,窗口如图1-13所示,读者可以和前面的图1-2进行一下比较,可以发现窗口中菜单栏、工作区的文字都相应地变大了。

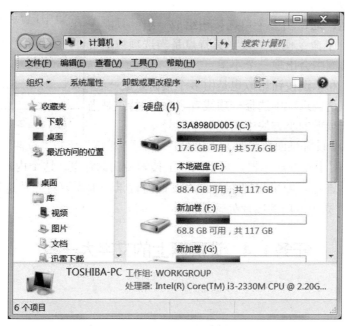

图1-13 增大字体的"计算机"窗口

（3）也可以通过降低屏幕的分辨率来实现较大字体，但是不建议读者采用这种方式。因为分辨率越低，图像越不清晰。调整屏幕分辨率时，单击"显示 属性设置"窗口的"调整分辨率"，在出现的对话框中拖动"屏幕分辨率"下面的滑块到合适位置即可。①

边学边做

① 请尝试把屏幕的分辨率调整为800*600，观察桌面文字、背景图片和"我的电脑"窗口内文字的大小变化情况。

知识点：桌面外观与屏幕分辨率

1. 桌面外观

单击"显示属性设置"窗口中的"更改配色方案"，在弹出的"窗口颜色和外观"对话框中，提供了几种颜色方案，在此我们可以选择偏好的方案，该方案决定了菜单、字体、图标和其他 Windows 元素的默认外观。在上面的任务中，通过更改显示比例，对显示外观，包括桌面、窗口、对话框中文字的大小做了统一调整。如果更改后的效果不能满足要求，还可以通过使用"窗口颜色和外观"对话框中的"高级"按钮，来更改单个 Windows 元素（如菜单、图标和标题栏）中文字的大小，甚至字体和颜色，从而实现自定义外观。比如，更改为"中等（M）-125%"后，随后进行的操作中出现的某个向用户反馈信息的消息框，如图 1-14 所示。这个消息框标题栏的文字比较大，但是框内的文字比较多，仍然看不清楚，那么可以对消息框内文字的大小进行单独设置。

图 1-14 "特大字体"状态下的消息框样式

采用的步骤如下所述。

（1）在"窗口颜色和外观"对话框中，单击"高级"按钮，出现如图 1-15 所示的"高级外观"对话框。

图 1-15 "高级外观"对话框

(2)在"项目"列表框中或在预览窗口中，单击想要更改的窗口元素。当在预览窗口中单击想要更改的项目图片时，将会从下拉列表中自动选择相应的项目。例如单击预览窗口的蓝色背景，在项目列表框中自动选中"桌面"，单击预览窗口中任意的控制按钮时，在项目列表框中自动选中"标题按钮"。单击预览窗口中"消息文本"附近，在项目列表框中自动选中"消息框"。①②③

(3)选中相应的项目后，就可以自定义项目大小、颜色和字体。对于不显示文本的元素，"字体"选项将显示为灰色并且不可用。比如我们把"大小"更改为 16。④

(4)单击两次"确定"按钮，新的设置将会生效。当再次显示图 1-14 所示的消息框时，消息内容的文字已经变大了，如图 1-16 所示。

边学边做

① 项目列表框中，默认选中的是哪个元素？一共提供了多少可供更改的元素？

② 单击预览窗口中的"窗口文字"，在项目列表框中选中的是什么？

③ 如果想更改菜单中的文字大小，应选择哪个元素，该如何操作？

④ 消息框中默认的字体大小是多少？

图 1-16 更改消息框字体大小后的消息框样式

如果在"项目"框中选择"窗口"，然后修改该项目的字体颜色，则还会修改在许多其他程序中使用的字体颜色，使用自动字体颜色的任何文档都会受到影响。许多程序（包括写字板和 Microsoft Word）都使用相同的默认字体颜色，在这些程序中创建的任何新文档将使用为"窗口"项目选择的新字体颜色。

2. 屏幕分辨率

上面的任务中，提到了也可以通过降低屏幕的分辨率，使文字和图标变大，下面来分析一下原因。简单地说，屏幕分辨率就是 Windows 桌面的大小，以水平和垂直的像素来表示，如 640×480，也即屏幕上显示的点数。常见的设定有 640×480、800×600、1 024×768 等。

当我们降低屏幕分辨率时，如从 1 280×800 调整至 800×600,由于屏幕的大小是不变的，而水平和垂直的点数变少了，那么点与点之间的间距变大，屏幕上的图标和文字占据的点数是固定的，所以图标和文字看起来就变大了。

前面任务 1-3 中，把一个 800×600 的图片设置为桌面背景（对于如何查看图片的尺寸，参阅任务 1-8 中知识点部分的内容），三种位置"居中""平铺"和"拉伸"，出现的是三种不同的效果。再次进行设置桌面背景的操作，在"背景"列表框仍然选中"八仙花"，然后在"显示属性设置"窗口中单击"调整分辨率"出现"更改显示器外观"窗口，查看一下当前

边学边做

在"更改显示器外观"窗口，选项卡,将屏幕分辨率调整为800×600，单击"确定"；然后在"更改桌面背景"窗口，改变不同的"位置"

的屏幕分辨率是多少。如果屏幕分辨率大于800×600,由于像素点的间距变小,使得图片看起来会更加细致,但尺寸不能占满整个屏幕(居中、平铺方式),如果强制性地占满整个屏幕(拉伸),图片就变得不清晰,而且因为屏幕分辨率的长宽比例与图片的长宽比例不同,导致图片有变形。

方式,看看还是否存在不同的效果。为什么?

任务 1–5 在任务栏通知区域隐藏 QQ 图标

任务描述

QQ 是读者很熟悉的聊天软件,相信每个人都有使用 QQ 聊天的经历。启动 QQ 后,通常会在屏幕的右下角出现小企鹅图像。你知道怎么能实现在 QQ 聊天时不显示小企鹅图像吗?如图 1–17 所示。

图 1–17 启动 QQ 聊天但是不显示企鹅图像

任务实现

(1)在桌面双击图标,启动 QQ,选择 QQ 面板左下角的"主菜单"图标→"系统设置"→"基本设置",出现"基本设置 常规"选项卡对话框,如图 1–18 所示。

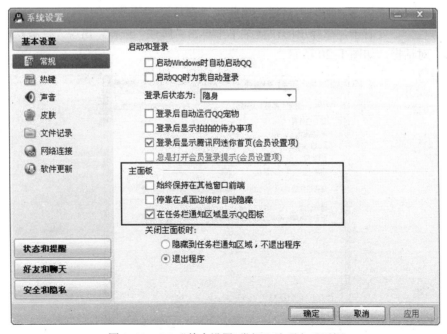

图 1–18 QQ"基本设置 常规"选项卡对话框

（2）单击"主面板"栏下的"在任务栏通知区域显示 QQ 图标"复选框，使其前面方框内的 ✔ 去掉，然后单击"应用"按钮，再单击"确定"按钮。此时屏幕右下角的 QQ 小企鹅图标就不见了。①

边做边想

① 任务栏处在屏幕的哪个位置？你的任务栏通知区域有哪些指示器？

知识点：任务栏

在上面的任务中，隐藏了任务栏通知区域的 QQ 图标，接下来需要了解任务栏的相关内容。位于桌面下方的蓝色长条称为任务栏，如图 1-19 所示。虽然任务栏一般位于桌面下方，但在屏幕和其他边界处也可以放置任务栏。单击任务栏上空白区域，然后拖动鼠标，可以把任务栏拖动到任意位置。请尝试拖动任务栏到桌面右侧，然后再拖动回来。

图 1-19　任务栏

任务栏的左端是"开始"按钮，然后是 Windows 7 系统的"快速启动"工具栏，任务栏的右端是"通知区域"（有时也称作系统托盘），中间部分排列当前打开的应用程序图标。①

边学边做

① 你的电脑显示任务栏了吗？任务栏是否显示了"快速启动"工具栏？

电脑操作经验较为丰富的读者可能已经知道，并不是每台电脑的任务栏都相同，比如，有的电脑根本就不显示任务栏，只有鼠标移动到桌面底部时，任务栏才显示出来；还有的电脑，任务栏中没有"快速启动"工具栏。这些效果都是通过任务栏的属性设置来实现的。

在任务栏空白处右击，在弹出的快捷菜单中单击"属性"按钮，出现"任务栏和「开始」菜单属性"对话框，如图 1-20 所示。

图 1-20　"任务栏和开始菜单属性"对话框

（1）自动隐藏工具栏。在图1-20所示的"任务栏和「开始」菜单属性"对话框，单击"自动隐藏任务栏"复选框，再单击"确定"按钮，任务栏就会被隐藏起来。需要时，只要把鼠标指针移动到屏幕底部，任务栏就会自动出现。操作完毕后，当鼠标指针离开任务栏时，任务栏又会自动隐藏起来。①

（2）任务栏按钮的显示方式。任务栏按钮的显示方式包括按钮的外观以及在打开多个窗口时这些按钮组合在一起的方式。共有三种不同方式：始终合并隐藏标签、当任务栏被占满时合并、从不合并。其中"始终合并隐藏标签"是默认设置。②

（3）启动某个应用程序，比如启动QQ，需要双击桌面上的图标，如果"快速启动"工具栏中有 QQ 按钮，单击就可以启动QQ，操作上比双击桌面图标更快捷便利。因此，建议读者在任务栏中显示"快速启动"工具栏，并把经常使用的程序添加到"快速启动"工具栏中。向"快速启动"工具栏添加按钮很方便，只需把该程序在桌面上的图标拖动到"快速启动"工具栏位置，删除时在按钮上右击，然后单击"将此程序从任务栏解锁"即可。③④

边学边做

① 尝试自动隐藏任务栏。任务栏隐藏后，什么情况下能自动显示出来？
_____

② 尝试任务栏按钮的三种不同显示方式。
_____

③ 你的"快速启动"工具栏有几个按钮？尝试删除其中的一个。
_____

④ 把你经常使用的某个程序添加到"快速启动"工具栏，并通过"快速启动"工具栏上的按钮和桌面图标两种方式启动同一个程序，体会二者的不同。

（4）在任务栏通知区域隐藏或显示指示器。

根据系统配置不同，任务栏通知区域中的指示器（也就是小图标）个数和内容也不同。默认有一个数字时钟 20:53 和音量指示器，也有可能有网络连接的指示器。

可以通过某种设置显示和隐藏程序在任务栏通知区域的指示器。比如上面的任务中，就是使用QQ提供的功能，隐藏了QQ指示器。查看一下你的任务栏通知区域是否有两台计算机连接的指示器，这个图标表示电脑正常进行的网络连接，如果没有，用下面的步骤让其出现。

在图1-20所示的"任务栏和开始菜单属性"对话框中，单击"通知区域"栏的"自定义"按钮，出现图1-21所示的"选择在任务栏上出现的图标和通知"窗口。

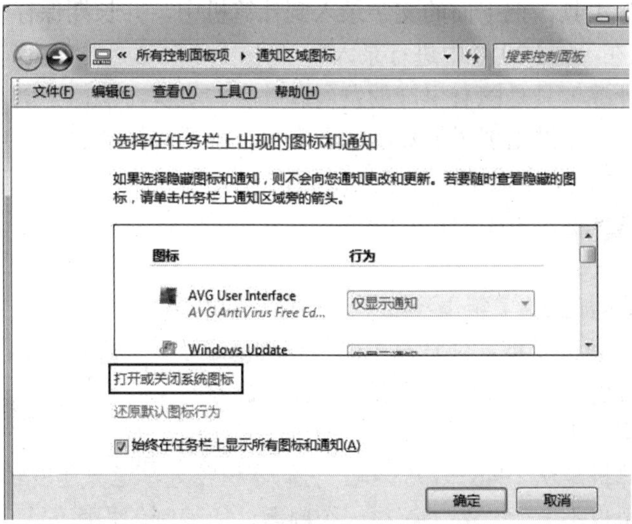

图1-21 "选择在任务栏上出现的图标和通知"窗口

在该窗口，选择"打开或关闭系统图标"，出现图 1–22 所示的"打开或关闭系统图标"窗口。在窗口中拖动图标列表框按钮，找到"网络"项，在"网络"所对应的下拉列表框中单击"关闭"按钮，然后单击"确定"按钮即可。

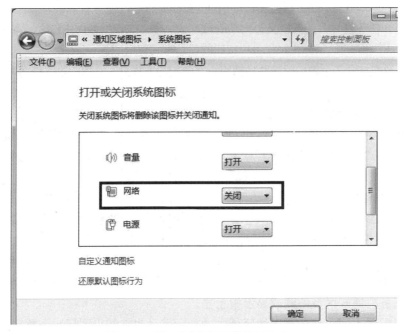

图 1–22 "打开或关闭系统图标"窗口

任务 1–6　录入文章"计算机的发展"

任务描述

使用"记事本"工具，把下面的文字录入到计算机中，并长期保存下来。如果能够使用 Word 2010，也可以在 Word 2010 中进行录入。

人类所使用的计算工具是随着生产的发展和社会的进步，从简单到复杂、从低级到高级的发展过程，计算工具相继出现了如算盘、计算尺、手摇机械计算机、电动机械计算机等。1946 年，世界上第一台电子数字计算机（ENIAC）在美国诞生。这台计算机共用了 18 000 多个电子管组成，总重量为 30 t，耗电 140 kW，运算速度达到每秒能进行 5 000 次加法、300 次乘法。

电子计算机在短短的 50 多年里经过了电子管、晶体管、集成电路（IC）和超大规模集成电路（VLSI）四个阶段的发展，使计算机的体积越来越小，功能越来越强，价格越来越低，应用越来越广泛，目前正朝智能化（第五代）计算机方向发展。

1. 第一代电子计算机

第一代电子计算机是从 1946—1958 年。它们体积较大，运算速度较低，存储容量不大，而且价格昂贵。使用也不方便，为了解决一个问题，所编制的程序的复杂程度难以表述。这一代计算机主要用于科学计算，只在重要部门或科学研究部门使用。

2. 第二代电子计算机

第二代计算机是从 1958—1965 年。它们全部采用晶体管作为电子器件，其运算速度比第一代计算机的速度提高了近百倍，体积为原来的几十分之一。在软件方面开始使用计算机算法语言。这一代计算机不仅用于科学计算，还用于数据处理和事务处理及工业控制。

3. 第三代电子计算机

第三代计算机是从 1965—1970 年。这一时期的主要特征是以中、小规模集成电路为电子器件，并且出现操作系统，使计算机的功能越来越强，应用范围越来越广。它们不仅用于科学计算，还用于文字处理、企业管理、自动控制等领域，出现了计算机技术与通信技术相结合的信息管理系统，可用于生产管理、交通管理、情报检索等领域。

4. 第四代电子计算机

第四代计算机是指从 1970 年以后采用大规模集成电路(LSI)和超大规模集成电路(VLSI)为主要电子器件制成的计算机。例如 80386 微处理器，在面积约为 10 mm×10 mm 的单个芯片上，可以集成大约 32 万个晶体管。

第四代计算机的另一个重要分支是以大规模、超大规模集成电路为基础发展起来的微处理器和微型计算机。

微型计算机大致经历了四个阶段：

第一阶段是 1971—1973 年，微处理器有 4004、4040、8008。1971 年 Intel 公司研制出 MCS4 微型计算机（CPU 为 4040，四位机）。后来又推出以 8008 为核心的 MCS–8 型。

第二阶段是 1973—1977 年，微型计算机的发展和改进阶段。微处理器有 8080、8085、M6800、Z80。初期产品有 Intel 公司的 MCS–80 型（CPU 为 8080，八位机）。后期有 TRS–80 型（CPU 为 Z80）和 APPLE–Ⅱ型（CPU 为 6502），在 20 世纪 80 年代初期曾一度风靡世界。

第三阶段是 1978—1983 年，十六位微型计算机的发展阶段，微处理器有 8086、8088、80186、80286、M68000、Z8000。微型计算机代表产品是 IBM–PC（CPU 为 8086）。本阶段的顶峰产品是 APPLE 公司的 Macintosh（1984 年）和 IBM 公司的 PC/AT286（1986 年）微型计算机。

第四阶段便是从 1983 年开始为 32 位微型计算机的发展阶段。微处理器相继推出的 80386、80486。80386、80486 微型计算机是初期产品。1993 年，Intel 公司推出了 Pentium 或称 P5（中文译名为"奔腾"）的微处理器，它具有 64 位的内部数据通道。现在 Pentium Ⅲ（也有人称 P7）微处理器已成为主流产品，预计 Pentium Ⅳ 将在 2000 年 10 月推出。

由此可见，微型计算机的性能主要取决于它的核心器件——微处理器（CPU）的性能。

5. 第五代计算机

第五代计算机将把信息采集、存储、处理、通信和人工智能结合在一起，具有形式推理、联想、学习和解释功能。它的系统结构将突破传统的冯·诺依曼机器的概念，实现高度的并行处理。

任务实现

（1）单击"开始"→"所有程序"→"附件"→"记事本"，打开如图 1–23 所示的记事本窗口。

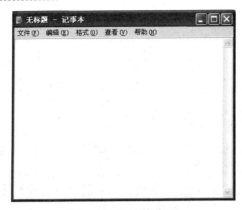

图 1-23 记事本窗口

（2）同时按下"Ctrl+Shift"组合键，切换至中文输入法，重复同时按这两个键，在中文输入法直接转换，直到出现自己偏好的输入法，如搜狗拼音输入法、微软拼音输入法等。①

（3）单击窗口的白色编辑区域，显示出输入光标，然后录入上面的文字。录入过程中你会遇到空格、换行、删除错误、移动光标等，如不会操作可查看本任务后面的知识点部分。另外，上述文字中包括了汉字、大小写英文字母、数字、中文标点符号（如波浪号"～"、外国人名的分隔号"·"和顿号"、"等）、数字序号（如 Pentium III 中的"III"），同样，对这些具体内容，不能独自完成录入时，也可查阅知识点中的内容，或请教老师和同学。②③④⑤

（4）准确录入完毕后，单击窗口的"文件"→"保存"，弹出"另存为"对话框，在"文件名"栏，写入"计算机发展.txt"，如图 1-24 所示。

边做边想

① 你的电脑安装了几种输入法？使用哪种输入法进行输入？

② "、"是哪个键？

③ "1971—1973"中的"—"是如何输入的？

④ "APPLE-II 型"中的"II"是如何输入的？

⑤ 输入过程中修改错误了吗？"Backspace"和"Delete"两个键，在删除时有什么不同？

图 1-24 "另存为"对话框中修改文件名

知识点：文字录入时常见操作

将文字录入到电脑中时，会遇到以下几种情形。

（1）移动光标：一种方法是通过移动鼠标，将鼠标指针移动到要增加内容的地方，然后单击，此时会发现光标移动到了要添加内容的地方，另一种方法是通过光标移动键，即按上下左右方向键移动光标。

（2）删除错误输入：将光标移动到要删除的文字前面，按一下"Delete"键，光标后面的字符就少了一个，也就是删除了一个。如果此时按一下"Backspace"退格键，光标前面的字符就减少了一个。

（3）切换输入法：可以把输入法分为两大种，英文输入法和中文输入法，其中中文输入法中又包含了多种不同的中文输入法。如果要输入中文，需按"Ctrl+空格键"组合键从英文输入转换到中文输入，转换到中文后，再按"Ctrl+Shift"组合键切换多种中文输入法。在上面的任务中，没有按"Ctrl+空格键"组合键，而是直接重复按"Ctrl+Shift"组合键来选择自己偏好的中文输入法，这样操作也是可以的。但是如果自己偏好的中文输入法为系统的首选中文输入法，也就是按"Ctrl+空格键"组合键从英文转换到中文时，出现的就是自己偏好的输入法，那么此时，按一次"Ctrl+空格键"组合键更为方便。在切换输入法时，也可以使用鼠标，单击任务栏右侧语言栏上的输入法指示器按钮，出现输入法选择菜单，如图1-25 所示，在自己喜欢的输入法上单击即可。在输入过程中，用鼠标选择输入法的操作，花费的时间比用键盘要多。

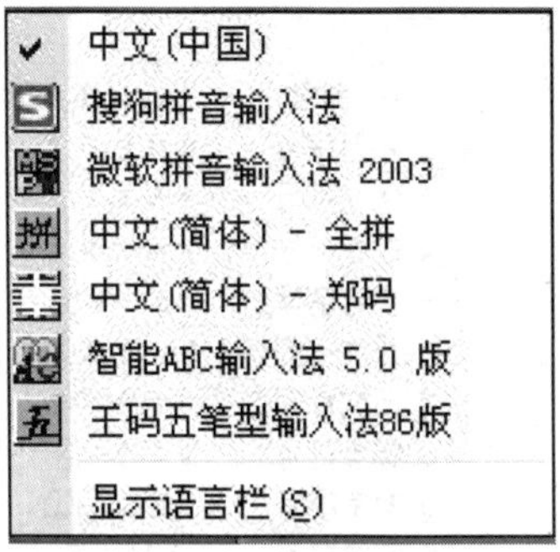

（4）在中文拼音输入法下，只要输入拼音，就能出现汉字。拼音下面是候选窗口，是拼音输入法对当前拼音串转换结果的推测，如果要输入的文字处在第一候选位置，可以按空格键或数字 1 键来选择，如果是其他候选，则按其前面对应的数字键。如果要输入的汉字在当前的候选窗口没有列出，可以用"+""–"号或者"<"">"或者"PgUp""PgDn"键来翻页查看更多候选。而且，各种拼音输入法都支持不完整输入，只要输入拼音

图 1-25　输入法菜单

的声母，即可出现备选文字，从而减少击键次数。比如，使用搜狗拼音输入法，要输入"中华人民共和国"，不需要把这几个字的拼音"zhonghuarenmingongheguo"全部打上，当输入"zhrm"时，即出现了下面的这些备选汉字，此时，选择 2 就能输入"中华人民共和国"这几个字了。

（5）中/英文切换：在输入中文的过程中，遇到要输入英文的情形，可以单击输入法状态条上的切换中文/英文按钮（中或英）来切换，也可以直接按快捷键"Shift"，当然也可以按"Ctrl+空格键"组合键直接切换到英文输入法。这种方法适合连续输入较多的英文。

（6）文字中的空格：每个自然段开头的空白，用两个空格键，文字间的空白也是按空格键。

（7）自然段换行：每一行录入结束后，不需要手工换行，系统自动换行。一个自然段录入完毕，用"Enter"键换行。①

（8）大写英文字母：在英文输入状态下，按下"Shift"键不放，再按字母键，此时输入的就是大写字母。如果要一直输入大写字母，可以使用另一个功能键："Caps Lock"。该功能键是大写锁定键，当按一下这个键，键盘右边的 Caps Lock 指示灯就亮了，再按一下，又灭了。Caps Lock 指示灯亮是表示键盘处于"大写锁定"状态，此时，按任意一个字母键都是输入大写字母。指示灯灭时，表示键盘处于正常状态，此时，按任意一个字母键都是输入小写字母。另外需要说明的是，当键盘处于"大写锁定"状态时，按住"Shift"不放，再按字母键输入的就是小写字母了。②

（9）特殊符号：文字中包含的特殊符号，可以通过软键盘进行输入。拼音输入法的状态条上，有一个软键盘按钮，如搜狗拼音输入法，⌨表示软键盘按钮。右击软键盘按钮，出现 13 个菜单项，如图 1-26 所示。选择"C 特殊符号"，出现如图 1-27 所示的软键盘，用鼠标单击或者按相应键，就可以输入对应符号。如按字母"A"键，输入的是"■"。③

边学边做

① 要增大两个自然段之间的空白间距，应如何操作？
_____
_____

② "aAAAAAAAA"，这串字母最好采用哪种方式输入？
_____
_____

③ 如何输入"☆"，记录下你的操作步骤。
_____
_____
_____

图 1-26　搜狗拼音输入法的软键盘菜单项

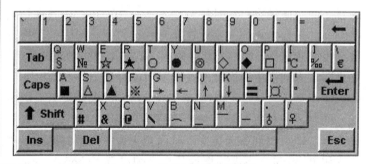

图 1-27　"特殊符号"软键盘

（10）中文标点符号：图 1-26 所示的软键盘菜单项"8 标点符号"，可以输入各种标点符号。对于一些常用的标点，也可以用键盘按键进行输入。表 1-1 所示为常用中文标点符号与键位的对照表，在中文输入状态下，按相应键可以输入对应的标点。记住并熟练使用这些按键，无疑能提高我们的录入速度。

表 1-1　常用中文标点符号与键位对照表

中文标点	符号	键位	说明	中文标点	符号	键位	说明
句号	。	.		单引号	' '	'	自动配对
逗号	，	,		左书名号	《	<	自动配对
分号	；	;		右书名号	》	>	自动配对

续表

中文标点	符号	键位	说明	中文标点	符号	键位	说明
顿号	、	\		省略号	……	^	双符处理
冒号	：	：		破折号	——	-	双符处理
问号	？	？		间隔号	·	@	
感叹号	！	！		连接号	—	&	
双引号	" "	"	自动配对	人民币符号	￥	$	

不同的中文输入法，在输入中文标点符号时，所用的键位可能有少许不同。比如，微软拼音输入法，按键"@"输入的是间隔号"·"，搜狗拼音输入法，输入"·"时应按"`"键，也就是"Esc"键下面的那个符号键。用户只要掌握自己偏好的输入法就可以了。

在输入法的状态条上，还有两个按钮。一个是"全角/半角切换"按钮，☽表示半角符号，●表示全角符号。全角和半角的不同表现在英文字母上，通常英文字母是在半角状态，如"abcd"，全角状态的英文字母间距增大，形如"ａｂｃｄ"。还有一个"中/英文标点切换"按钮，。表示中文标点，·表示英文标点。正常情况下，输入英文时使用英文标点·，输入中文时使用中文标点。，有时由于错误操作，也会导致中文输入状态下，出现了英文标点按钮，如 [图标]，此时我们输入的标点符号都是英文的。

> **小经验**
>
> 有时由于系统原因，开机后要输入汉字时，莫名其妙地发现用于汉字输入的状态条消失了，这时右击任务栏右侧语言栏 [图标] 上的输入法指示器按钮 [图标]，在弹出的快捷菜单中单击"设置"，出现"文字服务和输入语言"对话框（参见图1-28），单击"语言栏"选项卡，打开如图1-29所示的"语言栏设置"对话框，选中"隐藏"复选框，单击"确定"按钮，然后选中"停靠于任务栏"按钮，单击"确定"按钮。

图1-28 "文本服务与输入语言"对话框

图 1-29 "语言栏设置"对话框

任务 1-7　设置喜欢的输入法为首选中文输入法

任务描述

在任务 1-6 中，录入中文时，需要切换到中文输入法，用鼠标单击语言栏上的输入法指示器按钮，然后再用鼠标选择；或者多次使用"Ctrl+Shift"组合键进行切换，这两种方法都需要几次按键才能找到自己喜欢的输入法。能不能实现按下"Ctrl+空格"组合键，从英文输入法到中文输入法时，直接就出现自己喜欢的输入法，而不需要做出选择？这种简便的操作能提高我们的输入速度。本次任务就来实现这个要求。

任务实现

（1）右击任务栏右侧语言栏上的输入法指示器按钮，在弹出的快捷菜单中单击"设置"按钮，出现如图 1-28 所示的"文字服务和输入语言"对话框。

（2）在"默认输入语言"栏，单击下拉按钮，在出现的列表中选中你惯用的一种输入法。

（3）单击"应用"按钮，再单击"确定"按钮。此时，再回到光标输入状态，按下"Ctrl+空格"组合键，看看是不是想要的输入法直接就出来了。

知识点：输入法的添加与删除

Windows 7 操作系统默认安装了多种汉字输入法，但用户一般只是使用自己熟悉的那一两种输入法，可以删除不用的输入法，这样可以减少系统资源的开销。在图 1-28 所示的"文字服务与输入语言"对话框中，"已安装的服务"栏下所显示的输入法列表中，选中要删除的输入法，然后单击"删除"按钮即可。添加输入法也很简单，在图 1-28 所示的"文字服务与输入语言"对话框中，单击"添加"按钮，打开如图 1-30 所示的"添加输入语言"对话框。

先将"输入语言（I）"设置为"中文（中国）"，然后在"键盘布局/输入法（K）"下拉列表框中选择要添加的输入法，如"中文（简体）–双拼"，单击"确定"按钮退出即可。添加新的输入法后，按下"Ctrl+空格"组合键仍然会出现我们喜欢的输入法，也就是说，只要把你喜欢的输入法排在输入法的第一位,以后就可以直接按"Ctrl+空格"组合键调用。

图 1-30 "添加输入语言"对话框

上面打开"文字服务和输入语言"对话框,都是通过右击任务栏上的输入法指示器。如果桌面上未显示指示器时,也可以从"开始"菜单打开该对话框。步骤为:选择"开始"→"控制面板"→"时钟、语言和区域"→"区域和语言",打开"区域和语言"对话框,选择"键盘和语言"选项卡,然后选择"更改键盘",即可打开"文本服务和输入语言"对话框。

任务 1-8 说出 4 个文件的内容

任务描述

众所周知,电脑可以玩游戏、看电影、听音乐。在"素材\第 1 章\任务 1-8"下,有 4 个文件:"杜拉拉升职记.txt""隐形的翅膀.mp3""12.jpg""动画片段.avi",说出这 4 个文件的内容。

任务实现

(1)打开"素材任务 1-8"文件夹窗口。②

(2)文件夹中有 4 个文件,由于电脑设置不同,这 4 个文件可能会有两种不同的显示形式,一种是显示扩展名,如图 1-31 所示。也就是说每个文件的末尾都有三个英文字母,字母前面有个".",这种形式是显示扩展名的。

边做边想

① 观察你所打开的"计算机"窗口,在"硬盘"栏下,有几个字母?字母前的汉字分别是什么?

② 窗口标题栏是否显示?记录下当前窗口路径栏的内容。

③ 在你的电脑上,显示文件的扩展名还是不显示?

图 1-31 显示文件扩展名的情形

第1章　Windows 7操作系统

另一种如图1-32所示,每个文件末尾没有"."和三个字母,这种形式是不显示扩展名的。③

图1-32　不显示文件扩展名的情形

（3）双击"隐形的翅膀",回答完右侧问题④后,关闭窗口。④

（4）双击"杜拉拉升职记",回答完右侧问题⑤后,关闭窗口。⑤

（5）双击"动画片段",回答完右侧问题⑥后,关闭窗口。⑥

（6）双击"12",回答完右侧问题⑦后,关闭窗口。⑦

④ 简单描述该文件左侧小图标。听到的是哪首歌?写下播放窗口标题栏的内容?
_____
_____

⑤ 简单描述该文件左侧小图标。读到的是哪部小说?小说的内容与其文件名匹配吗?写下阅读窗口标题栏的内容。
_____
_____

⑥ 简单描述该文件左侧小图标。播放了多长时间?在什么位置可以看到播放时间?播放动画时播放窗口的标题栏是什么?
_____
_____

⑦ 简单描述该文件左侧小图标。看到了一幅什么样的图片?浏览图片时窗口的标题栏的内容是什么?你觉得"12"这个名字能反映这幅图片的内容吗?请你给这个文件起一个恰当的名字。
_____
_____

知识点：文件及其类型、文件夹

电脑上可以存储多种不同类型的信息,这一点从刚才的任务中也得到了验证。4个存储在电脑中的文件,分别以音频、文本、视频、图像作为媒介,向读者传递了相应的信息。从刚才的任务中,读者也体会到,不同的信息存储在不同类型的文件中。如果定义一下文件的概念,那么可以说,文件是存放在计算机内部的一组相关信息的集合。为了更形象地理解文件,可以从3个方面来描述一个文件,即文件名、文件类型、文件的存储位置。

1. 文件名

文件名由主文件名和扩展名两部分组成。主文件名由1~255个字符组成,文件名中最右边的"."后面的字符组成文件的扩展名。如上面任务中的,图片文件"12.jpg",其中"12"是主文件名,"jpg"是扩展名。一般来说,文件的主文件名应该和文件的内容相关,这样通过名字,也能大体了解这个文件的内容。例如,"隐形的翅膀.mp3",从名字可以很容易地判断这是"隐形的翅膀"这首歌。以后在创建自己的文件时,也应该注意文件名与文件内容的对应,不能贪图省事,随便地给文件起名字,这样文件越来越多时,自己都分不清哪个文件是做什么的。①②

扩展名用来区分文件的类型。比如,上面的扩展名"mp3",表示这是一个mp3类型的音

边学边做

① 在你的电脑中,打开"计算机",任意找到一个文件,记录下：
主文件名____扩展名_____

② 任意找到2个扩展名为"doc"的文件,双击查看文件的内容,记录下：
主文件名____,_____
内容概要____,_____
主文件名与内容是否匹配?

频文件,"avi"表示这是一个 avi 类型的视频文件。上面的任务中读者已经了解到,文件的扩展名可以显示,也可以不显示,如果未显示扩展名,通过下面的操作,可以让其显示出来。

在"计算机"或其他文件夹窗口,单击工具面板的"组织"→"文件夹和搜索选项",在打开的"文件夹选项"窗口中单击"查看"选项卡,如图 1–33 所示。拖动滚动条,找到"隐藏已知文件类型的扩展名"选项,单击将其前面复选框中的 ✓ 去掉。

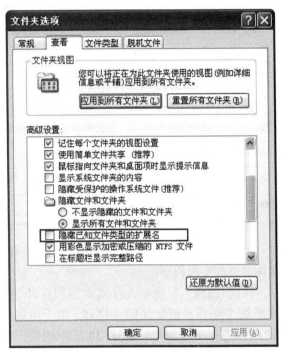

图 1–33 "文件夹选项"对话框中"查看"选项卡

2. 文件类型

文件类型用来判定文件的种类,从而知道其格式和用途。表 1–2 是在使用电脑过程中常见的几种文件类型及其特点。①

边学边做

① 在你的电脑中,打开"计算机",找出 5 种不同类型的文件,记录下文件名。

表 1–2 常见文件类型及其特点

扩展名	特　　点
mp3	一种流行的音频文件格式,体积小,音质高
avi	微软公司推出的视频格式文件
swf	动画文件
gif	一种流行的彩色图形格式,支持透明和动画,而且文件量较小,广泛用于网络动画
tiff	应用最广泛的点阵图像格式
psd	Photoshop 默认的图像文件格式

续表

扩展名	特　　点
jpg、jpeg	比较流行的图像文件格式，用最少的磁盘空间得到最好的图像质量。数码相机拍摄的照片就是用这种格式
wma	适合网上在线播放的音频文件格式
pdf	Adobe 公司开发的电子文件格式，与用户操作系统无关，适合网上传播
htm、html	网页文件
txt	文本文件
ra	音频文件，用 RealPlayer 播放
bmp	应用比较广泛的一种图像文件格式，图像质量较高，缺点是占空间比较大
png	Fireworks 的默认格式，结合了 gif 和 jpg 的优点
wav	微软公司开发的一种声音文件格式，也叫波形声音文件。容量大，音质高
rm、rmvb	视频文件，用 RealPlayer 播放

在 Windows 7 环境中，除了用扩展名表示文件的类型外，与文件类型相关联的还有文件的图标以及用于打开该文件类型的应用程序。

文件的图标是文件左侧的小图像，表明了文件的类型和打开该文件的应用程序。在上面的任务中，也要求读者对这个小图像进行了简单描述。由于电脑安装的软件和设置各不相同，这里不能对文件的图标进行统一规定。图 1-34 所示的是作者电脑中文件图标和应用程序情形。

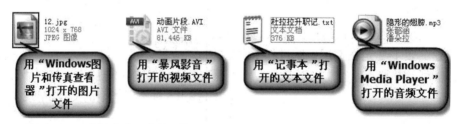

图 1-34　文件图标情形之一

在前面查看 4 个文件的内容时，要求读者记录每个窗口标题栏的内容。读者可能已经注意到，这个标题栏除了显示文件名之外，还显示了一些其他的内容，如"记事本""Windows Media Player"等，这后面的内容，表明了打开这个文件所使用的应用程序。这种必须在一个应用程序中打开的文件称为非程序文件。一个应用程序可以打开多种类型的文件，一个文件也可以用多种不同的应用程序打开。一种类型的文件用什么应用程序打开，取决于文件与应用程序的关联。比如，当设置"avi"文件类型与"Windows Media Player"程序的关联后，上面的"动画片段.avi"文件图标也发生了变化。关于应用程序以及应用程序与文件关联的内容，将在第 2 章任务 2-5 的知识点部分中进行讲解。

3. 文件的存储位置

在上面的任务中，步骤（3）中曾要求读者记录路径栏的内容，一般情况下，此处路径栏的内容形如"G:\第1章\任务1-8"（由于机器不同，G:\也可能是其他字母），路径栏的这串字符表示了这4个文件的存储位置，读作"G盘第1章文件夹下的任务1-8文件夹下"，要想更好地理解文件的存储位置，需要学习硬盘、分区、目录（文件夹）的概念。①

电脑之所以可以存储信息，是因为电脑中有硬盘。一个大的硬盘可以像切蛋糕那样切成几个小的逻辑盘，这样就像拥有多个硬盘似的。用字母C、D、E来表示分区，读作C盘、D盘、E盘。图1-2所示的"我的电脑"窗口，是把硬盘划分为4个分区的情形。②

操作系统使用目录结构管理文件，每个逻辑分区都是根目录，根目录下可以包含文件或其他子目录，这些目录被称为子目录、次目录，它可以再包含其他的目录。目录之间用"\"连接。在Windows 7操作系统中，各级子目录称为文件夹。一般情况下，文件夹的图标为📁，双击图标可以打开文件夹。

比如，笔者的电脑上，"计算机"窗口如图1-2所示，双击"本地磁盘（E:）"，打开E盘，如图1-35所示。由图可知，E盘根目录包含3个文件、12个文件夹。③④

边学边做

① 你所使用的电脑，光盘是用哪个字母表示的？
_____
_____

② 你所使用的电脑，双击"计算机"，查看一下你的硬盘划分成几个分区。
_____
_____

③ 3个文件的文件名是什么？当前选中的是哪个文件夹？
_____
_____
_____

④ 你所使用的电脑有E盘吗？如果有，请查看一下，你的E盘有几个文件和文件夹。
_____
_____
_____

图1-35　笔者电脑E盘根目录上文件和文件夹存储情况

双击图 1-35 的"授课资料"文件夹，打开"授课资料"文件夹窗口，显示了该文件夹下的文件和子文件夹的存储情况，如图 1-36 所示。①②

边学边做

① 该文件夹，包含几个文件和子文件夹？
_____

② 图 1-36 所示的窗口，同时选中了 2 个文件夹，参考前面的任务 1-1，说出操作步骤。
_____

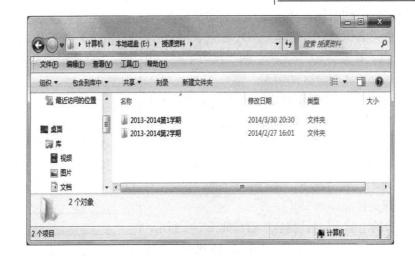

图 1-36 文件夹"授课资料"下的文件和文件夹存储情况

4. 文件的路径

了解了硬盘分区、根目录、文件夹的知识后，很容易用盘符和文件夹来定位文件。如"C:\wp\data\myfile.txt"，表示 C 盘根目录下 wp 文件夹下的 data 文件夹下的 myfile.txt 文件，这些盘符和目录称为文件的路径。今后本书中，将会使用路径来定位文件。读者一定要明确文件路径的含义，并且能够在"计算机"窗口，通过鼠标的双击（单击）操作，找到文件。①②

5. 新建文件夹

通常把同类的或相关的文件集中在一起并存放在一个文件夹中。新建文件夹的操作很简单，只需在相应的窗口空白处右击鼠标，在弹出的快捷菜单中，单击"新建"→"文件夹"，然后输入文件夹的名字，默认的新文件夹的名字是"新建文件夹"。比如，要在 E 盘根目录建立文件夹"实验素材"，在图 1-35 所示的窗口空白处右击，单击"新建"→"文件夹"，然后输入"实验素材"即可。③

边学边做

① 写出图 1-35 中文件"1.c"的路径。
_____

② 写出图 1-36 中文件夹"2013-2014 第 1 学期"的路径。
_____

③ 在你所使用电脑的最后一个分区，以姓名为名，建立文件夹。写出步骤。
_____
_____
_____

> **小经验**
>
> 至少将硬盘分为三个区，C 盘用来安装 Windows 7 操作系统，D 盘安装应用程序，E 盘上存储用户文件。为方便查找，文件夹的深度不宜超过 3 级。

任务 1–9　说出"winmine.exe"和"calc.exe"文件的功能

任务描述

找到并双击"C:\Program Files\Microsoft Games\Minesweeper\MineSweeper.exe"和"C:\WINDOWS\system32\calc.exe"，说出这两个文件的功能。

任务实现

（1）双击文件"C:\Program Files\Microsoft Games\Minesweeper\MineSweeper.exe"（C 是 Windows 7 系统所在盘），出现图 1-37 所示的界面，这是 Windows 7 系统自带的"扫雷"游戏。在这个界面单击"帮助"→"查看帮助"，显示"扫雷　概述"，描述了此游戏的玩法，不熟悉的同学可以仔细阅读一下。然后关闭扫雷窗口。①

（2）找到并双击文件"C:\WINDOWS\system32\calc.exe"，出现图 1-38 所示的界面，这是我们很熟悉的计算器。②

边学边做

① 记录"扫雷　概述"中的文字。

_____

② 使用鼠标计算"128÷12"。记录结果。

_____

图 1-37　扫雷游戏界面

图 1-38　计算器界面

知识点：程序文件及其运行

在前面的任务 1–8 中，提到了非程序文件，非程序文件必须在一个应用程序中才能打开并查阅内容。例如，任务 1–8 中，文本文件"杜拉拉升职记.txt"是在"记事本"这个应用程序中打开的。与非程序文件相对应的，就是程序文件。任务 1–9 中的 exe 文件，是直接双击执行的，没有借助任何的应用程序。这种可以直接执行（也可以是运行、打开）的文件称为程序文件，程序文件的扩展名有"exe"和"com"。双击程序文件，一般称作"运行 XX 程序"或"启动 XX 软件"，如刚才的双击"C:\Program Files\Microsoft Games\Minesweeper\MineSweeper.exe"，可以表述为"启动扫雷"。双击一个非程序文件，一般称作"打开 XX 文件"。对这些常识性的说法，读者应尽量熟悉并实际应用。

下面我们再用另一种方法来启动扫雷游戏。单击"开始"→"所有程序"→"游戏"→"扫雷"，如图 1–39 所示。

图 1–39 从开始菜单启动扫雷

这两种方法有什么关系呢？实际上，"开始"菜单中的扫雷，是扫雷文件"C:\Program Files\Microsoft Games\Minesweeper\MineSweeper.exe"的快捷方式，提供给用户一种更为直观、易于操作的方式，其实质仍然是指向程序文件。计算器程序也是这样。在"开始"菜单的计算器项上右击，然后选择"属性"，打开"计算器 属性"窗口，如图 1–40 所示。从图可知，计算器快捷方式的目标文件是"%Windir%\system32\calc.exe"（"%Windir%"是 Windows 7 操作系统的安装目录，如果将 Windows 7 系统安装在 C 盘，则"%Windir%"即为

"C:\WINDOWS"。图中起始位置"D:WINDOWS\system32",表明笔者的 Windows 7 系统安装在 D 盘),与在任务中打开的文件是同一个文件。

图 1-40　计算器快捷方式的属性窗口

清楚了程序文件的路径后,我们也可以通过"运行"对话框来启动程序。单击"开始"→"所有程序"→"附件"→"运行",在打开的对话框中输入"C:\WINDOWS\system32\calc.exe",也能启动计算器,如图 1-41 所示。①

图 1-41　从"运行"对话框启动计算器

边学边做

① 画图程序是 Windows 7 系统提供的一个小程序,用于绘制简单图像。单击"开始"→"所有程序"→"附件"→"画图",可以启动画图程序。参照刚才的扫雷程序,写出画图程序的文件路径,并尝试从"运行"对话框启动画图。

任务 1-10　录制一段你的笑声

任务描述

使用 Windows 7 系统自带的录音机程序，录制一段你的笑声，并将笑声以"笑声.wav"为名保存在任务 1-8 中你所建立的姓名文件夹下（作者电脑上是"E:\杜少杰"）。

任务实现

（1）单击"开始"→"所有程序"→"附件"→"录音机"，启动录音机程序，出现如图 1-42 所示的录音机界面（注意观察标题栏的内容）。这个程序是 Windows 7 系统自带的录音机程序，可以录制外界声音。

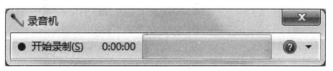

图 1-42　录音机程序界面

（2）调整好麦克风音量，单击界面中的红色圆圈开始录音。

（3）录制结束后，单击"停止录制"按钮，在弹出的"另存为"窗口中，确定文件的文件名、类型和保存位置。首先，在任务窗格中找到并选择"本地磁盘 E:"，如图 1-43 所示，显示 E 盘根目录下所有的文件夹，找到文件夹"杜少杰"并双击。在"文件名"右侧的文本框中输入"笑声"，如图 1-44 所示。单击"保存"按钮。①

边学边做

① 保存后窗口的标题栏是什么？文件名"笑声"，你觉得恰当吗？
_____
_____

图 1-43　选择保存文件的磁盘和文件夹

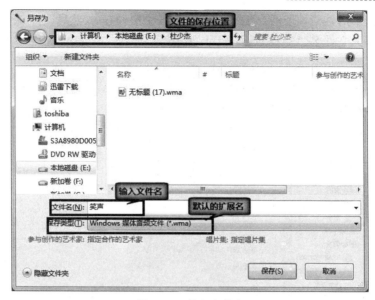

图 1-44　输入文件名

知识点：文件的新建与保存

1. 新建文件

读者是否已经注意到，当保存文件后，录音机窗口标题栏为 录音例.wav - 录音机 ，而保存之前的标题栏是 声音 - 录音机 ，为什么会有这个改变呢？其实，刚才进行的用录音机录制声音的过程，就是建立一个声音文件的过程。录音机是一个用来录制声音的小程序，当我们启动这个程序时，自动新建了一个 wav 类型的声音文件，默认的名字为"声音"，当录制并保存后，也就是将这段录制的声音以文件的形式永久性地保存在电脑上，所起的名字是"笑声"，扩展名"wav"是自动选择的。起好名字后，在录音机窗口就显示了这个声音文件的文件名了。

刚才我们以"笑声.wav"为名保存了这段声音。读者是否还记得，在任务1-6中，录入了一段文字并进行了保存，当时没有进行任何确定文件位置、文件名、文件类型的操作，那么这个文件保存到哪个盘、哪个文件夹了呢？查看图1-24所示的"另存为"对话框，发现这段文字是保存在了"我的文档"。

在桌面，右击"我的文档"图标，单击"属性"按钮，在"我的文档 属性"窗口，看目标文件夹发现其内容为"C:\Documents and Settings\Administrator\My Documents"。表示"我的文档"图标就是指向了 C 盘"Documents and Settings"文件夹下的"Administrator"文件夹下的"My Documents"文件夹。在不同的电脑中，"我的文档"所指示的位置也会因 Windows 7 系统的安装位置和用户名的不同而有所不同。①②③

边学边做

① 写出刚才声音文件的路径。
_____
_____

② 记录下你所使用的电脑中"我的文档"所指示的文件夹。
_____
_____

③ 写出任务 1-6 中录入的"计算机发展.txt"文件的路径。
_____
_____

上面新建了一个声音文件，并进行了保存。这种方法是在应用程序中新建文件，还可以用右键菜单直接建立文件。比如，新建文件"E:\作业\5-18.doc"，打开"E 盘"下"作业"文件夹,如图 1-45 所示,注意地址栏为"E:\作业",此时在空白处右击,然后选择"新建"→"Microsoft Word 文档",写入文件名"5-18.doc"即可。

图 1-45 在文件夹中新建文件

有的同学可能会问,在"新建"菜单下,有很多种不同类型的文件,如 BMP 图像、文本文档 等,为什么我们刚才选择的是 Microsoft Word 文档 呢?这是根据我们要新建文件的扩展名而确定的。表 1-3 列出了文件的扩展名与新建图标的对应关系。①

边学边做

① 在你的姓名文件夹下,新建文件"myfile.txt"和"myfile.bmp"。这两个文件表示同一个文件吗?

表 1-3 扩展名与新建图标的对应关系

扩展名	新建菜单中的图标
.bmp	Bitmap 图像
.txt	文本文档
.doc	Microsoft Word 文档
.ppt	Microsoft PowerPoint 演示文稿
.xls	Microsoft Excel 工作表
.mdb	Microsoft Access 数据库
.rar	WinRAR 压缩文件

2. 保存文件

在前面学习文件三要素后可知,保存文件其实质就是确定主文件名、文件类型以及文件的存储位置,也就是在哪个盘、哪个文件夹下。这些操作都是在图 1-43 和图 1-44 所示的"另存为"对话框实现的。任务 1-10 中我们通过"另存为"对话框在"E:\杜少杰"文件夹下保存了一个名为"笑声"的 wav 文件。保存文件时,尽管有文件名、文件类型和存储位置的不同,但其操作方式很类似,在此就不再详细介绍了。

在写入新建文件的文件名时,如果系统中显示了文件的扩展名,则将扩展名同时写入;如果系统未显示扩展名,则只写入主文件名。

任务 1-11 把手机中的照片导入到电脑中

任务描述

将手机中的照片复制到计算机的硬盘。

任务实现

(1)准备好手机和配套的数据线,如 ,然后将数据线的一端插入手机对应的插孔,另一端插入电脑的 USB 口 。

(2)此时计算机自动加载该款手机的驱动程序,手机端则出现连接方式选择界面,如图 1-46 所示。

(3)触摸"磁盘驱动器"处,通常在计算机屏幕上会弹出 2 个"打开方式"对话框,如图 1-47 所示。盘符序号排在前面的是手机自带的存储,后一个是用户安装上的存储卡,用户

图 1-46 手机端"选择连接方式"界面

图 1-47 "打开方式"对话框

的照片存储在存储卡上，即在后一个对话框中进行选择，图1-47中是"H盘"的打开方式选择，单击"打开文件夹以查看文件"选项，则在"计算机"窗口显示手机存储卡上的所有文件和文件夹，照片一般保存在"DCIM"或者"Camera"文件夹。

（4）然后依次打开后续的文件夹，就可以看到保存在手机中的照片文件，如图1-48所示。

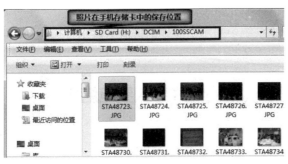

图1-48　手机中保存的照片文件

边做边想

① 你所用的手机，照片保存在哪个目录中？
_____
_____

（5）单击菜单栏"编辑"→"全部选定"，所有文件都选中了，在任一选中的文件上右击，在出现的快捷菜单中选择"复制"。

（6）在 E 盘根目录新建文件夹"我的照片"，在"我的照片"文件夹下再建立二级文件夹"北京旅游"，然后打开该文件夹。

（7）在"北京旅游"窗口空白处右击，在弹出的快捷菜单中选择"粘贴"，此时数码相机中的照片就复制到"E:\我的照片\北京旅游"文件夹。

（8）单击任务栏通知区域移动磁盘指示器，出现图1-49所示的对话框，选择"弹出Android Phone"，然后出现"安全删除硬件"的消息框，拔出数据线即可。

图1-49　弹出硬件对话框

知识点：文件基本操作

任务1-11中实现的照片导入，实质上是文件的复制。我们可以再次打开手机，看一下照片文件是否仍然保留在手机上。对文件的操作，除了已经学习过的新建、复制，还有改名、删除、移动。①②③

边学边做

① 把素材包中的所有内容复制到电脑E盘你自己的姓名文件夹下。

② 在"素材\第1章\任务1-11\大学\数学学院"

1. 文件的改名

右击要改名的文件，弹出右键菜单，选择"重命名"，这时文件名处于一个可修改状态的方框中，输入新文件夹名称即可。

手机中的照片文件,文件名是随机产生的,如图 1-48 中所示的"IMAG0186.jpg"等,那么可以把这些文件名改为更直观体现照片内容的文件名。④

2. 文件的删除

右击要删除的文件,弹出右键菜单,选择"删除",弹出"确定删除"对话框,单击"是"按钮。对不满意的照片,可以删除。⑤

3. 文件的移动

右击要移动的文件,弹出右键菜单,选择"剪切",这时要移动的文件就变浅了,打开目标盘和文件夹,在目标盘窗口的空白处右击,弹出右键菜单,选择"粘贴",文件就移动到目标位置了。⑥

4. 文件的复制与粘贴

选中要复制的文件,右击,弹出右键菜单,选择"复制",然后打开要复制去的目标盘或目标文件夹,在目标位置窗口的空白处右击,弹出右键菜单,选择"粘贴",这时文件就复制到目标位置了。

上面主要介绍了使用文件的快捷菜单来实现文件的各种操作,其实,还有很多种其他的方法。例如,可以单击工具栏上的对应按钮代替快捷菜单中的命令,在菜单栏中也可以找到相应的命令,它们的功能是完全相同的。同时,为了实现快速操作,还应熟记一些操作的快捷键,如复制命令的快捷键"Ctrl+C"、粘贴命令的快捷键"Ctrl+V"、剪切命令的快捷键"Ctrl+X"。

文件夹的操作与文件类似,在此不再讲述。

文件夹下新建文件夹"数学本科"和"数学专科"。

③ 在"素材\第 1 章\任务 1-11\大学\数学学院\数学本科"文件夹下新建文件"数学本科 1 班.doc"。

④ 将"素材\第 1 章\任务 1-11\大学"文件夹下的"信息学院"文件夹改为"信息工程学院",其下文件"学会做人.doc"改为"宣传稿.doc"。

⑤ 删除"素材\第 1 章\任务 1-11\大学\信息学院"文件夹下的文件"教务处通知.doc"。

⑥ 将文件"音乐学院工作计划.doc"移动到"音乐学院"文件夹下,并将图片文件"校园.bmp"移动到"大学"文件夹下。

任务 1-12 恢复误删除的照片

任务描述

恢复误删除的两个文件"6.jpg"和"18.jpg"。

任务实现

(1)在桌面双击回收站图标,打开"回收站"窗口,发现被误删除的文件"6.jpg"和"18.jpg"就在该窗口中,同时选中"6.jpg"和"18.jpg",并在选中的任一文件上右击,弹出快捷菜单,如图 1-50 所示。

(2)选择"还原",选中的这两张照片就被还原到删除以前的位置。关闭回收站窗口。

知识点:文件的彻底删除与还原

前面我们学习了如何删除文件和文件夹,但是在通常情况下,经过删除操作,被删除的文件或文件夹并没有完全从计算机删除，它们被暂时保存在回收站中，用户可以通过对回收站的操作，来永久删除文件或文件夹，也可以恢复被误删除的那些文件和文件夹。上面的任务中，从回收站还原了两个误删除的文件。在图1-50所示的快捷菜单中，如果选择"删除"，那么这两个文件就彻底从电脑上删除了，不会再占用电脑资源。

图1-50　回收站文件的右键快捷菜单

另外，还可以一次性地彻底删除掉回收站内所有的文件，在桌面右击"回收站"图标，在弹出的快捷菜单中选择"清空回收站"，可以把回收站内所有的文件都彻底删除。

> **小经验**
>
> 在删除文件时，如果要把文件不经过回收站直接删除，可以在按住"Shift"键的同时执行"删除"命令。

总结与复习

本章小结

本章我们通过完成12个具体、常见的实际任务，初步体验了Windows 7系统中鼠标、桌面、文字录入、新建文件、管理文件的操作步骤，介绍了Windows窗口的组成元素、鼠标操作的术语表达方法。掌握术语是非常重要的，在学习如何操作的同时，也要学会用专业的语言来描述看到的现象，这样才能够很好地与别人交流、顺利地读懂专业文档，以及对自己的疑惑进行正确的提问。

本章重点讲解了文件、文件类型、文件路径的概念，以及程序文件、非程序文件的区别，带领读者认识了电脑中经常会遇到的几种文件类型。学习结束后，请参照本章开始的能力目标，对你的学习效果做出自我评价。然后，完成后面的习题进行检验。

关键术语

桌面、图标、窗口、快捷菜单、选中、打开××窗口、桌面空白处、关闭窗口、标题栏、菜单栏、工具栏、控制菜单、控制按钮、最大化、最小化、还原窗口、边框、状态栏、滚动条、移动窗口、激活窗口、活动窗口、非活动窗口、对话框、命令按钮、单选按钮、复选框、列表框、下拉列表框、选项卡、滑块、屏幕分辨率、任务栏、快速启动工具栏、通知区域、程序指示器、中文输入法、特殊符号、语言栏、文件、文件类型、文件路径、程序文件、非程序文件、启动××程序、另存为对话框、回收站。

动手项目

（1）请进行能完成如下要求的鼠标操作。
- 打开"我的文档"窗口
- 选中"计算机"
- 选中"计算机""我的文档"和"回收站"图标
- 弹出桌面快捷菜单

（2）写出定位文件"E:\娱乐\歌曲\神话.mp3"的操作步骤。

（3）在图1–51所示的窗口示例中，写出对应的窗口元素名称。

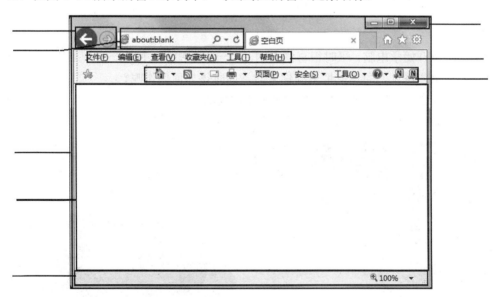

图1–51 窗口示例

（4）要把桌面上的文字和图标放大，有几种方法？写下你的操作步骤。

（5）要把某个窗口上的菜单和工具栏放大，应如何操作？

（6）在进行文字录入时，明明是在中文输入状态，但是按"."键却没有出现"。"，这是什么错误导致的？

（7）双击桌面上的图标，启动金山打字通，进行文字录入练习。

（8）如何隐藏文件的扩展名？

（9）桌面双击"计算机"，双击"本地磁盘 E:"，双击文件夹"我的照片"，双击文件夹"北京旅游"，单击"北京1.jpg"，写出以上操作所定位的文件路径。

（10）QQ 是我们都非常熟悉的一款软件。QQ 安装完成后，其程序文件通常存放在"C:\Program Files\Tencent\QQ\Bin"文件夹下，而且以图标、快捷方式、按钮的形式，在桌面、开始菜单、快速启动工具栏提供 QQ 的快速启动方式。请说出启动 QQ 的 5 种方法。

（11）在保存文件时，往往都是直接单击鼠标，没有观察路径。由于没有观察保存的位置，导致不知道文件存放在哪里，请给出两种解决方法。产生错误的原因是什么？为什么未明确保存位置，也能够保存文件？

（12）录入本书中任意一页的内容，并以恰当文件名保存在你的姓名文件夹下。

（13）启动画图程序，绘制一个奥运五环的图像，保存在最后一个磁盘分区。并同时观察：画图程序中新建的文件，默认的文件名是什么？保存文件时，所起的文件名是什么？默认保存在哪个文件夹？默认的扩展名是什么？

（14）在前面，我们在所用电脑的最后一个分区上，以姓名为名建立了一个文件夹。在这个文件夹中，再建立三个子文件夹，名称分别为"图片文件"、"声音文件"、"文本文件"，并把在任务 1-6 中建立的"计算机发展.txt"文件、任务 1-10 中建立的"笑声.wav"文件、在画图中绘制的五环图像文件，分别移动到适应的文件夹内。

（15）任务 1-11 中复制照片文件到电脑中，是同时选中多个文件然后复制到目标文件夹的。还可以复制整个文件夹，然后将文件夹改名，请用这种方法实现照片的复制。

学以致用

（1）小张刚开始学电脑，平时很喜欢上网，有一天不知怎么回事，发现 IE 窗口的地址栏不见了，不能输入网址，急急忙忙来向你求教，此时该如何操作呢？

（2）不知道进行了什么操作，小张的电脑桌面变成了图 1-52 所示的样子。请用术语来描述这个现象。如何更正以及如何进行设置能够避免这种情况的发生？

图 1-52 桌面异常情形示例

（3）张爷爷也是电脑迷，最近新买了一台19英寸宽屏的台式机。由于年龄大，眼神不太好，也不喜欢很花哨的界面，请你帮张爷爷设计一种显示方案。

（4）桌面背景设置了人物的照片，发现变形了，怎么办？

（5）小李是大学一年级护理专业3班的新生，目前正在学习"计算机应用基础"课程。该课程内容涉及 Word、Excel、PowerPoint 三种软件的使用，对每个软件都提供了很多的素材和练习样例。小李使用的电脑是学校公用电脑，由三名同学按时间段不同共同使用。与其共用电脑的同学分别是护理专业2班张敏和护理专业1班王良良。请在这台公用电脑上建立恰当的文件夹结构，使这三名同学都能够方便地找到自己的文件，并不影响其他同学的使用。画出目录结构，并建立所需的文件夹。

（6）小张在朋友的电脑上发现了一首好听的mp3歌曲："光阴的故事"，存储在"E:\我的音乐"文件夹下，请协助小张把这首歌复制到随身携带的MP3上。

（7）小张操作完成后，同学电脑上原来的歌曲却不见了，小张很不好意思。分析一下，小张进行了什么样的误操作，导致了这个错误的发生。

第 2 章　Windows 7 管理软硬件

情境引入

李平是一名高中毕业的男生，上学时也上过好几年的电脑课程，可惜学得不好，只会聊天、看电影。家人朋友觉得他学过电脑，以为他水平挺高，会找他解决一些电脑问题，比如，朋友要去买台电脑，会请他帮忙参考一下什么样的合适，还有，朋友以前存储的文件忘记放在什么位置了，也来找他咨询能不能找出来。每每这时李平感到非常羞愧，既对不住朋友的信任，又很后悔以前没好好学。他很想学习电脑硬件和常见问题处理方面的知识，以便在关键时刻一显身手。

本章将带领读者首先认识计算机的硬件组成，了解 CPU、硬盘等关键硬件的型号、性能；然后是通过认识打印机不能正常工作、文件不能打开、找不到文件等几个常见故障，学习 Windows 7 系统管理硬件、软件和文件的操作机制。

本章学习目标

能力目标：
- 能够说出计算机硬件组成，查看硬件的厂家、型号
- 能够正确安装、卸载扫描仪、打印机、刻录机、数码相机等 USB 接口的硬件设备
- 能够安装、卸载软件
- 能够建立文件和应用程序的关联
- 能够搜索已知文件名或部分文件名的文件
- 能够正确使用 "*" 和 "?" 通配符实现多个文件的搜索
- 能够设置文件属性

知识目标：
- 了解计算机的硬件
- 理解硬件驱动程序的作用
- 掌握添加、卸载新硬件的步骤
- 理解软件的概念
- 掌握软件安装、卸载的步骤
- 掌握 "*" 和 "?" 通配符的作用
- 掌握文件搜索的组合条件

素质目标：
- 热心为朋友提出合理的电脑购买建议
- 根据实际需要提出安装相应软件的建议
- 根据实际需要选择恰当的文件保护方式

> **实验环境需求**
>
> **硬件要求：**
> 多媒体电脑、USB 接口、扫描仪或其他可插拔硬件
> **软件要求：**
> Windows 7 操作系统、不能打开 Flash 文件、Windows Media Player 组件、搜狗输入法

任务 2–1　模拟购买电脑

任务描述

在本地实地调研，模拟购买一台家用电脑。通过购买过程中与销售人员的交流，了解电脑由哪些硬件组成，并熟悉一些关键硬件的厂家、型号。

为了完成购买电脑的任务，我们首先要明确：（1）到哪儿去买电脑？（2）买电脑主要用来做什么？（3）计划买什么价位的电脑？

首先，关于购买地点，可以到大型商场的电脑专柜，也可以到小型的、专门的电脑公司（一般集聚在当地的科技城）。商场的电脑专柜主要销售电脑生产厂家的固定产品，也就是品牌机；而在小型的电脑公司，不仅有品牌机，还可以由技术人员根据用户的需要给出临时组配起来的随机产品，也就是组装机，这就像是我们买衣服，即可以到商场买成品，也可以到裁缝店量身定做。

其次，在购买电脑前，我们还需要确定买来的电脑主要用于做什么。目前大多数的电脑用户使用电脑主要是进行上网、看电影、听音乐等家庭娱乐，以及资料搜索、文件处理等简单办公功能，不同的电脑用途决定了电脑的配置，现在可以说，任何一种配置的电脑都可以满足娱乐和简单办公的功能，如果用户需要使用电脑来处理大量图片、声音、视频，那就需要更高的配置。本次任务我们假定购买一台普通家用电脑。

电脑的用途确定后，最后一个关键的因素就是购买电脑的预算。同样的配置，相对来说，组装机比品牌机便宜；同样是品牌机，小牌子比大牌子要便宜，当然，名气大的牌子也预示着更满意的售后服务和更可靠的质量保证。另外，组装机还存在上当受骗的风险。

任务实现

由于本次任务需要读者真正地到电脑销售场所，与销售人员进行交谈，在此我们不能给出读者如何交谈以及交谈的步骤。交谈结束后，请读者完成以下的几个问题。

（1）你调查的是什么公司（商场）？地点在哪儿？

_____

（2）该场所销售哪几种电脑品牌？每个品牌都有什么型号？

_____

_____

_____

（3）请写出某品牌电脑的一种型号、售价及 CPU、硬盘、内存、显示器、显卡信息，这些信息可抄录电脑销售标签或记录销售人员的口头描述。

品牌：________________

型号：________________

售价：________________

CPU：________________

硬盘：________________

内存：________________

显示器：________________

显卡：________________

（4）调查一个销售组装电脑的公司，请技术人员给出一款 3 000 元左右的报价单。

____

知识点：计算机的硬件组成、几个重要的硬件、计算机的工作过程

1. 计算机的硬件组成

进行实地模拟购买的同学，会得到两张配置单，一张是由销售人员描述、自己记录的品牌机配置清单，一张是销售人员给出的组装电脑配置单，如图 2–1 和图 2–2 所示。

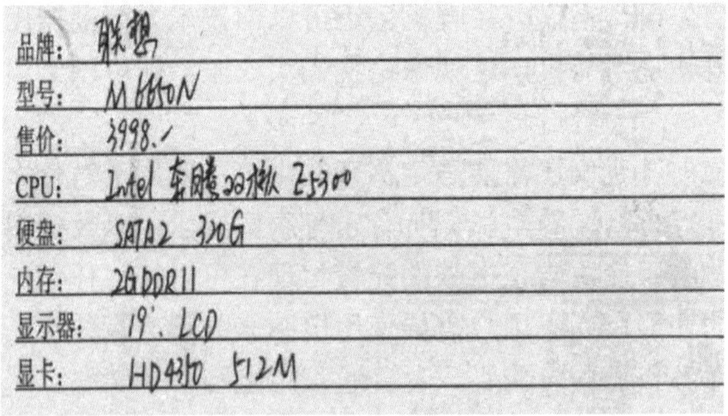

品牌：联想
型号：M6650N
售价：3998.-
CPU：Intel 奔腾双核 E5300
硬盘：SATA2 320G
内存：2G DDRII
显示器：19' LCD
显卡：HD4350 512M

图 2–1 联想扬天 M6650N 配置简要记录单

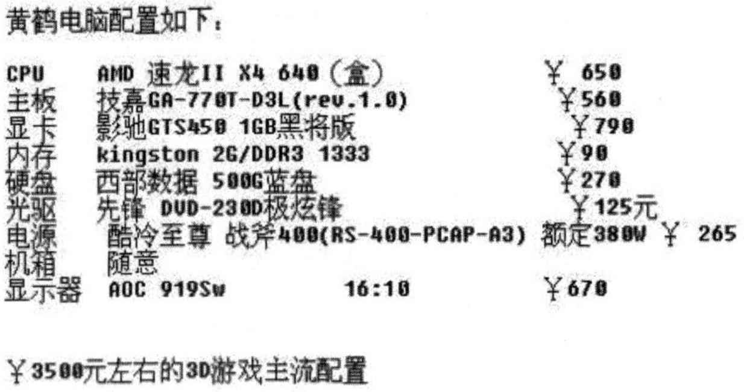

黄鹤电脑配置如下：

CPU	AMD 速龙II X4 640（盒）	￥650
主板	技嘉GA-770T-D3L(rev.1.0)	￥560
显卡	影驰GTS450 1GB黑将版	￥790
内存	kingston 2G/DDR3 1333	￥90
硬盘	西部数据 500G蓝盘	￥270
光驱	先锋 DVD-230D极炫锋	￥125元
电源	酷冷至尊 战斧400(RS-400-PCAP-A3) 额定380W	￥265
机箱	随意	
显示器	AOC 919Sw 16:10	￥670

￥3500元左右的3D游戏主流配置

图 2–2 销售人员给出的组装电脑配置单

这个写满一系列英文和数字的配置单，和我们常见的包括显示器、主机的电脑，是怎么对应的呢？

其实，一台电脑远比我们在外观上看见的主机、显示器、键盘、鼠标、音响等复杂得多，在电脑的主机内部，还封装了很多重要的硬件。

图2-3是将各组成零件分离后的主机构成图，由图可知，在主机箱内部，集合了CPU、内存、硬盘、电源等电脑硬件。

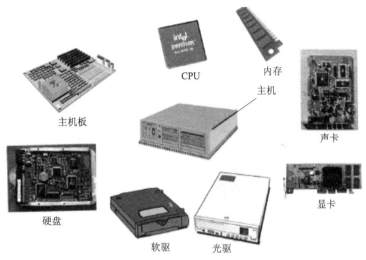

图2-3　主机内部零件构成

图2-4是各硬件连接后的实物图，也是电脑主机箱内打开后的真实写照。

图2-4　主机内部实物图

而且，作为一种特殊的电子产品，电脑的各个组成零件是由许多不同的公司、企业生产的，即便是我们调研时所接触到的联想、方正、神州、戴尔等品牌电脑，也是由生产厂家根据不同的功能需求，选择合适的零件而组配起来的。组成这台电脑的各个零件的信息就是电脑的配置清单，主要包含了各零件

边学边做

① 你听说过哪些电脑品牌？你用的电脑是品牌机还是组装机？

的生产厂家、型号和性能参数等信息。①

CPU：AMD 速龙 II X2 245(盒)

其中，AMD 是 CPU 的生产厂家，速龙是该厂家推出的一种型号，X2 表示双核，245 是该 CPU 的主频。(盒)表示该 CPU 是盒包装的，不是散货。

内存：金士顿 DDR2 800 2 GB

其中，金士顿是内存的生产厂家，DDR2 800 是内存型号，DDR 第二代，800 表示内存频率，2 GB 指该内存容量。

每种电脑零件都有好几个生产厂家，每个厂家针对不同需求有许多不同的型号。在此我们不再做具体介绍，有兴趣了解的同学，可阅读"素材\第 2 章\课外资料"中的内容，同时，课外资料也提供了如何把零件组装成完整电脑的视频。②

② 通过阅读，说出图 2-1 所示的配置单中

硬盘：SATA2　320 GB
和
显卡：HD4350 512 MB
表示的含义。
_____
_____
_____
_____

2．几个重要的硬件

在我们购买电脑时，往往注重电脑的反应速度、显示效果等，也就是电脑的性能，而这些和使用什么样的鼠标、键盘并没有什么关系。虽然电脑的配置清单上详细给出了每一种零件的信息，但是对于电脑的性能，往往是由几个重要的零件决定的，这几个重要的零件也是我们决定购买某一款电脑的主要因素，主要有 CPU、内存、硬盘、显卡、显示器。

1）CPU

CPU 即中央处理器，它决定了电脑执行指令的速度。CPU 的生产厂商主要有 Intel、AMD 两家，其中 Intel 公司的 CPU 产品市场占有量最高。目前市场上主流的 CPU 有 Intel 公司的酷睿（Conroe）系列、奔腾（Pentium E）系列、赛扬（Celeron）系列；AMD 公司的弈龙（Phenom）系列、Athlon64 X2 系列、速龙（Athlon）系列。每个系列都有不同的主频，构成不同等级的 CPU。主频越高，执行速度越快，价格也就高些。而且，同等主频的 CPU，Intel 公司的比 AMD 公司的贵一些。图 2-5 为 Intel E4600 CPU（Intel 酷睿双核处理器）。

图 2-5　Intel 酷睿双核处理器

2）内存

内存指计算机中存放数据与指令的存储单元，CPU 处理的数据都是由内存供应的。由于现在的 Windows 系统和一些新的应用软件对内存的需求很大，内存越大，它工作得就越好，所以现在的电脑 512 MB 内存已算是最低配置，资金充足的话，配上 1 GB、2 GB 乃至 4 GB

也都不为过。目前比较知名的品牌有现代（Hyundai）、金士顿（Kingston）、宇瞻、胜创（Kingmax）、三星（Samsung）、威刚（ADATA）和金邦（GEIL）等。图 2-6 为金士顿 HYPERX 系列 DDR800 4 G 内存套条（两条，每条 2 GB）。

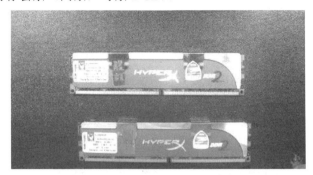

图 2-6　金士顿 DDR800 4 GB 内存套条

3）硬盘

生产厂家主要有希捷（Seagate）、迈拓（Maxtor）、日立（Hitachi）、西部数据（简称西数，Western Digital，WD）、富士通（FUJITSU）、三星（Samsung）、易拓（国产）。图 2-7 为希捷 Barracuda LP 系列 1 TB 硬盘。

图 2-7　ST31000520AS 1TB 硬盘

目前新电脑的硬盘容量大都在 200～800 GB，硬盘的容量表示了电脑能存储文件的多少。在计算机中，存储数据的最小单位是字节（Byte）。其上层单位还有 KB、MB、GB、TB，其中：

1 KB=1 024 B；
1 MB=1 024 KB；
1 GB=1 024 MB；
1 TB=1 024 GB。

存储 1 个英文字母需要占用 1 个字节，存储 1 个汉字则需占 2 个字节。一张能播放 90 分钟视频的光盘，容量一般为 650 MB，DVD 光盘的容量一般为 4.7 GB，我们使用数码相机拍摄的一张照片，容量一般为 300～600 KB，一首 MP3 歌曲一般为 3～5 MB，一个包含上千字的文档大约有 20 KB，那么想一想，200 GB 的硬盘，是否足够你存放文件了呢？

4)显示器

市场上的显示器多为 LCD 显示器,常见品牌有三星(Samsung)、索尼(Sony)、LG、优派(Viewsonic)、飞利浦(Philips)、宏碁(Acer)、美格(MAG)、EMC 等。LCD 显示技术目前已经很成熟,任何品牌的产品都能达到满意的显示效果。购买时通常只需关注一下屏幕尺寸,有 18~24 英寸不等。

5)显卡

显卡是连接显示器和电脑主机的重要元件,承担输出显示图形的任务,通俗的说法就是使画面流畅,对于喜欢玩游戏和从事专业图形设计的人来说显卡非常重要。显卡的生产厂家主要有华硕(ASUS)、丽台(Leadtek)、微星(MSI)等。图 2-8 为华硕 Splendid MA3850M 显卡。

图 2-8 华硕 Splendid MA3850M 显卡

显卡是本身拥有存储图形、图像数据的存储器,简称显存。显存的容量大小决定了显示器分辨率的大小及显示器上能够显示的颜色数。显存容量有 128 MB、256 MB、512 MB 乃至更多,目前用户选购电脑时应至少有 128 MB 显存。

3. 计算机的工作过程

下面我们通过简单了解计算机的工作过程,进一步理解为什么 CPU、内存、显卡等硬件,决定了整个电脑的性能。

要了解计算机的工作过程,这里我们需要涉及一些计算机组成方面的专业用语。现代的计算机,其基本原理仍然是按照冯·诺依曼"存储程序"理论组成的。理论上这种计算机由运算器、控制器、存储器、输入设备和输出设备 5 部分组成。运算器和控制器合称为中央处理器(CPU),存储器就是我们所说的内存,输入设备有硬盘、鼠标、键盘等,显示器、音响等是输出设备。

"存储"可以理解为把计算机要处理的数据存储在硬盘或内存中,"存储数据"也是这两大硬件的功能;"程序"我们可以理解为对这些数据进行处理的命令,电脑能够播放歌曲、显示图片,以及完成很多其他的工作,是在相应的程序指示下完成的。程序会告诉电脑,哪些数据要用显示器显示处理,哪些数据要用音响播放出来,而 CPU 的主要功能就是执行程序的命令。

电脑反应速度的快慢,可以简单理解为用户从发出命令到得到执行结果之间的等待时间(也就是用鼠标双击运行某个程序,到该程序真正运行之间的时间)。该过程中,是由输入设备将数据和程序输入到内存，由内存转交 CPU 进行处理，CPU 每处理完一次数据，把处理结果转交给内存，再由内存转交给各个输出设备。虽然一个任务的执行过程是由输入设备、内存、CPU、输出设备配合完成的，但是由于所有的处理都要经过 CPU，所以 CPU 的工作效率对整个任务的完成有着非常重要的影响。也就是 CPU 是重要的硬件，决定着整个电脑的性能。

同时，电脑执行速度的快慢，与内存容量大小、工作速度也有很大关系。这是因为 CPU 所要处理的任何数据都存储在内存中，可以想象，如果 CPU 工作的效率很高，但是内存配合不好，速度慢，不能及时把数据送给 CPU，也会导致计算机整体速度变慢。而且，现在的电脑，一般都是多个任务同时工作，玩游戏的同时听音乐，那么这两个任务所涉及的数据都应放置在内存，不断地输送到 CPU 进行处理；如果内存容量小，不能同时容纳这两个任务的数据时，只能是交替共享内存，势必会导致内存不能及时把数据传送到 CPU，导致性能下降。

任务 2–2　查看 CPU、硬盘型号

任务描述

虽然现在的商家都标榜诚信经营，但是仍有部分奸商欺骗消费者，实际的硬件与配置单中描述的硬件型号不一致，购买组装电脑时这种情形更为常见。所以，很多情况下，我们还需要自己亲自查看一下这些硬件到底是什么型号的。本次任务是在 Windows 7 系统下，查看一下 CPU、硬盘的型号，其他硬件的型号也是用同样的方法查看。

任务实现

（1）在电脑桌面，右击"计算机"→"属性"，打开"系统属性"窗口。在该窗口，显示了 CPU 和内存的相关信息，如图 2–9 所示。

边做边想

① 如图 2–9 所示，显示了 CPU 和内存的信息，请说出这款 CPU 的厂家、型号分别是什么？主频是多少？另外，在显示的内存信息中，是否显示了内存的常见信息？图中所示的内存是多大容量的？

图 2–9　"系统属性"窗口①②

② 如图 2–9 所示的"系统属性"对话框，也显示了系统的软件信息。请写出图中所示 Windows 7 系统的版本号，以你的电脑操作经验，能否知道该系统是用哪种安装盘安装的？

（2）上图能够查看到 CPU，但是并没有显示有关硬盘的信息。在图 2-9 所示"系统属性"窗口中单击"设备管理器"选项，进入如图 2-10 所示的"设备管理器"窗口。

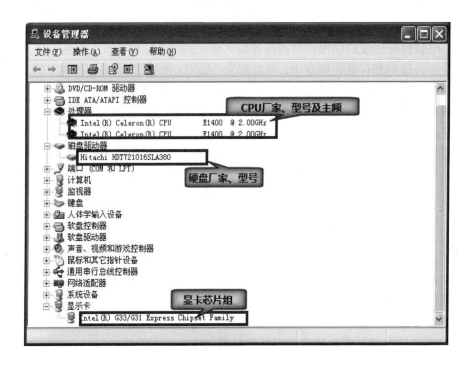

图 2-10　"设备管理器"窗口

在"设备管理器"窗口，我们可以看到所有的硬件信息，如光驱、硬盘、CPU 处理器、显卡、显示器等，单击名称前面的"+"即可。图 2-10 中显示了 CPU 处理器的厂家、型号和主频，硬盘的厂家、型号和显卡芯片组等信息。

知识点：系统诊断命令

除了通过"设备管理器"查看电脑硬件信息，还可以使用系统诊断命令（dxdiag.exe）获得系统硬件的更多信息。单击"开始"→"所有程序"→"附件"→"运行"，然后输入"dxdiag"后回车，打开系统诊断窗口，此时单击"显示"选项卡，出现如图 2-11 所示界面。该窗口显示了显卡的厂家、型号和容量信息。

通过设备管理器，我们可以查看硬盘的厂家、型号，如图 2-10 所示。从这里很难直接获得我们最关心的硬盘容量信息，还有一种最简单的方法可以快速了解整个硬盘的容量。在"我的电脑"窗口，我们发现整个硬盘分成了若干个分区，那么把这些分区的容量加起来，就是整个硬盘的容量。

打开"计算机"窗口，单击工具面板上"查看方式"按钮，如图 2-12 所示，然后选择"详细信息"，就能看到每个分区的容量。

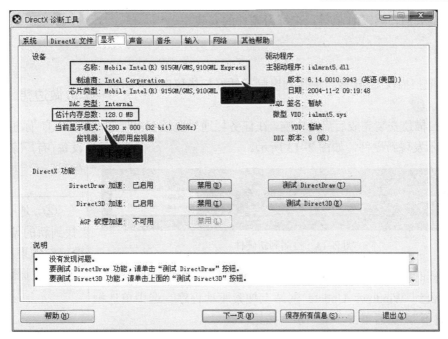

图 2-11 "显示"窗口

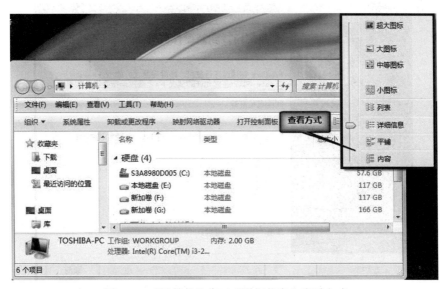

图 2-12 "计算机"窗口"详细信息"查看方式

任务 2-3　安装方正 T35 扫描仪

任务描述

张阿姨向朋友借了一台方正 T35 扫描仪（USB 接口、带光盘），现在请你帮助张阿姨把扫描仪连接到电脑上，并使其能正常工作。如果手头上没有扫描仪，可以使用其他硬件，如摄像头、游戏柄、网银U值等，来练习硬件的安装。

任务实现

（1）把扫描仪USB接口连接到电脑；插好扫描仪电源，并打开电源开关。①

（2）扫描仪安装完成后启动电脑，在任务栏通知区域会出现泡泡提示，提示发现新硬件，如图2-13所示。

图2-13 检测到新硬件

（3）同时打开"找到新的硬件向导"窗口，如图2-14所示，询问用户是否到Windows Update网站上搜索驱动程序，选中单选框"否，暂时不"，然后单击"下一步"按钮。②

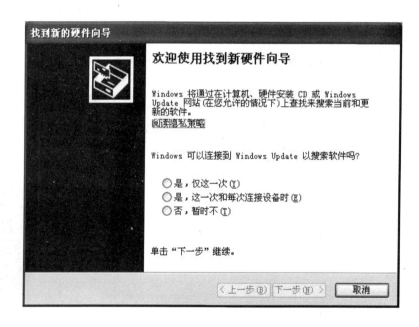

图2-14 "找到新硬件向导"指导用户完成硬件安装

（4）随后出现图2-15窗口，选择安装方式。把扫描仪厂家附带的光驱放入光驱，选中单选框"从列表或指定位置安装（高级）"，单击"下一步"按钮。

边做边想

① 你想安装什么设备，有厂家附带的光盘吗？

② 是否出现了"找到新的硬件向导"窗口？如果没有出现，猜想一下原因。

边做边想

③ 你使用的驱动程序，是放在光盘上，还是存放在硬盘上？

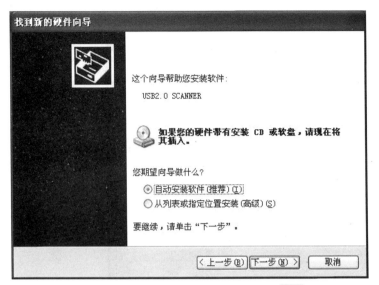

图 2-15 找到新硬件向导询问安装方式③④

④ 如果没有驱动程序,单击"自动安装软件"单选框。想想什么情况下选择这一项?

＿＿＿＿＿＿＿＿＿＿
＿＿＿＿＿＿＿＿＿＿

⑤ 在什么情况下,可以单击"在搜索中包括这个位置"复选框?"浏览"按钮指定在什么位置?

＿＿＿＿＿＿＿＿＿＿
＿＿＿＿＿＿＿＿＿＿

(5)然后出现如图 2-16 所示的搜索位置窗口。选中单选框"在这些位置上搜索最佳驱动程序",并选中"搜索可移动媒体"复选框,单击"下一步"按钮。⑤

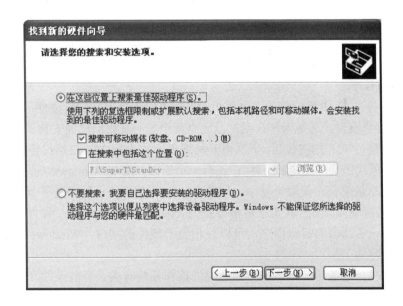

图 2-16 找到新硬件向导询问驱动程序位置

(6)Windows 7 自动定位文件并安装驱动程序。显示"完成"窗口后,单击"完成"按钮。

(7)打开"设备管理器"窗口,右键单击该设备,在出现的下拉菜单中选择"属性",确认设备是否正常工作。图 2-17 显示了安装完成后方正 T35 扫描仪的"属性"窗口。

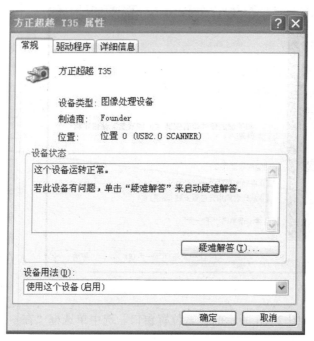

图 2-17　设备管理器显示新安装硬件正常工作

（8）实际扫描证件或文件，确认扫描仪能够正常工作。扫描时需要有软件的支持，第 4 章任务 4-3 中我们将学习软件的下载。

知识点：硬件驱动程序、硬件安装步骤

1. 硬件驱动程序

在第 1 章任务 1-11 中我们曾使用过手机，当时电脑也提示找到新硬件，但是并没有弹出"找到新硬件向导"窗口，这是为什么呢？原因有两个，一是我们已经安装了驱动程序，比如我们在电脑上安装过 T35 扫描仪后，下次再开机或者下次再把 T35 扫描仪连接到电脑的 USB 接口时，就不会再次出现"找到新硬件"；还有一个原因，就是 Windows 7 系统内置了该硬件的驱动程序，虽然是第一次使用该硬件，但是 Windows 7 系统自动安装了驱动。这里我们可以看出来，"找到新硬件向导"其实就是指导我们安装硬件的驱动程序。硬件驱动程序是一种可以使计算机和设备通信的特殊程序，可以说相当于硬件的接口，Windows 7 系统通过这个接口控制硬件设备的工作。

硬件驱动程序与设备的厂家、型号和适用的操作系统有关。有些硬件（如网卡）的驱动程序已经内置在系统安装盘中，此时应首选内置的驱动程序。对那些未内置驱动程序的硬件，应谨慎保存硬件厂家附带的驱动程序光盘，如果光盘丢失，请到设备厂家的网站去下载正确的驱动程序。在网上下载驱动程序时，应明确指出设备的具体型号，以及该驱动是否适用于 Windows 7 系统。关于如何在网上搜索驱动程序，具体内容在第 4 章任务 4-3 的知识点部分进行介绍。

在"素材\第 2 章\任务 2-3"文件夹下，文件夹"ScanDrv"就是厂家提供的驱动程序。为了简便，厂家把其多种不同型号、针对不同操作系统的设备驱动程序，放在同一个文件夹，

提供给不同的用户。这也是该文件夹中有多个 inf 文件的原因。同时，为了满足初级用户的需要，厂家也提供了独立的设备驱动安装程序 Setup.exe 文件，我们可以不通过 Windows 7 系统的"找到新硬件向导"，直接双击 Setup.exe 文件来安装 T35 驱动程序，如图 2-18 所示。安装完成后，连接扫描仪，就不会出现"找到新硬件向导"。

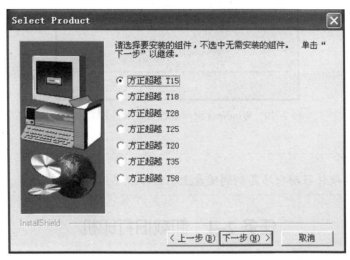

图 2-18　双击安装程序来安装硬件驱动程序

2．硬件安装步骤

在 Windows 7 中安装硬件时，遵循下面的安装步骤。

（1）需要时下载驱动程序到本地硬盘，并要记住存放的位置。

（2）仔细阅读产品说明书，特别是弄清楚先安装设备还是先安装驱动程序。留意说明书中指出的特殊安装过程。

（3）如果产品说明书中说明在安装设备前先安装软件，那么请按照指示进行。软件安装中会提示用户连接设备。

（4）关闭计算机电源，物理安装硬件，把硬件连接到适当的接口（如果使用 USB 或火线接口，无须关闭计算机电源）。

（5）打开电脑后，按照"找到新硬件向导"完成安装。

有时，在物理安装设备后，Windows 只是简单提示发现了新硬件，但是并没有出现新硬件向导。如果遇到这种情况，使用设备管理器卸载此设备（如何卸载设备，在任务 2-4 中介绍），然后使用附赠 CD 安装驱动程序。当下次启动 Windows 后，系统会提示发现新硬件并使用此驱动程序安装设备。还有一种方法是先使用 Windows 内置的驱动程序，随后使用设备管理器升级到厂商提供的驱动程序即可。

有些设备在安装时，如果 Windows 识别出所安装的驱动程序没有经过数字签名，则会显示警告对话框，如图 2-19 所示。现在需要做出决定，是停止安装去 Microsoft 网站查找适合驱动程序，还是继续安装。一般继续安装不会出现问题，所以直接单击"仍然继续"按钮。

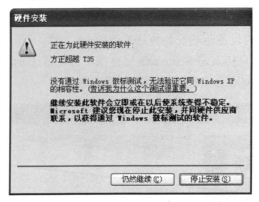

图 2-19　Windows 询问是否安装未签名驱动程序

 小经验

把厂家附带的硬件驱动程序复制到硬盘上，这样就不用到处找光盘了。

任务 2-4　卸载旧打印机

任务描述

公司新买了一台 USB 接口的打印机，请把淘汰的旧打印机卸载掉。

任务实现

（1）首先关闭电脑，拔下旧打印机的电源和数据线。

（2）启动电脑后，双击"计算机"，然后单击"计算机"窗口左侧任务窗格的"控制面板"，在打开的"控制面板"窗口选择"硬件和声音"，再选择"设备和打印机"，打开"设备和打印机"窗口，右击"旧打印机"图标，弹出快捷菜单，如图 2-20 所示，选择"删除设备"并确认，这样干净彻底删除了旧打印机及其相关驱动程序文件。①

边做边想

① 试一下用"Delete"键删除打印机。

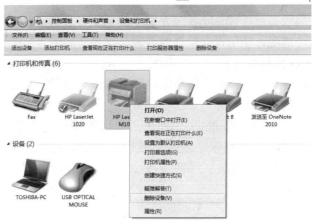

图 2-20　"设备和打印机"窗口

知识点：卸载硬件设备

对于不用的硬件设备，不能简单地认为把设备拔掉就可以了，而是要连同设备驱动程序一同删除，这样才能彻底从系统中卸载硬件。比如，上面的打印机，虽然我们拔掉了打印机的连线，但是在"设备和打印机"窗口仍然会显示已经拔掉的打印机图标，这样是因为并没有从系统中删除该打印机的驱动程序。

要正确地卸载设备，先要在电脑不通电的情况下拔掉连接线，然后启动电脑，打开"设备管理器"窗口，右击要卸载的设备，在弹出的快捷菜单中单击"卸载"项（如图2-21所示）。

图2-21 使用设备管理器卸载设备

任务 2-5 播放一首好听的 Flash 歌曲

任务描述

在我们的素材包中，有一首很有趣的 Flash 歌曲："我是一只小小鸟.swf"，播放界面如图2-22所示。试试看在你的电脑上能不能播放这首歌。

图2-22 "我是一只小小鸟"播放界面

任务实现

（1）在"素材\第 2 章\任务 2-5"中，找到"我是一只小小鸟"或者"我是一只小小鸟.swf"，双击该文件，有两个可能的结果，一是直接播放歌曲，二是出现如图 2-23 所示的"打开方式"窗口。①

> **边做边想**
>
> ① 为什么会有这两种不同的文件显示方式呢？这个文件的图标是什么形状的？

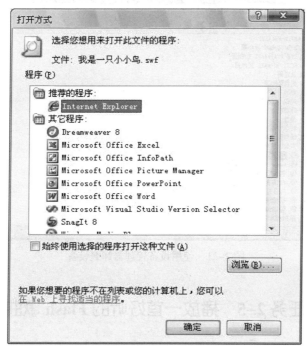

图 2-23 "打开方式"窗口

如果出现这个界面的话，说明你的电脑现在还不能播放 Flash 动画文件。如果没有出现这个界面，而是直接播放歌曲的话，说明你的电脑已经安装了 Flash 动画的播放器。如果不能播放，那怎么办呢？现在我们就开始给你的电脑安装一个"火狐 Flash 播放器"。

（2）首先在"素材\第 2 章\任务 2-5"文件夹，找到"火狐 Flash 播放器"，或者"火狐 Flash 播放器.exe"，双击该文件进行安装，出现图 2-24 所示的安装界面。

（3）按"Enter"回车键或单击"下一步"，而后一直按回车键，直到出现"选择安装位置"对话框，如图 2-25 所示。在这个对话框中，我们应明确把这个软件安装在什么位置，默认的安装位置是"C:\Program Files\FoxFlashplayer"文件夹（C 表示 Windows 7 操作系统的安装盘，图 2-25 显示的是"D"，说明作者的电脑上 Windows 7 操作系统安装在 D 盘）。

（4）单击"浏览"按钮，打开"选择目标目录"对话框，选择"本地磁盘（E:）"，如图 2-26 所示，然后单击"确定"。

图 2-24 "火狐 flash 播放器"安装界面

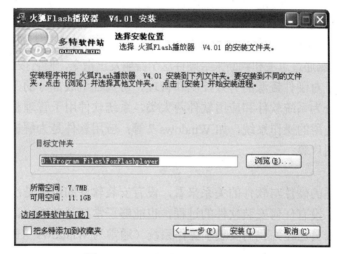

图 2-25 "选择安装位置"对话框

图 2-26 "选择目标目录"对话框

（5）此时安装的目标文件夹变为"E:\FoxFlashplayer"，而不是我们认为中的"E:\"，这是因为大多数的软件，在安装时会建立独立的文件夹，并将与该软件相关的所有文件都存放在这个文件夹内。之后一直按回车键，直到安装完成。

（6）安装完毕后，再次双击"我是一只小小鸟"，看看结果，是不是已经可以观看了？而且，今后所有的Flash动画都可以在你的电脑上观看了。②

边做边想

② 此时文件的图标，变成什么样了？

知识点：软件、软件的安装、文件与应用程序的关联

1. 软件

作为一种功能强大的电子产品，和普通的电子产品不同，只有硬件的电脑（俗称裸机）是不能使用的。在前面讲解计算机工作过程时，我们了解到CPU是在程序指令的控制下，通过大量的数据处理来实现各种功能的。计算机的软件就是程序指令和数据的集合，没有软件，CPU不知道该做什么，整个计算机也就没有任何功能。有形象的比喻，硬件好比是人的身躯，软件好比是人的大脑。软件这个大脑通过思考和判断来给硬件这个身躯发出指令，使它按照指令来运作。

软件的作用在于对硬件资源的有效控制和管理，协调各组成部分的工作，使电脑实现多种功能。软件通常分为系统软件和应用软件两大类，系统软件用于管理整个电脑的软、硬件资源，也就是我们使用的操作系统，如Windows 7等；应用软件是为解决某一实际问题的，如播放歌曲、处理图片等。

2. 软件的安装

从刚才我们描述的硬件与软件的关系来看，没有安装软件的电脑是没有任何作用的。那为什么电脑买回来，没有任何安装软件的过程，也能够正常打开并播放音乐呢？这是因为在购买电脑时，销售人员已经为我们安装了操作系统（通常为Windows XP或者Windows 7）和一些常用的软件。

要安装某个软件，需首先获得该软件的安装源文件。软件的安装文件是一个exe类型的程序文件，其作用就是引导用户将软件安装在自己的电脑上。任务2-5中的"火狐Flash播放器.exe"就是火狐播放器的安装文件。安装文件可以从网上下载，也可以从其他地方复制；然后在电脑上双击该源文件，则自动开始安装。安装过程与"火狐Flash播放器"的安装类似，不必太在意安装过程中的提问，可以全部都按"Enter"回车键即可。①

现在我们再来看一下，软件安装成功后在电脑中的变化。首先，在电脑桌面增加了火狐Flash播放器的图标，只要双击该图标，就可以打开火狐Flash播放器。在"所有程序"中也增加了火狐Flash播放器程序组，如图2-27所示。②

边学边做

① WinRAR是一款很流行的压缩工具，其安装文件为"素材\第2章\任务2-5\winrar.exe"，请在你的电脑上安装WinRAR。并记录：默认的安装位置是哪里？你把WinRAR压缩软件安装在什么位置了？安装过程中遇到了几个对话框？

② 用两种方式打开火狐Flash播放器，记录窗口标题栏。

③ WinRAR 安装完成后,在桌面和开始菜单,出现 WinRAR 的图标了吗?安装时你可能没有注意到,图 2-28 是 WinRAR 安装过程中的出现的一个界面,仔细看一下这个界面,你就知道为什么在桌面没有出现快捷图标了。

图 2-27 "所有程序"中增加了火狐 Flash 播放器程序组③

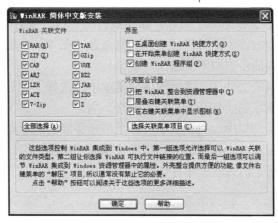

图 2-28　WinRAR 安装界面之一

上面我们把火狐 Flash 播放器安装在了"E:\",现在在"我的电脑"中打开"本地磁盘 E:",我们发现在"E:\"下自动创建了"FoxFlashplayer"文件夹,双击该文件夹,包含的文件如图 2-29 所示。

图 2-29　FoxFlashplayer 文件夹的内容

这里的"火狐 Flash 播放器.exe"文件，就是火狐播放器的程序文件，不论是桌面的图标还是"所有程序"中的程序组，实际上都是运行这个文件的一种快捷方式。④

3．文件与应用程序的关联

前面在安装软件的过程中，提示读者注意火狐 Flash 播放器安装前后，"我是一只小小鸟"这个文件的图标发生了变化，这是什么原因呢？

这就是因为，我们安装的火狐 Flash 播放器自动与 swf 类型的文件进行了关联。⑤

应用程序与文件建立关联后，以后双击文件时就默认用其关联的应用程序打开这种类型的文件。

边学边做

④ 用"运行"对话框运行火狐 Flash 播放器，在运行对话框中写入的文件路径应该怎么写？
_____

⑤ 现在我们再看一下图 2-28 所示的 WinRAR 安装过程中出现的这个界面，其中"WinRAR 关联文件"栏下，列出了 14 种不同类型的文件，并且每种类型都是默认选中，这表示什么意思呢？
_____

例如，我们双击一个扩展名为".txt"的文本文件，会在记事本窗口打开这个文档，这是因为记事本与".txt"文件之间建立了关联，如果我们把".txt"文件和 Word（一款文字处理软件）建立关联，然后双击该类型的任何文件，就会自动在 Word 窗口中打开该文件。手工建立文件与应用程序关联的步骤如下所述。

（1）右击要创建关联的文件，在弹出的快捷菜单中，选择"打开方式"→"选择默认程序"，出现上面图 2-23 所示的"打开方式"对话框。

（2）在"选择要使用的程序"列表框中选择需创建关联的应用程序名，就可以在打开文件的同时启动关联的应用程序。如果选中对话框底部的"始终使用该程序打开这些文件"复选框，以后都可以使用选定的关联程序打开该类型的文件。

 小经验

为了增大自身的宣传效果或其他的商业盈利目的，很多软件在安装的最后一个对话框，会以复选框的形式，建议用户增加一些插件、网址收藏或主页更改之类的功能，并且默认都是选中状态。如果用户一直按回车键，那么软件安装完毕后，你可能发现自己的电脑上增加了其他不想要的内容，或者上网的主页已经被修改了。其实，在安装时的最后一个对话框，把所有的复选框都设置为不选中，就可以避免这种情况。

任务 2-6　卸载火狐播放器、WinRAR 和 Windows Media Player

任务描述

本次任务我们要完成 3 款软件的卸载，当然，要卸载一款软件，前提是你的电脑上已经安装了这款软件。请确认你的电脑上已经安装了这 3 款软件。

任务实现

（1）我们首先来卸载火狐播放器。单击桌面"开始"→"所有程序"，在"火狐 Flash 播放器"程序组，有"卸载"菜单项，如图 2-30 所示，选择"卸载"并确认，就可以完全地卸载火狐播放器了。如果你很喜欢火狐播放器，也可以不卸载，能够理解这种卸载方法就可以了。或者卸载后，还可以再安装上。

（2）如此看来，卸载一个软件可以很简单。但是，在"所有程序"的"WinRAR"程序组，我们并没有找到"卸载"命令，如图2-31所示，这时我们就要在"添加或删除程序"对话框中来卸载软件了。

图2-30 在"所有程序"的程序组中卸载软件

图2-31 WinRAR程序组中未提供卸载命令

单击"开始"→"控制面板"→"程序"→"程序和功能"，出现图2-32所示的"卸载或更改程序"窗口，找到并右击"WinRAR 压缩文件管理器"，单击"卸载/更改"命令，并确认卸载，这样就可以完全地卸载WinRAR了。查看一下"所有程序"中还有WinRAR程序组吗？

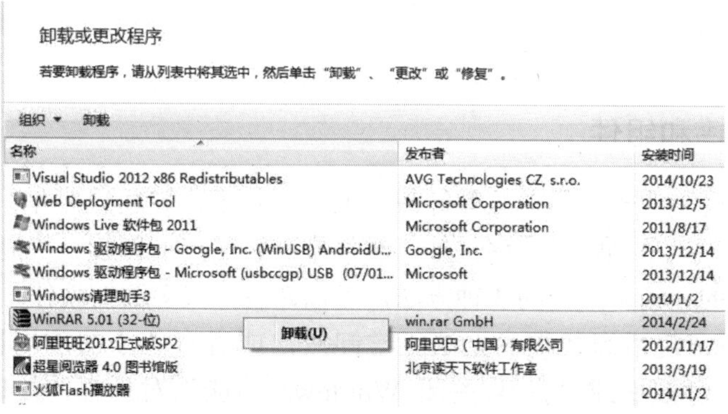

图2-32 使用卸载程序功能来卸载大部分程序

(3)用前两种办法，你能卸载掉 Windows Media Player 吗？找一找，你会发现既没有找到 Windows Media Player 程序组，在"添加或删除程序"对话框也没有找到 Windows Media Player，这是因为 Windows Media Player 是 Windows 系统的一个组件，也就是组成部件，我们在安装 Windows 操作系统的时候，Windows Media Player 已经自动安装上了。那么这样的 Windows 组件，该如何删除呢？①

单击"开始"→"控制面板"→"程序"→"程序和功能"栏下的"打开或关闭 Windows 功能"，就是使用这个命令来删除组件。选择"打开或关闭 Windows 功能"后，出现"Windows 功能"窗口，如图 2-33 所示，这里我们发现"Windows Media Player"复选框是处在选中状态的，单击一下使其前面的✔去掉，然后单击"确定"按钮，再单击"完成"按钮，这样就可以把 Windows Media Player 组件卸载掉了。②

边做边想

① 通过查找，你在哪个位置发现 Windows Media Player？你知道 Windows Media Player 软件的功能吗？
_____

② 看一下"素材\第 1 章\\任务 1-8"文件夹下的 mp3 文件和 avi 文件的图标是什么样子了，说明什么原因呢？
_____
_____
_____
_____
_____

图 2-33 打开或关闭 Windows 功能

知识点：卸载程序和组件

为节省资源空间，应把不用的软件卸载。但是要知道，卸载软件并不是简单地把软件的程序文件删除，如果只是删除了程序文件，软件安装时创建的图标、快捷方式和文件关联，是不能同时删除掉的。使用上面的 3 种方法，可以卸载掉大多数的软件。

也有个别软件，使用卸载程序无法正常卸载，或者有些小的应用程序根本就没有出现在"卸载程序"对话框或"打开/关闭 Windows 功能"对话框，这时我们需要手动删除程序文件。应用程序的程序文件存放在安装时选定的安装位置，所以我们在安装时应留心这个步骤。如果忘记的话，可以使用文件搜索来定位文件，然后删除即可。文件搜索的内容在下一个任务中介绍。

任务 2–7　我的文件到哪里去了

任务描述

小张在网上下载了一首歌，歌曲的文件名是"beijing.mp3"，下载过程中没有仔细观察文件的保存位置，一直选择默认选项，结果下载结束后，自己也不知道这首歌存放在什么位置了。请你帮小张把这个文件找回来。

任务实现

（1）单击左下角的"开始"图标，在出现的菜单中找到搜索框，并输入文件名"beijing.mp3"，随着输入，会出现相应的搜索结果，如图2–34所示。

（2）如果知道要搜索的文件所在的目录，访问文件所在的目录，然后通过文件夹窗口当中的

图 2–34　"开始"菜单中的文件搜索

搜索框来搜索，这种方法可以加快搜索的速度。假设我们知道"beijing.mp3"存储在C盘，那么先打开C盘，在窗口的搜索框中输入文件名，如图2–35所示。

图 2–35　文件夹窗口中提供的搜索

边做边想

① 在素材中，有个介绍十二生肖运势的网页文件，文件名中有"十二生肖"这几个字，请你使用搜索功能，把这个文件找出来，并记录：

你给出了哪些搜索条件，分别是什么？

搜索位置你改变了吗？如果做了改动，你的理由是什么？

② 完整的文件名：这是什么类型的文件，是用什么应用程序打开的？文件路径，概括这个文件的内容。

（3）经过一段时间的搜索，电脑会给出搜索结果，如果找到，右侧显示文件名，在文件名上右击，弹出快捷菜单，选择"打开文件位置"，就可以直接定位到文件，如图2-36所示。

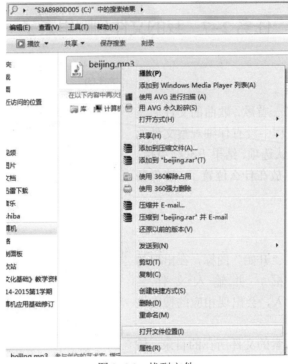

图2-36　找到文件

知识点：文件搜索、快捷方式

1. 文件搜索

在任务中我们完成了已知全部或部分文件名的文件搜索，在搜索文件时，还可能会遇到这样的情况，就是要找到某一种类型的全部文件，或者想要找到文件名具有某种特点的全部文件，这时要用到文件名通配符"*"和"?"。"*"代表任意几个连续字符，"?"代表任意一个字符。例如，"*.com"代表扩展名为com的所有文件，"*.txt"或"*.doc"代表所有扩展名为txt或doc的文件，"p*.*"代表字母p开头的所有文件或文件夹，"x??.xls"代表字母x开头的文件名为3个字符且扩展名为xls的所有文件。①

除了明确搜索范围加快搜索速度之外，还可以明确搜索条件来加快搜索。点击搜索框时，可以看到一个下拉列表，这里会列出之前的搜索历史和搜索筛选器。Windows 7搜索的筛选条件很丰富，包括"作者""类型""修改日期""大小""名称""文件夹路径"等。筛选器的使用很简单，直接单击蓝色的筛选类型文字，进一步选择现成的搜索条件或者直接入需要的搜索条件就可以了。比如选择"大小"，系统会自动给出空、微小、中、大、特大、巨大等不同的详细选项，直接选择就可以进行快速搜索。②

边做边想

① 搜索C盘Windows目录下（含子文件夹）以"exp"3个字母开头的所有文件。

② 搜索C盘Windows目录下（含子文件夹）字节数在200 KB以下的".gif"图像文件，并将所有搜索结果复制到E盘姓名文件夹下的"图片"文件夹中。

搜索到所要的文件或文件夹后，可以立即选中搜索到的目标对象，使用窗口菜单中的有关命令进行操作，如打开、复制、删除等；也可以将搜索结果保存起来，方法是：在"搜索结果"窗口菜单栏中选择"文件"→"保存搜索"，打开"保存搜索"对话框，设置保存位置、输入文件名后可以保存搜索结果。

2．桌面快捷方式

长时间未使用的文件或文件夹，如果忘记了具体位置，可以使用文件搜索来定位文件或文件夹。反过来想，对于那些经常使用的文件或文件夹，可以放在桌面上，或者在桌面创建快捷方式，省去反复打开文件夹的操作。

创建文件或文件夹的快捷方式很简单，只需右击要创建快捷方式的文件或文件夹，在弹出的快捷菜单中选择"发送到"→"桌面快捷方式"，就可以了。图2-37展示了一个创建快捷方式的例子。①

边做边想

① 图2-37中，创建快捷方式的文件夹是什么？描述一下该快捷方式在桌面上的样子。

图2-37　创建桌面快捷方式

删除快捷方式并没有删除文件，右击快捷方式，然后选择"属性"，可以了解文件的具体位置。

小经验

随着电脑的使用，电脑中的文件越来越多，有时虽然我们知道文件名，但是由于同一文件夹下的文件太多了，想要快速地找到某个文件比较困难。这时通过在"我的电脑"按一定的顺序排列对象，查找起来就容易得多。在"计算机"或其他文件夹窗口，右击空白处，弹出快捷菜单，可以发现"排列图标"菜单提供了4种不同的文件（文件夹、对象）排列方式：名称、大小、类型和修改时间，如图2-38所示。默认的排列方式是"名称"，我们可以根据所要查找的文件特点，给出合适的排序方式，如要查找的文件是刚刚复制过来的，那么就使用"修改时间"排序；如果明确要查找的文件容量很大，那么可以按"大小"排序，按"名称"排序是按照文件名的字母顺序来排序。

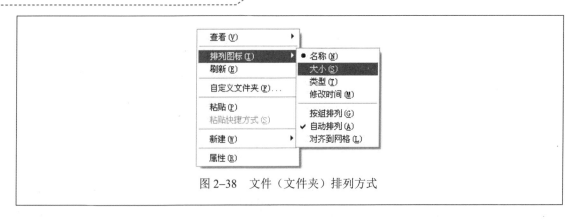

图 2-38 文件(文件夹)排列方式

任务 2-8 隐藏"班委会演讲稿"

任务描述

小王想要参加班委会竞选,并精心准备了演讲稿,他不想让别人看见这些内容,怎么办呢?"班委会演讲稿"保存在"素材\第 2 章\任务 2-8"文件夹下。

任务实现

(1)在前面学习文件的内容时,曾建议读者,文件起名要有代表性,最好是代表文件的内容,按照这个观点,那么小王的这个文件,最好的文件名是"班委会演讲稿.txt"。这么直白的文件名,确实一眼就能知道文件的内容,任何人都能很容易地找到这样的文件。但是如果你不想让别人很容易地判断出文件的内容,就可以起个没有特点的名字,比如"aa.txt"这样的名字,相信别人一时半会儿是不会关注这个文件的。这种做法的缺点是,过不了多久,主人也不知道这个文件是做什么的了。

(2)不想让别人看见的文件,还可以把它隐藏起来。右击"班委会演讲稿.txt"文件,在弹出的快捷菜单中,选择"属性",出现如图 2-39 所示的属性窗口。单击选中"隐藏"复选框,然后单击"确定"按钮,这样别人就看不见你的文件了。

知识点:文件属性

我们注意到图 2-39 所示的文件属性中,有两种属性:只读和隐藏。"只读"属性的文件,只能看,不能修改;"隐藏"属性的文件,一般不显示出来,除非是用户知道隐藏文件的名字,否则看不到也无法使用。

图 2-39 文件属性窗口

不幸的是，隐藏的文件，也可以通过更改系统的设置，强制使其显示出来。在第 1 章任务 1–8，我们学习文件扩展名的时候，曾谈到文件的扩展名可以显示出来，也可以不显示出来，并介绍了具体的操作方法，如图 1–33 所示。现在我们再仔细观察一下图 1–33 所示的"文件夹选项"对话框，在红色方框上面，"隐藏文件和文件夹"栏下，有"显示所有文件和文件夹"和"不显示隐藏的文件和文件夹"两个不同的选项，现在你可能已经明白了，当选中"显示所有文件和文件夹"单选框时，所有的文件都将显示出来，也包括你设置了隐藏属性的那些文件。

我们确实不想让别人看到的文件，可以放到网络上、电子信箱或者其他免费的空间，具体内容将在第 4 章进行介绍。

总结与复习

本章小结

本章通过 8 个实际任务，带领读者学习了计算机硬件组成以及 Windows 7 操作系统如何管理硬件、软件和保护文件，主要包括安装/卸载硬件、安装/卸载软件和搜索、保护文件。由于硬件和软件的多样性、读者各种需求的不同，当然也因为作者在硬件知识方面的欠缺，本章的写作内容可能与您所熟悉的硬件、软件有些不一致，但是操作步骤和知识原理是一样的。通过本章学习，读者应掌握有关计算机的主要组成硬件的知识、了解计算机的工作过程，能够做到安装/卸载硬件设备、安装/卸载软件，同时能够有目的地保护个人文件。

关键术语

电脑配置、CPU、硬盘、内存、显示器、显卡、显卡容量、扫描仪、打印机、品牌机、组装机、软件、卸载软件、文件与应用程序关联、添加或删除组件、添加或删除程序、文件搜索、通配符、文件属性、只读属性、隐藏属性、快捷方式。

动手项目

（1）如果扫描仪的驱动程序是从网上下载的，并且存放在"E:\硬件驱动程序\T35Setup"文件夹下，那么参照图 2–18、图 2–19、图 2–20、图 2–21 给出的图示，给出安装步骤。

（2）第 1 章我们录入文章时使用了搜狗输入法，搜狗输入法使用非常方便，熟练后可获得满意的录入速度。与微软拼音输入法不同，搜狗输入法不是 Windows 7 系统提供的输入法，要使用搜狗输入法，需要进行专门安装。如果你的电脑上没有安装搜狗输入法，请安装上。搜狗输入法的安装文件为"素材\第 2 章\任务 2–5\sougou.exe"。安装时注意记录安装位置。

（3）在图 2–40 中，请指出：哪些是 Windows 7 系统图标？哪些是用户安装的应用程序图标？哪些是文件夹？哪些是快捷方式？哪些是文件？

图 2–40　桌面图标识别

(4)如图 2-37 创建快捷方式时,使用了"发送到"→"桌面快捷方式",仔细观察一下图中还有一个"创建快捷方式"命令,请尝试使用这个命令创建该文件夹的桌面快捷方式,记录操作步骤,并说出两种方法的不同。

学以致用

(1)"中关村在线"网站的模拟攒机页面提供了电脑组装的在线练习,其中提供了各个电脑组成零件的多种型号,可随意选择,组合成自己想要的电脑。图 2-41 为"中关村在线"网站模拟攒机页面(http://zj.zol.com.cn)。

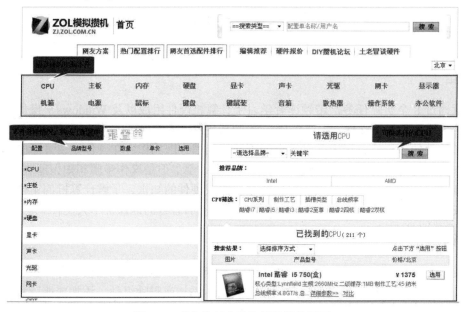

图 2-41 "中关村在线"模拟攒机界面

根据我们前面的学习,请组装一台主要用于图形图像处理、价格在 6 000 元左右的电脑。

(2)小王有 5 个文件,都不想让别人看见,该怎么办?

(3)小王想了解文件建立的时间,但是逐个查看文件属性太慢了,怎样做可以同时查看到多个文件的建立时间呢?

(4)你和朋友小丽在 QQ 聊天,你问小丽,她的电脑播放歌曲时使用的是哪种播放器?但是小丽是"电脑盲",她根本不知道该如何回答这个问题,也不知道如何去查看。现在请你通过远程提问和指导操作,确定小丽所用的播放器。

(5)小明很喜欢玩扫雷游戏,他妈妈很生气,请你帮助小明妈妈卸载扫雷游戏。

(6)电脑使用一段时间后,会产生大量的垃圾文件,应及时清理。垃圾文件一般是指扩展名为".tmp"的临时文件、扩展名为".chk"的碎片文件等。

(7)小王这段时间在做毕业论文,搜了很多的资料,这些文件都存放在"E:\"下,针对如何顺畅完成论文任务,请给出有关文件存储、使用方面的合理化建议。

(8)小王有个文件忘记放在什么位置了,大体上记得文件名是"myfile.txt",使用文件搜索也没找出来,但是请来朋友小李帮忙就搜出来了,请说出导致失败的可能原因(至少 3 个)。

第3章 网络连接

情境引入

大学毕业生晓玲在一家招投标公司工作,负责联络客户、撰写标书。公司办公环境非常现代化,有先进的办公网络。同事之间通过公司内部网通信、传送文件,共享打印机、扫描仪等办公设备。她在工作过程中经常会遇到网络使用的各种问题,比如,稍稍移动了一下主机,结果网络却失去连接;或者不会使用网络中共享的设备等。遇到这些故障,晓玲只好请教其他同事,她很想学习如何来自己解决这些小故障。

同时,作为年轻人,晓玲早已是"拇指一族",平时在摆弄手机时,经常会遇到一些不甚了解的名词,如网络接入点、TD-SCDMA 等,也十分想了解这方面的内容。

本章通过 7 个实例,来学习小型局域网中用到的设备、中国网 ChinaNet 的结构以及如何接入 Internet、移动互联网和无线网等内容,使读者了解国际 Internet 如何来到我们身边,明白一些网络名词的含义,并且能够解决办公网络中的简单故障。

本章学习目标

能力目标:
- 能够识别与区分网卡、双绞线、交换机、路由器
- 能够在局域网中共享文件和打印机
- 能够正确使用网络打印机
- 能够解决局域网中的简单故障,如网线接触不良、IP 配置错误等
- 能够设置手机为 WLAN 热点
- 能够接入互联网,包括电话线接入、ADSL 接入

知识目标:
- 了解局域网中各种设备的作用
- 了解 ChinaNet 的结构
- 掌握 IP 地址和域名
- 了解移动互联网,包括网络标准、网络名称、接入点
- 了解无线网、物联网

素质目标:
- 关注身边的科技发展动向
- 即时了解科技新名词

实验环境需求

硬件要求:

多媒体电脑、USB 接口、打印机、有线局域网、4G 手机(开通流量包月)、固定电话、

ADSL 猫、WLAN 无线局域网

软件要求：

Windows 7 操作系统、接入到 Internet

任务 3-1　认识实验室内的网络设备

任务描述

本次任务我们来认识一些局域网内使用的网络设备。

任务实现

这部分内容读者可能会觉得比较陌生，在回答下面的问题有困难时，可阅读任务后面跟随的"知识点"讲解的内容，或者观看"素材\第 3 章\任务 3-1"中视频文件（分别介绍了网线、交换机、路由器），或者在老师的带领下，来到实验室，边听老师介绍边完成这些提问。

（1）仔细观察实验室，说出有哪些网络设备？

_____

（2）计算机主板上有多种卡，如何用最简单的办法识别网卡？

_____

（3）网线是什么类型的？里面有几对绞合线？

_____

（4）如何从外观上区分交换机和路由器？

_____

（5）实验室中使用的是交换机还是路由器？记录下其型号。

_____

（6）用自己的语言描述实验室内的局域网是如何构成的？

_____

知识点：网络中使用的设备和传输介质

1. 计算机网络

我们日常的办公、生活都处在网络环境中，传递文件、娱乐或者在网络的支撑下，协助完成一项任务。那么我们是否考虑过，什么是计算机网络？概念上来说，计算机网络是将若干台具有独立功能的计算机通过通信设备及传输媒体连接起来，在通信软件的支持下，实现计算机间资源共享、信息交换或者协同工作的系统。

从这个定义我们可以看出，组成一个网络需要的硬件设备有：①若干台具有独立功能的计算机，简单说就是我们使用的计算机；②网络连接设备，也就是定义中所说的"通信设备"；③网络传输介质，即定义中所说"传输媒体"。这三种硬件设备连接起来，构成了物理上的网络，想要发挥网络"资源共享、信息交换或者协同工作"的功能，还需要"网络软件"的支持。比如，我们想通过网络与朋友进行联络，那么我们需要有一台接入网络的计算机，并且在该计算机上安装 QQ 软件，通过 QQ 向远方传递消息。

2. 网络中使用的设备

前面讲过，网络是将若干台计算机连接起来的，那么计算机就是网络中最重要的设备。对于网络中的计算机，根据其功能，分为服务器和工作站。服务器是较高档次的计算机，在其上运行网络操作系统，对整个网络上的其他工作站进行控制。根据服务器提供的服务不同，可分为文件服务器、数据库服务器和邮件服务器等。工作站就是连接在网络中用户所使用的计算机。

通过连接设备将服务器和工作站连接成网络。网络连接设备的种类非常多，它们完成的工作大都类似，主要是信号的转换和恢复。常见的网络连接设备有网卡、交换机、路由器和传输介质，这些内容较为抽象，读者可先观看"素材\第 3 章\任务 3-1"中的三个视频文件，有一个感性的认识，然后再来详细学习。

1）网卡

网卡又叫网络适配器（NIC），是计算机网络中最重要的连接设备之一，一般插在主机箱内部主板的插槽上。图 3-1 是一款由台湾 D-Link 公司生产的台式机内置网卡。网卡上有一个插孔，用来连接网线。除了这种连接网线的有线网卡，还有一种接收无线电频率的无线网卡，或者直接集成在主板上的无线模块。图 3-2 为一种外置的无线网卡。

图 3-1　D-Link 台式机内置网卡　　　　　　图 3-2　外置的无线网卡

2）交换机

交换机是局域网中使用较多的设备，其功能主要是数据的转发。从外观上来看，交换机都有很多标识为"LAN"的插孔，可以连接多台计算机。文字标识上有"交换机""Switch"或者"S"字样。图 3-3 为华为（国内著名网络设备生产商）生产的 S7703 型交换机，该交换机适用于局域网内使用。

图 3-3　华为 S7703 型交换机

3）路由器

路由器是一种网间连接设备，在复杂的网络环境中完成数据包的传送工作，把数据包按照一条最优的路径发送至目的网络。从这里我们可以看出，路由器是在网络之间，按照一定的策略，选择数据包的传送路径。

在家庭或者宿舍中，使用路由器，可以使多台计算机同时接入国际互联网。路由器上通常有1个"WAN"插口和数量较少（4或者8个）的"LAN"插口。图3-4所示为TP-LINK家用无线路由器。

图3-4　TP-LINK家用无线路由器

3. 传输介质

传输介质是网络中连接收发双方的物理通路，也是通信中实际传送信息的载体，承担着传递信号的作用。局域网中最常使用的传输介质是双绞线，由四对绞合线封装在一根塑料保护软管中，如图3-5所示。将四对绞合线按照一定线序接入水晶头，如图3-6所示。然后插入到我们前面所提到的网卡的插孔中，如图3-7所示。

图3-5　RJ45双绞线　　　　图3-6　双绞线连入水晶头　　　　图3-7　插入到网卡

无线局域网中的传输介质是我们人类的眼睛看不见的无线电波，是1 kHz至1 GHz的电磁波。

4. 局域网结构

学习了上面所介绍的网络设备，下面我们可以绘制出实验室内网络结构图，如图3-8所

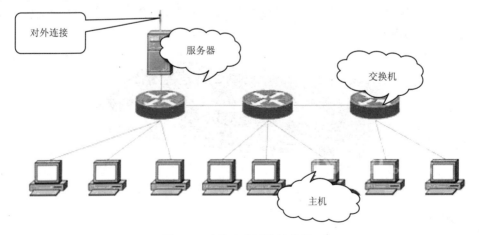

图3-8　实验室内网络结构图

示。从图中可以看到，若干台计算机与一台交换机相连接，然后再将交换机彼此连接，这样就构成了一个小型网络。小型网络中通常会有一个对外的接口，用于将本小型网络接入到更大范围的网络中，如整个单位的局域网、互联网等。

下面的图 3-9 是某小型企业办公网的结构图，有上百台计算机连接入网。

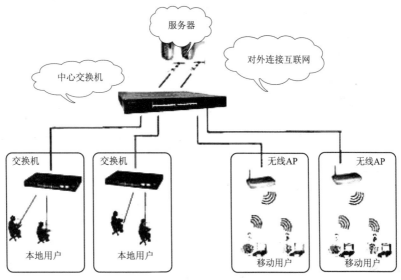

图 3-9　小型企业办公网结构图

任务 3-2　在局域网中共享文件和打印机

任务描述

前面的任务中，我们了解了组成局域网所需要的硬件设备。使用这些设备，能够组建不同功能的局域网，如校园网、医院内部网。那么这些局域网建成后，主要有哪些应用呢？本次任务我们实现在局域网中共享文件和打印机。

任务实现

1. 共享文件夹

在"素材\第 3 章\任务 3-2"中，有一个文件夹"实验任务"，请将此文件夹设置为共享，以便实验室中的其他同学都可以访问这个文件。

实现步骤如下所述。

（1）首先检查你所用的电脑是否已经安装了"Microsoft 网络的文件和打印机共享"服务。右击桌面上的"网络"图标，在弹出的快捷菜单中选择"属性"，打开如图 3-10 所示的"网络和共享中心"窗口。

（2）右击"本地连接"图标，在弹出的"本地连接状态"对话框中选择"属性"，出现如图 3-11 所示的"本地连接 属性"对话框。如果"Microsoft 网络的文件和打印机共享"显示在列表中，表示已经正确安装。

（3）如果已经安装，则进行第（4）步。在"本地连接 属性"对话框中单击"安装"按钮，弹出如图 3-12 所示的"选择网络功能类型"对话框，选择"服务"，然后单击"添加"按钮。

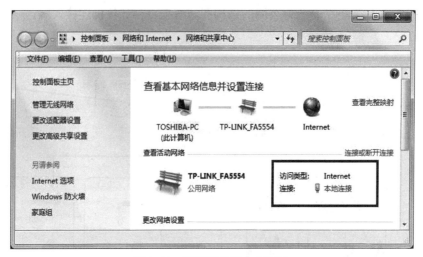

图 3-10　网络和共享中心窗口

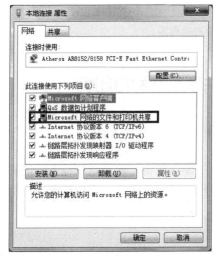

图 3-11　"本地连接属性"对话框

图 3-12　"选择网络功能类型"对话框

（4）在弹出的"选择网络服务"对话框，选择"Microsoft 网络的文件和打印机共享"，单击"确定"按钮，安装完毕。

（5）在"实验任务"文件夹上右击，在弹出的快捷菜单中选择"属性"，弹出属性对话框，单击"共享"选项卡，如图 3-13 所示。单击"共享"按钮，在弹出"选择共享用户"窗口中选择"everyone"，即可与局域网内的其他用户共享此文件夹。共享后的文件夹图标形如 实验任务 。

2．共享网络打印机

假设某公司只有一台打印机，打印机连接在张经理的电脑上。现在要实现所有员工都能共享使用这台打印机，也就是说每名员工都可以在自己的办公电脑上进行文件打印，而不是人工地将文件复制到张经理的电脑上才能打印。

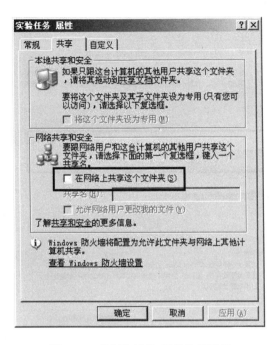

图 3-13 "实验任务 属性"对话框

(1)首先为张经理的电脑指定一个名称,如"张经理电脑",或其他你认为合适的名称,以后在设置共享打印机时,可按照名称找到该电脑。桌面右击"计算机",打开快捷菜单,选择"属性",打开"系统属性"对话框,单击"计算机名称、域和工作组设置"栏的"更改设置"按钮。①

边学边做

① 查看一下你所用计算机的名字是什么?
_____

(2)单击"更改"按钮,出现如图 3-14 所示的"计算机名称更改"对话框,在文本框中输入一个名称,如"张经理电脑",保持"WORKGROUP"工作组不变,单击"确定"按钮。

(3)在张经理电脑上共享打印机。单击"开始"→"设备和打印机",在打印机图标上右击,选择"共享",打开"打印机的属性"对话框,切换至"属性"选项卡,如图 3-15 所示,选择"共享这台打印机",并在"共享名"输入框中填入需要共享的名称,如"网络打印机",单击"确定"按钮,即可完成共享的设定。

(4)在其他员工的电脑上添加网络打印机。单击"开始"→"设备和打印机",打开"设备和打印机"窗口,如图 3-16 所示。

(5)单击窗口顶端的"添加打印机"按钮,

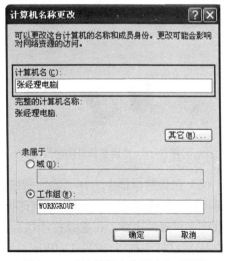

图 3-14 "计算机名称更改"对话框

打开选择打印机类型的对话框，如图 3-17 所示。

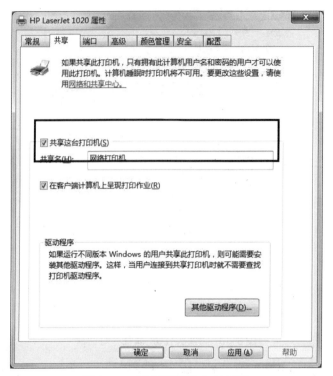

图 3-15 "打印机属性"对话框

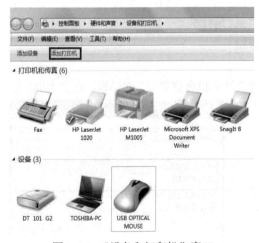

图 3-16 "设备和打印机"窗口

图 3-17 选择打印机类型对话框

（6）在该对话框中选择"添加网络、无线或 Blue tooth 打印机"，单击"下一步"按钮，打开"按名称或 TCP/IP 地址查找打印机"对话框，如图 3-18 所示。可以选择"浏览打印机"来找到张经理的电脑，在选择打印机后单击"确定"按钮；也可以直接输入格式，如"\\张经理电脑\网络打印机"，或者"\\IP(张经理电脑)\打印机共享名"，最后单击"下一步"按钮。

（7）此时会出现安装驱动程序的提示信息，单击"是"按钮完成安装，在其他员工的"设备和打印机"文件夹内已经出现了共享打印机的图标。至此,网络打印机就已经安装完成了,每个员工可以像使用本地打印机一样使用它。当发出打印命令时,计算机会通过网络将打印任务发送到网络中的共享打印机,完成打印操作。

图 3-18 查找打印机

知识点:Windows 7 的网络功能、TCP/IP 协议

1. Windows 7 的网络功能

在任务 3-1 中,我们认识了局域网内的连接设备,了解了网络的构成。正如前面有关"网络"的定义中所言,网络建立后,要想发挥其功能,还需要相应的软件。在我们所熟悉的 Windows 7 操作系统中,本身就提供了基本的网络功能,也就是说,只要计算机安装好 Windows 7 操作系统,那么不需要安装额外的软件,就可以使用诸如文件共享、打印机共享等局域网提供的功能。之所以 Windows 7 操作系统能做到这些,是因为 Windows 7 操作系统本身自带了相应的软件。Windows 7 中提供了三种组件,也就是图 3-11 中显示的"Microsoft 网络客户端""Microsoft 网络的文件和打印机共享"和"Internet 协议(TCP/IP)"。

只有安装了"Microsoft 网络客户端"组件,计算机才能够访问局域网资源。"Microsoft 网络的文件和打印机共享"组件可以使得计算机能够向网络提供文件和打印共享服务,否则本机的资源不能够共享出去。如果计算机需要连接到 Internet,则必须按照"Internet 协议(TCP/IP)"组件,进行相应的配置。如果有某种需要的组件未出现在如图 3-11 所示的组件列表中,可按照任务 3-2 中共享文件夹的步骤(2)和(3)进行安装。

使用共享打印机一般分三步进行:一是在局域网中的某一台计算机上连接好打印机并安装正确的驱动程序;二是将局域网中的打印机设置为"共享",并确定打印机共享名;三是在局域网中的其他计算机上安装网络打印机，实现共享。

2. TCP/IP 协议

世界上人与人之间的交谈需要使用同一种语言。如果一个人讲中文，另一个人讲英文，那就必须找一个翻译，否则这两人之间的信息无法沟通。计算机之间的通信过程与人们之间的交谈过程非常相似，只是前者由计算机来控制，后者由参与交谈的人来控制。连接到网络中的计算机之所以能够进行各种信息交换和通信，是因为所有连入网络的计算机都使用相同的网络协议，这个网络协议就是 TCP/IP 协议。

TCP/IP 协议是一种计算机之间的通信规则，它规定了计算机之间通信的所有细节。它规定了每台计算机信息表示的格式与含义，规定了计算机之间通信时所使用的控制信息，以及在接到控制信息后应该做出的反应。TCP/IP 协议是"Transmission Control Protocol/Internet Protocol"的简写，译作"传输控制协议/互联网络协议"。TCP/IP 协议是一组协议的总称，包括了两个核心协议：TCP 和 IP。IP 称为互联网协议，负责基本的数据包传送功能，将每一个数据包向目的主机发送；TCP 协议称为传输控制协议，用来解决 Internet 上数据交换通道中数据流量超载和传输拥塞等控制问题。二者协同工作，既能适应各种网络硬件的灵活性，又保证了传输的可靠性。

那么，网络中众多的计算机，如何才能找到要与之通信的目的计算机呢？这就要使用 IP 地址。IP 地址唯一确定了网络上的每台计算机和每个用户的位置。接入网络的计算机与接入电话网的电话相似，每台计算机都有一个由授权机构分配的号码，这就是 IP 地址。我们知道，如果你家的电话号码为 68809211，你家所在地的区号为 0532，而我国的国际电话区号为 086，那么完整地表示这个电话号码应该是：086-0532-68809211，这个电话号码在全世界都是唯一的，这是一种很典型的分层结构电话号码定义方法。

同样，IP 地址也采用分层结构。IP 地址是由网络号与主机号两部分组成。其中，网络号用来标识一个逻辑网络，主机号用来标识网络中的一台主机，接入网络的电脑至少有一个 IP 地址，而且这个 IP 地址是全网唯一的，如果一台电脑有两个或多个 IP 地址，则该主机属于两个或多个逻辑网络。

在图 3-11 中，选中"Internet 协议版本 4（TCP/IPv4）"，然后选择"属性"，可以打开"Internet 协议版本 4（TCP/IPv4）属性"对话框，查看或者设置本机的 IP 地址，如图 3-19 所示。IP 地址为"192.168.1.100"，其中"192.168.1"表示这台主机所在网络，也就是局域网，"100"表示主机号，是这台计算机在网络中的编号。如果是处在同一个网络中，那么 IP 地址的前 3 位是相同的，只有后一位数字可以在 2～254 范围内更改。①②③

子网掩码为"255.255.255.0"，表示 IP 地址中网络位的位数。

边学边做

① 查看你所用计算机的 IP 地址是多少？
_____

② 查看你隔壁同学所用计算机的 IP 地址。
_____

③ 二者有什么不同？代表什么含义？
_____

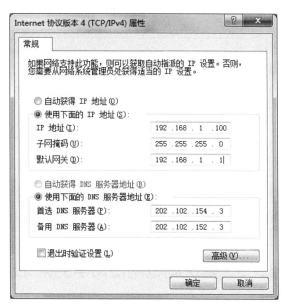

图 3-19 "Internet 协议版本 4（TCP/IPv4）属性"对话框

3. 访问共享文件夹

文件夹设置为共享后，同一网内的其他用户就可以使用这个文件夹了。首先，双击桌面上的"网络"图标，打开如图 3-20 所示的"网络"窗口。该窗口显示了工作组内所有的计算机。

图 3-20 "网络"窗口

双击某一计算机名，就可以显示这台计算机上的共享文件夹了。如图 3-21 所示。

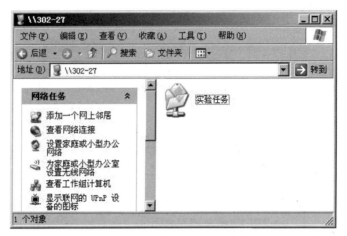

图 3-21　名为 "302-27" 计算机上的共享文件夹 "实验任务"

任务 3-3　解决局域网使用中的常见故障

任务描述

在上一个任务中，我们学习了如何在局域网中共享文件和打印机，这为我们的工作提供了便利。但我们要知道，我们能够在局域网中成功地共享文件和设备的前提条件是这个局域网正常使用，包括网络中的各台计算机、连接线路、交换机等都能正常工作，并且网络设置也是正确的。实际上，在局域网的使用中，经常会遇到故障，下面我们学习如何解决一些简单的故障，今后遇到此类故障时，依靠自己就能够解决。对于难以解决的那些故障，只有求助于专门的网络管理人员。

任务实现

1. 无网络连接

在第 1 章任务 1-5 中，我们学习了如何在任务栏通知区域显示网络连接的图标。如果本机网络连接正常，显示图标 ，如果连接不正常，则显示 。①

边做边想

① 查看一下你所用计算机，屏幕右下角的任务栏通知区域是否有这种图标，如果没有，参照第 1 章任务 1-5 知识点所述，使其显示出来。并截取该图标。

显示无网络连接图标 ，通常是由没有连接网线，或者网线与网卡接触不良造成的。把网线的水晶头从网卡中拔出来，注意拔出水晶头时先捏住水晶头的塑料弹片，然后再向外轻轻一拔。重新插入水晶头，听到一声脆响即可。

2. 有网络连接但是不能接收数据

有时本机网络连接正常，但是无法接收或传送数据，不能正常使用网络软件或者不能与网内其他计算机进行通信。对这类故障，可尝试从以下两处着手解决。

(1) 首先尝试为本机设置固定的 IP 地址。在图 3-19 中，显示了计算机的 IP 地址，用同样的办法显示故障计算机的 "Internet 协议版本 4（TCP/IPv4）属性"对话框，如果是"自动获取 IP 地址"，那么打开如图 3-10 所示的"网络与共享中心"窗口，单击"本地连接"图标，打开"本地连接状态"对话框，单击"详细信息"按钮，显示目前本地连接的 IP 地址等信息，如图 3-22 所示。

(2) 查看一下网内其他计算机的 IP 地址是否和此 IP 在同一个网段内（前 3 段数字相同），如果在一个网段内，转到下面（3）的步骤。如果与其他计算机不在同一个网段内，则打开图 3-19 所示的 "Internet 协议（TCP/IP）属性"对话框，单击选中"使用下面的 IP 地址"，输入与网内其他计算机相同的网络号，以及与其他计算机不同的主机号。注意，在局域网内，主机号是最后一段表示的十进制数，且数字应在 2～254。

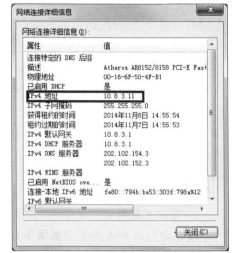

图 3-22 "网络连接详细信息"对话框

(3) 如果第 1 种尝试失败，那么再尝试一下重新启动网卡。打开图 3-10 所示的"网络与共享中心"窗口，在该窗口中，单击左侧面板中的"更改适配器设置"，在弹出的"网络连接"对话框中，右击"本地连接"图标，在弹出的快捷菜单中单击"禁用"按钮，等待 30 秒后，再次右击该图标，并单击快捷菜单中的"启用"按钮。

任务 3-4　了解中国网的结构

任务描述

前文中，我们通过 3 个任务实例，了解了局域网的组成和基本应用，比如一些网络设备、打印机共享等。相对于这些经常在办公场所的应用而言，读者对互联网的接触可能更多些。接下来我们从物理设备、结构等方面，来了解另一个我们不熟悉的互联网。

任务实现

下面有几道题目，请读者尝试回答，有困难时，可阅读任务后面跟随的"知识点"讲解的内容，或者认真聆听老师的介绍，然后来完成这些提问。

(1) 在我们国家范围内，有几个国家级的局域网？分别是什么网？

(2) 如果普通家庭用户想要加入互联网，应向哪个部门提出申请？这时加入的是哪个网？

(3) 中国公用计算机互联网的国际出口在哪些城市？

(4) 中国公用计算机互联网的核心层有哪几个城市？

（5）山东省属于哪一个核心节点的管理范围？如何与该节点相连接？

（6）在类似国家级这样的大型网络中，用到的网络设备与小型局域网有什么不同？城市之间的传输介质是什么？

（7）浏览一下"http://www.bztc.edu.cn"和"http://www.sina.com.cn"分别是什么网站？其名称中的 edu 和 com 分别代表什么意思？

（8）登录"58 同城"，网站会自动显示所在城市的名称，想想这是如何做到的？

知识点：国际互联网、中国网、IP 地址

1. 国际互联网

现在我们每个人的生活都离不开国际互联网（Internet），它改变了我们的生活方式，把我们带入了一个全新的信息时代。通过 Internet，我们可以和世界上任何有网络的地方的人们进行通信联络，建立视频会议；能够随时随地地看电影、听音乐、读书；能够在家里通过网上商城购买各种所需要的商品……可以说，Internet 是人类历史上的一大奇迹。

更为神奇的是，连接到 Internet 非常的简单。对于个人用户来说，只需要有一台计算机（4G 手机接入的移动互联网在后面讲述），然后向电信部门申请一个账号，就能连接入网。除了个人 PC，Internet 还可以连接大中型计算机、工作站以及各种中小型网络，如政府网、企业网、校园网等。连接到 Internet 中的计算机和网络遵循共同的、著名的 TCP/IP 协议。

截至 2012 年年底，全世界共有互联网用户 24 亿。在享受互联网给我们带来的便利生活时，我们也应知道，互联网的飞速发展，不仅仅是计算机技术的发展，也离不开现代通信技术的发展。正是卫星通信、海底光缆等新兴通信技术，使得互联网上的海量信息在国家之间的快速传输成为可能。

2. 中国的互联网

在我们中国，国家级的网络主要有 4 个：邮电部中国公用计算机互联网（ChinaNet）、中国教育和科研计算机网（CERNet）、中国科学技术网（CSTNet）和中国金桥信息网（ChinaGBN）。

CERNet（教育网）是国家教育部组织建立的，连接了国内大部分的高校和科研机构，教育网的全国网络中心设在清华大学。CSTNet（科技网）是国家科学技术委员会组织建立的，连接全国各省、市的科技信息机构。ChinaGBN（金桥网）是建立在金桥工程上的业务网，支持金关、金税、金卡等"金"字头工程的应用。这四大骨干网虽然使用独立的线路和设备，但是网络之间也是互通的，而且分别接入了国际 Internet。

在这四大骨干网中，我们重点介绍一下中国公用计算机互联网 ChinaNet，简称"中国网"。对于我们普通用户来说，通过电信部门入网的，都是连接到 ChinaNet 中。ChinaNet 骨干网的结构在逻辑上分为两层：核心层和大区层。

核心层由北京、上海、广州、沈阳、南京、武汉、成都、西安 8 个城市的核心节点组成，核心层的功能主要是提供与国际 Internet 的互连，以及提供大区之间信息交换的通路。核心节点中以北京、上海、广州为中心，其他核心节点分别以至少两条高速 ATM 链路与这三个中心相连。

全国的省会城市按照行政区划，以上述 8 个核心节点为中心，划分为 8 个大区网络，这 8 个大区网共同构成了大区层，每个大区设两个大区出口，大区内其他非出口节点分别与两个出口相连。大区层主要提供大区内的信息交换和接入 ChinaNet 的信息通路，大区之间的通信必须经过核心层，大区内也就是各省（或直辖市）内部的连接。

3. 大型网络中使用的设备

在前面我们以实验室内的网络为例，学习了小型局域网内的设备和传输媒介。那么向 ChinaNet 这种国家级的广域网中，所使用的网络设备和传输介质与小型局域网有什么不同呢？观看"素材\第 3 章\任务 3-4"中的视频文件"西部数据中心机房.flv"，这是中国电信位于西安的数据中心的宣传片，介绍了该数据中心的环境、硬件设备、安全性措施和对外提供的各项服务。在视频中我们看到，作为负责我国西部整个网络的数据中心，其所用设备和局域网中的设备比较类似，包括路由器、交换机、服务器等，只是性能和功能上会有增强。其传输介质采用的是带宽为 40 GB 的光纤。

4. 互联网中的 IP 地址与域名

在前面学习局域网时，我们了解到，局域网内的计算机之间之所以能够通信，是因为网内的每台计算机都有一个独立的 IP 地址。同样，在国际 Internet 范围内，计算机之间也是通过 IP 地址进行通信，连接到 Internet 的计算机都有一个独立的 IP 地址。

1）IP 地址的分类

在图 3-19 中，我们查看或者设置了计算机的 IP 地址。IP 地址由网络号和主机号两部分组成。从形式上来看，IP 地址由 4 段数字组成，每个段所能使用的十进制数为 0～255，段与段之间用"."分开，如"192.168.1.100"就可以表示一个 IP 地址。那么这 4 段数字，哪些数字表示网络号？哪些表示主机号呢？也就是 IP 地址的分类。

A 类 IP 地址用第 1 段的数字来表示网络号，且这一数字在 1～127，后面的 3 段表示这个网络中的主机号，每段的数字都在 0～255，这样我们算一下，在一个使用 A 类 IP 的网络中，所能表示的主机数量有 16 777 214 台，这显然是一个大型网络，如国家级网络。所以 A 类地址主要用于大型网络。

B 类 IP 地址用前两段表示网络号，后两段表示主机号，这样 B 类地址所能表示的计算机数为 6 万多台，属中等规模，如各地区网络。

C 类地址用于小型网络，前 3 段表示网络号，后 1 段表示主机号，这样 C 类 IP 的网络中能表示 255 台计算机，常用于校园网等小型网络。

2）IP 地址的区域划分

根据 IP 地址确定地域，主要是根据 IP 地址的登记信息。要使用公网 IP 地址，需要到电信部门登记。

3）域名系统

在 Internet 中，用 IP 地址来表示网络中的每一台计算机，对于普通用户来说，要准确地记住这一串的数字是十分困难的。因此，Internet 中使用域名系统来识别计算机，也就是用一串字符串来命名主机。

域名系统采用层次结构，每一层构成一个子域名，子域名之间用圆点隔开，自左至右分别为：网络名、主机名、机构名（二级域名，可有可无）、最高域名。例如，"www.baidu.com"中"www"表示网络名，"baidu"是百度公司的名字，"com"表示国际顶级商业机构。

顶级域名分为两类，一是按国别划分，用两个字母代表世界各国和地区的名称，例如，中国是"cn",美国是"us",日本是"jp",等等;二是按机构划分,用3个字母表示所属的机构,如"com"代表商业组织,"edu"是教育机构,"gov"是政府部门等。

中国在国际互联网络信息中心(Inter NIC)正式注册并运行的顶级域名是"CN",这也是中国的一级域名。在顶级域名之下,中国的二级域名又分为类别域名和行政区域名两类。类别域名共6个,包括用于科研机构的"ac",用于工商金融企业的"com",用于教育机构的"edu",用于政府部门的"gov",用于互联网络信息中心和运行中心的"net",用于非营利组织的org。而行政区域名有34个,分别对应于中国各省、自治区和直辖市。

一个公司如果希望在网络上建立自己的主页,就必须取得一个域名,通过该域名,人们可以在网络上找到这个公司的网站,方便查找所需的详细资料。

任务 3–5　了解移动互联网

任务描述

和前面的几个任务类似,本次任务我们也是通过几个小问题的形式,来了解一下平时接触最多的手机网络。

任务实现

(1)你用的手机是什么品牌和型号?属于哪一个服务运营商?
_____

(2)你的手机开通了数据业务吗?属于哪种付费方式?
_____

(3)平时使用数据业务时,信息传输是否顺畅?该网络距离你最近的基站在什么地方?(可电话咨询相应的运营商)
_____

(4)搜索一下你周围有哪些移动互联网?(注意:不是 WLAN)
_____

(5)观看"素材\第 3 章\任务 3–5"中的"移动 4G 新闻.flv",其中所谈到的"TD-LTE"是什么意思?
_____

知识点:移动互联网、无线网

1. *移动互联网*

几乎每个年轻人都有一款 4G 手机,都能使用手机访问互联网。前面我们介绍了通过 PC 终端接入和访问的国际互联网,为了和 PC 机连接的互联网有所区别,我们把通过手机等便携终端访问的互联网称为移动互联网。从概念上说,移动互联网是指用户使用各种可移动的便携式终端,通过各种无线通信网络,随时随地地获取丰富的内容和服务。由此可以看出,手机访问的网络是移动互联网,但是移动互联网不仅仅是手机网络,还包括其他类型的便携式终端,比如我们常用的汽车导航、游戏终端等。正是智能手机的出现,使得移动互联网应用得到迅速推广。

1）网络标准

在我们国内，向用户提供移动网络接入服务的运营商主要有三家：中国移动、中国电信和中国联通。三家运营商采用不同的 4G 网络标准，中国联通采用 TD-LTE 和 FDD-LTE 标准、中国电信采用 FDD-LTE，中国移动是 TD-LTE。

2）NET 网与 WAP 网

平时我们使用手机上网时，一般不太关注具体接入到哪个网络中，都是采用默认选项或者是自动连接。采用下面的步骤，可以查看我们的手机接入到哪一个移动网络中（以中国移动 G 手机为例）。

首先选择"设置"，然后选择"数据连接"（有的手机是"移动网络"），出现如图 3-23 所示的"移动网络设置"界面，选择"接入点名称"（或者 APN），则显示该款手机能够连接到的移动网络，如图 3-24 所示。①

边学边做

① 在图 3-23 中，还可以查看属于哪一个网络运营商。单击"网络运营商"，然后单击"手动选网模式"，会搜索到下面的可用网络，想一下为什么中国联通不可接入？

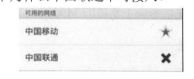

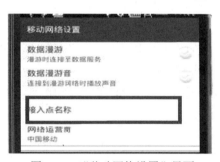

图 3-23 "移动网络设置"界面

图 3-24 显示接入点

那么这两个网络有什么差别呢？简单地说，NET 网就是完全的 Internet 网络，笔记本电脑和 PC 机通过流量形式的上网卡上网时，就是接入到 NET 网。手机自动接入网络时，首选也是 NET。WAP 网络是针对手机上网而设立的，采用的实现方式是"终端＋WAP 网关＋WAP 服务器"的模式。通过 WAP 网关完成 WAP-WEB 的协议转换，以达到节省网络流量和兼容现有 WEB 应用的目的，但其在应用上会有所限制。

2. WLAN 无线局域网

经常使用手机上网的人都知道，用手机访问互联网，除了开通流量包月的数据业务之外，还可以通过 WLAN，即无线局域网。只要手机能搜索到 WLAN 信号，并且获得许可密码，就可以接入到无线局域网中，不费流量、不花钱享用互联网。

什么叫无线网络？所谓无线，顾名思义就是利用无线电波来传输信息。它与有线网络的用途完全相似，两者最大的不同在于传输数据的媒介不同。无线网络用无线电波替代有线网络中的线缆，因此无线网络在硬件架设或使用的机动性方面均比有线网络具有更多的优势。

在实际的使用中，没有完全独立的无线网，通常将无线网作为有线网的一种补充和扩展。无线局域网的数据传输速率现在已经能够达到 300 Mbps，传输距离可远至 500 m 以上。在前面图 3-9 中，我们展示了小型企业办公网络的结构图，可能已经有人注意到，在该网络结构中，除了交换机连接的有线终端，也有用无线 AP 连接的移动用户。

AP（Access Point）称为接入点，是无线网中负责数据接收和发送的设备。AP 的一端通过标准的 Ethernet 电缆与有线网络中的交换机相连，因此成为无线网络和有线网络的连接点。

另一端则通过无线信号，连接终端用户的无线网卡或者其他可接入 WLAN 的设备。一般无线 AP 或无线路由器在空旷地带的覆盖范围约为 100 m，在室内的覆盖距离主要受空间隔断情况的影响，通常在 15 m 范围内的信号可以穿透两堵水泥墙。

任务 3-6　ADSL 宽带上网

任务描述

小刘的邻居向当地电信公司申请了 ADSL 宽带上网，用户名和密码分别是"dx3287""user"，并且购买了专用的 Modem。现在请你帮忙连接硬件，并能够上网。

任务实现

（1）将电话线连上分离器，用一条电话线从分离器分离出 ADSL 信号的端口连接到 ADSL Modem 上，然后根据 ADSL Modem 所使用的接口连接到 USB 接口上或用一条交叉网线连接到计算机网卡接口上。

（2）仿照任务 3-2 中的步骤，打开图 3-10 所示的"网络和共享中心"窗口，并单击窗口中的"设置新的连接或网络"，打开"设置连接或网络"对话框，如图 3-25 所示。

（3）由于我们是要直接连接到 Internet，先选中"连接到 Internet"，再单击"下一步"按钮，选择是否新建连接，如图 3-26 所示。

图 3-25　"设置连接或网络"对话框　　　　图 3-26　询问是否新建连接

（4）选中"否，创建新连接"单选按钮，再单击"下一步"按钮，选择连接到 Internet 的方式，如图 3-27 所示；

（5）选择"宽带（PPPoE）（R）"，打开输入用户名和密码的对话框，此时输入电信部门分配的用户名和密码，如图 3-28 所示；

（6）输入用户名和密码后，单击"连接"按钮，即可完成宽带连接，出现图 3-29 所示的连接界面。

图 3-27 选择连接方式对话框　　　　图 3-28 输入用户名和密码

知识点：Internet 接入方式和建立网络连接

1. Internet 接入方式

Internet 不仅为我们的生活增添了便利，而且其入网方式也非常简单。家庭用户使用的 ADSL 方式、单位局域网使用的 LAN 方式介绍如下。

1）ADSL 方式

ADSL（Asymmetrical Digital Subscriber Line，非对称数字用户环路）是一种能够通过普通电话线提供宽带数据业务的技术，ADSL 上网不需要改造电话信号传输线路，只要求用户端有一个特殊的 Modem，即 ADSL Modem（通常由 ISP 供应商提供）。它连接到用户的计算机上，而另一端接在电信部门的 ADSL 网络中。一般来说，ADSL 的传

图 3-29 "宽带连接"对话框

输速度大约是电话拨号上网的 50 倍，而且上网的同时可以拨打电话，也不会产生额外的电话费。

ADSL 方式适合于家庭用户，想要安装 ADSL，需要首先向电信或网通申请宽带接入，获得入网账号和密码。硬件上来说，需要有 ADSL Modem 和网卡。

2）LAN 方式

如果用户是通过局域网（LAN）接入 Internet，则不需要调制解调器和电话线路，只需要一个网卡和网线，通过交换机经路由器接入 Internet，这种方式实际上是将局域网作为一个子网接入 Internet。

LAN 方式上网有固定 IP 和自动 IP 两种。按照图 3-19 中设置 IP 地址的步骤，输入局域网管理部门分配的地址即可。

2. 建立网络连接

确定好上网方式并准备好所需硬件后，还需要在电脑上进行网络设置，也就是建立网络连接，任务 3-6 中我们建立了一个宽带连接。建立完成后，在桌面上有一个网络连接图标，双击该图标就能够上网。如果要更改连接属性，可采用如下步骤。

右击桌面"网上邻居"图标，在弹出的快捷菜单中选择"属性"，打开如图 3-30 所示的"网络连接"窗口。右击需要进行修改的网络连接，在快捷菜单中选择"属性"。

图 3-30 "网络连接"窗口

任务 3-7 将手机设置为 WLAN 热点

任务描述

在智能手机盛行的今天，几乎随时随地都可以通过手机使用移动互联网，享受美好生活。但是读者是否想过，我们的计算机，包括台式机和笔记本，都可以通过手机来使用移动互联网，当然耗费的是手机流量。而且，也可以将手机设置为热点，这样其他的手机或者带有无线网卡的笔记本都可以共享手机网络。

任务实现

（1）首先要保证所用手机是智能手机并且已经开通流量包。打开手机，进入手机的设置界面，由于智能手机品牌和型号不同，打开的页面也会有所不同。图 3-31 是 HTC T528t 手机所显示的界面。

（2）选择"更多"，在打开的界面中选择"便携热点和数据共享"。

（3）显示如图 3-32 所示的"便携热点和数据共享"界面，选择"便携式 WLAN 热点"，等待此功能打开后，再选择"便携式 WLAN 热点设置"。

任务3-7 将手机设置为WLAN热点

图3-31 "设置"界面

图3-32 "便携热点和数据共享"界面

（4）打开"热点配置"界面，设置热点网络的名字和密码。如果使用热点默认名字和密码，可选中"显示密码"，这样就能看出默认的密码是哪些数字和字母，如图3-33所示。

（5）此时手机主屏幕的左上角会出现热点图标，表示热点设置成功。然后把手机的数据业务功能打开。

（6）打开计算机的无线网络（一般会在桌面的右下角有网络连接的图标），出现如图3-34所示的无线网络连接情况，单击"刷新"按钮，就会自动搜索到手机的热点无线网络，选择该网络，然后单击"连接"按钮，输入密码后，即可上网。

图3-33 热点配置界面

图3-34 无线网络连接

（7）手机设置为热点后，不仅笔记本的无线网卡可以共享手机的网络，其他的手机也可以以 WLAN 的方式连接到此热点，然后享受热点手机的流量上网。此时设置为热点的手机会显示连接到的用户数，一般限制为 5~8 个。

知识点：USB 共享、无线接入

1. USB 共享

在任务 3-7 中，我们将手机设置为热点，然后通过无线网卡将计算机连接到手机的无线网络后进行上网。除此之外，还可以通过 USB 连接方式，使没有无线网卡的计算机与手机共享网络。

首先，用数据线连接手机和计算机，并且打开手机的数据业务，然后在手机上进行设置。在"便携热点和数据共享"界面中，单击"USB 网络分享"，此时可发现在计算机的右下角出现一个网络连接图标，这样计算机就可以上网了。

2. 无线接入

对于能够通过 WLAN 接入到互联网的设备，如手机或者带有无线网卡的计算机，只要能搜索到无线 AP 发出的无线信号，并获得许可密码（如果有的话），那么就能按照任务 3-7 中步骤（6）所示，方便地连接到网络中。

总结与复习

本章小结

本章我们通过 7 个实际的案例，向读者介绍了网络中所用到的设备和网络的连接结构。从网络的规模上，可以将网络分为局域网和广域网。公司或者各单位内部的网络一般为小型局域网，而整个城市的网络就构成了广域网，我们读者都很熟悉的 Internet 国际互联网是最大的广域网。

对于小型局域网，组建时要用到的设备有双绞线、网卡、服务器、交换机和路由器。这些设备的具体功能，读者只需要大概的了解。比如网卡的作用，是将网线上传来的信息传送给主机，或者将主机上的信息传到网线上。企业建成局域网后，可以在网内共享文件或者设备，是企业无纸化办公的硬件基础。

对于国际互联网，我们主要介绍了在我国国内的 Internet，即 ChinaNet，包括中国网的主要节点、对外出口和连接设备，并使读者了解了平时在访问互联网时的网址的含义。另外，我们重点介绍了接入 Internet 的几种方式，包括电话线上网、与手机共享网络、ADSL 上网等，都给出了详细的操作步骤。因实验条件的限制，我们在学习时不一定能够对每一种方式都进行动手尝试，以后如果有这种需要时，可再来查阅。通过体会这些入网方式，使我们对一些网络用语和操作不再陌生，逐步能够独立完成有关的网络设置。比如，在说明书的辅助下，设置家里的无线路由，或者读取网卡的 MAC 地址等。

除了用线缆连接的局域网和国际互联网之外，我们的身边还充斥着众多的无线网络，如移动网络运营商提供的各种移动互联网，以及各种各样的无线局域网 WLAN。通过学习，我们接触到 WCDMA、TD-SCDMA 等网络标准、不同的网络接入点，对这些内容，读者只需了解，与别人谈论或者阅读相关材料时，不感到陌生、能大概明白其含义就可以了。

关键术语

局域网、网卡、双绞线、服务器、交换机、路由器、Windows 网络组件、TCP/IP 协议、IP 地址、共享、本地连接、打印服务器、计算机名、ChinaNet、教育网、域名、光纤、网络连接、智能手机、移动网络运营商、3G 网络标准、WCDMA、TD-SCAMS、CDMA2000、网络接入点、CMNET、CMWAP、无线网、无线热点、物联网、拨号上网、LAN 上网、ADSL 宽带上网。

动手项目

（1）浏览新疆哈密市政府网，说一下数据包经过了哪些关键的节点？

（2）修改手机接入点，分别接入 WAN 网和 NET 网，体验二者的不同。

（3）将你的手机设置为热点，用其他手机或者 PC 接入该 WLAN。

（4）在"素材\第 3 章\总结与复习"文件夹下，有一个文件"IPMSG.exe"，该文件是网络软件"飞鸽传书"，能够在局域网内进行文件传送，软件为绿色版，免安装。至少在两台已联网的计算机上运行该软件，然后进行对话或者文件传送。

学以致用

（1）到一个提供无线网络接入的公共场所，如肯德基、麦当劳等，向店员询问密码，然后登录到其网络中。

（2）李庆庆家里有一台台式电脑，但是没有无线网卡，而李庆庆的手机已经开通了中国移动的数据业务。进行操作，使台式电脑能共享手机的网络。

（3）在"素材\第 3 章\总结与复习"文件夹下，有一个文件"无线路由配置说明书"，请按照该说明书中所列步骤进行操作，使计算机能够通过该无线路由访问互联网。

（4）世界上每一台计算机都有唯一的 MAC 地址与其对应，MAC 地址是计算机的身份标示，找出 MAC 地址可以实现 IP 地址与 MAC 地址的绑定，防止 IP 地址被盗用。按照下面的步骤，获取本机网卡的 MAC 地址。

第一步：单击"开始"→"运行"。

第二步：在出现的运行窗口中，输入"cmd"，单击"确定"按钮。

第三步：在命令窗口中键入命令"ipconfig /all"，然后回车，在出现的反馈信息中找出 MAC 地址项。去掉"－"符号，字母用小写，如"0005.5d72.ac05"。注：MAC 地址由"0、1、2、3、4、5、6、7、8、9"和小写字母"a、b、c、d、e、f"组成，共 12 位。

第 4 章 互联网应用

情境引入

晓玲所在的招投标公司开通了国际互联网，并且在工作时间向员工开放。因此工作中的困难经常利用网络来解决，比如下载软件、检索信息、查找硬件的驱动程序等。在使用网络时，有时会遇到一些故障，比如，检索信息时，出现的结果数以万计，如何才能快速地找到最有价值、最满足需求的页面？有时候网页中会弹出提示框，要求安装插件什么的，此时该如何操作？

本章通过 6 个实例，带领读者来学习有关网页的保存、网页中插件的处理、信息搜索技巧和电子邮件使用等方面的内容，帮助读者熟练应用网络，让网络服务于工作和生活。

本章学习目标

能力目标：
- ✓ 能够通过网页的保存实现页面的脱机浏览
- ✓ 能够获取网页中的元素，包括图片、图标、线条、几何图形等
- ✓ 能够查找并下载所需要的软件
- ✓ 能够查找并下载学术文献
- ✓ 能够使用搜索引擎检索资料
- ✓ 能够使用电子邮箱并发送带附件的邮件
- ✓ 能够在浏览器上禁止/启用 ActiveX 插件

知识目标：
- ✓ 掌握网页保存的不同形式
- ✓ 掌握常用的搜索技巧
- ✓ 了解中国期刊全文数据库
- ✓ 掌握插件的作用与作用方式

素质目标：
- ✓ 合理使用互联网
- ✓ 用道德约束网络行为
- ✓ 最大限度地享用互联网带来的便利
- ✓ 合理选择插件

实验环境需求

硬件要求：
多媒体电脑、接入 Internet

软件要求：
Windows 7 操作系统、IE8.0 以上版本

任务 4–1　保存"北京理工大学出版社"首页

任务描述

浏览并保存"北京理工大学出版社"首页。

任务实现

（1）打开 IE 浏览器。
（2）在 IE 浏览器窗口的路径框中输入"www.baidu.com"，按下回车键，进入百度首页。
（3）百度搜索栏中输入"北京理工大学出版社"，然后单击"百度一下"按钮。
（4）然后单击第一个搜索结果，进入"北京理工大学出版社"网站，如图 4–1 所示。

图 4–1　"北京理工大学出版社"网站首页

（5）在 IE 浏览器窗口，在菜单栏中单击"文件"→"另存为"，打开"保存网页"对话框，如图 4–2 所示。
（6）单击"保存类型"对应的下拉列表框，在出现的 4 种类型中选择"Web 档案，单个文件（*.mht）"，然后单击"保存"按钮。
（7）仿照第 85 页步骤（3）中重新启动网卡的方式，禁用网卡，然后再次打开保存的网页，看看与刚才联网时的状态是否相同？

图 4–2 "保存网页"对话框

知识点：浏览器使用

互联网应用多种多样，最常见的是 Web 应用，浏览 Web 内容也是网络用户最常做的事。要浏览网络上的 Web 页，就必须使用浏览器。Internet Explorer 浏览器（简称 IE）是 Windows 操作系统内置的一个功能完善的浏览器，安装完操作系统，也就自动安装了 IE 浏览器，在桌面出现快捷方式图标 。除了 IE 外，还有腾讯 TT、火狐 Firefox 等常用的浏览器。下面我们主要认识一下 IE 浏览器。

1. IE 浏览器简介

在桌面上双击 图标即可打开浏览器，其界面如图 4–3 所示。

图 4–3 IE 浏览器窗口

从图中可以看出，这是一个非常标准的 Windows 窗口，包括读者非常熟悉的标题栏、菜单栏、工具栏、状态栏和滚动条等元素。路径框中是当前网页的地址，而搜索框中显示网页的标题，在路径框中输入一个地址并按回车键，即可打开相应的网页。图4-3 就是在路径框中输入百度网站的地址"www.baidu.com"，打开百度首页。IE 浏览器窗口工具栏中的常用工具按钮及其使用方法介绍如下。

1）"后退"按钮和"前进"按钮

浏览器会记住用户访问过的地址，这些地址按照访问的顺序排成一个队列，称为历史记录。单击"后退"按钮和"前进"按钮可以在历史记录中移动位置，而浏览器总是显示当前地址的内容。例如，如果想要重新访问刚刚访问过的网页，不必重新输入地址，只要单击"后退"按钮就可以回到该网页，继续单击"后退"按钮可以回到更前面的页面。

2）"停止"按钮

网页的加载需要时间，网络状况不好时这个时间可能会很长，这时可能会希望停止加载过程。单击"停止"按钮，浏览器就会停止加载网页内容。

3）"刷新"按钮

该按钮用于重新载入网页，可以显示最新的内容。有些网页的内容是有时效性的（例如不断更新的即时报道），如果在打开网页一段时间后希望看到最新的内容，可以单击"刷新"按钮。

4）"主页"按钮

浏览器允许用户设置一个地址作为默认地址，当浏览器打开时会自动打开该地址，这个地址称为浏览器主页。单击"主页"按钮即可打开浏览器主页。

2. 浏览器实用功能

1）设置 IE 的默认主页

在前面介绍的浏览器窗口单击"主页"按钮，会打开浏览器主页。那么如何设置浏览器的主页呢？操作步骤如下所述。

（1）在 IE 浏览器窗口中，单击"工具"→"Internet 选项"，打开"Internet 选项"对话框，如图4-4 所示，单击"常规"选项卡。

（2）在"主页"选项组的"地址"文本框中输入要作为主页的地址，或单击"使用当前页"按钮，当前显示在浏览器中的 Web 页地址将显示在"地址"文本框中，或单击"使用默认页"按钮，使用一个默认页作为主页地址。

（3）单击"确定"按钮，就完成了浏览器主页的设置。①

2）删除历史记录和临时文件

浏览器的历史记录可以将用户浏览过的网页、在网页中输入的用户名和密码、观看过的

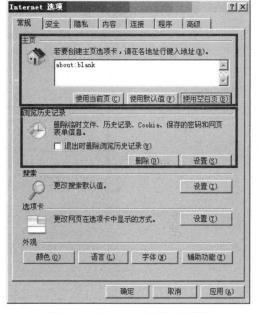

图4-4 "Internet 选项"对话框

边学边做

① 将百度设置为主页，写下步骤。
_____
_____
_____

视频和图片等内容保存在本地磁盘，以便下次浏览时加快访问速度。比如，我们登录某网站时，保存了用户名和密码，这样下次登录时用户名和密码就会自动出现在登录框，免去重新输入的麻烦；此外，我们观看过的视频也会有一份副本保存在本地硬盘，下次观看时就不需要下载，可以快速顺畅地观看。

浏览记录虽然为用户提供了方便，但也可能会暴露用户的上网轨迹，并且保存的文件过多，也会影响上网的速度。在图 4-4 中选中"退出时删除浏览历史记录"，就会在每次关闭浏览器时，自动删除浏览记录。如果未选中"退出时删除浏览历史记录"，单击"删除"按钮，也可以将以往所有的浏览记录全部删除。

刚刚我们谈到，观看过的视频和图片等内容也会有一份副本保存在本地磁盘，那么这些临时文件保存在什么位置呢？单击"浏览历史记录"中的"设置"按钮，打开如图 4-5 所示的对话框。

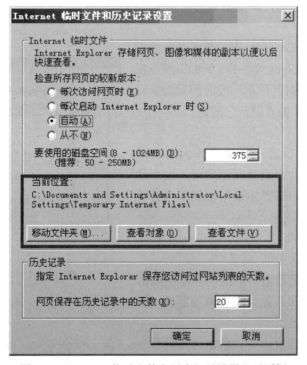

图 4-5 "Internet 临时文件和历史记录设置"对话框

在该对话框中，"C:\Documents and Settings\Administrator\Local Settings\Temporary Internet Files\"即为临时文件的保存位置。单击"查看文件"按钮，就能打开这个文件夹，我们会发现这里面有很多文件，如果把文件按大小排序，排在最后面的是容量较大的视频文件。

3. 网页的保存

在任务 4-1 中，我们保存了"北京理工大学出版社"的首页，在如图 4-2 所示的"保存网页"对话框中，提供了 4 种保存类型，在任务中我们选择了第 2 种类型"Web 档案，单个文件（*.mht）"，保存后我们发现，在选定的保存位置出现了一个扩展名为"mht"的文件。该 mht 文件中包含原来网页中所有的文字和图片，打开时就和联网时看到的页面一样。

除了保存成档案文件,还有其他 3 种选择。

(1)网页,全部(*.htm;*.html)。这种方式将网页分两部分保存,一个是网页本身的 html 文件,另一个是网页上的图片、FLASH 和各种源码等组成的文件夹,该文件夹与保存网页的 html 文件有相同的名字。这种方式可以最大限度地保存整个网页,比如想要原样获取网页上的图片、图标,可以选择此项。

(2)网页,仅 HTML(*.htm;*.html)。只保存这个网页的文字和格式,不保存上面的图片。这种保存方式非常节省空间,生成的网页文件很小,但是因为没有图片等其他元素,脱机打开时网页的效果与联网时查看的效果差距较大。

(3)文本文件(*.txt)。以"txt"格式保存网页上的文字,节省空间。如果只需要网页上的某一段文字,那么可以使用鼠标选择这些内容,再按"CTRL+C"组合键将其复制下来,然后粘贴到一个文档中(文本文档或者 Word 文档)。

任务 4–2　安装"中华粮网"交易安全控件

任务描述

在电子商务类网站,通常会使用安全控件,防止用户的账号、密码被窃取。这种安全控件是以 ActiveX 插件的形式,随同交易页面的打开同时安装的。由于浏览器设置的原因,也可能导致控件不能安装。下面我们以在"中华粮网"进行粮食交易为例,完成控件的安装过程。

任务实现

(1)请登录中华粮网交易中心网站"http://trade.cngrain.com/page/index.html",在此页面中,找到右上部位 ,并选择合适的网络入口"网通"或者"电信"。

(2)首次进入时,会提示安装交易控件,如图 4–6 所示,控件安装完毕后,再次登录时就不必再安装了。

图 4–6　安装控件提示框

(3)单击"确定",控件并没有自动安装,仔细观察页面上部,会发现一个提示框,如图 4–7 所示,提示用户此时的网页要安装加载项"install.cab"。

图 4–7　控件提示

（4）单击提示框，出现如图 4-8 所示的快捷菜单选项。

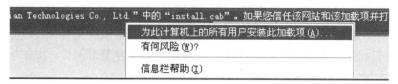

图 4-8　控件安装选项

（5）单击"为此计算机上的所有用户安装此加载项"，即进入如图 4-9 所示的安装界面，单击"安装"，可完成控件的安装。

图 4-9　控件安装界面

（6）安装完成后，刷新页面，即可进行正常交易。如果页面仍然无法正确显示，就需要设置 IE 的安全选项。单击图 4-4"Internet 选项"对话框的"安全"选项卡，显示如图 4-10 所示的对话框。

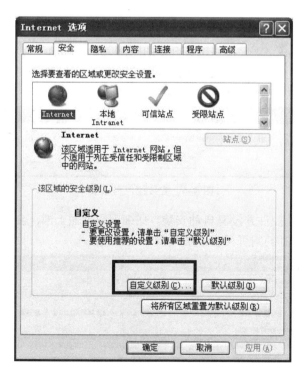

图 4-10　"Internet 选项"安全选项卡

（7）单击"自定义级别"，在出现的对话框中，找到有关 ActiveX 控件的项，并进行如下设置：

① 对标记为可安全执行脚本 ActiveX 控件执行脚本"启用"。
② 运行 ActiveX 控件和插件"启用"。

知识点：插件、ActiveX 插件

上面的任务中我们通过 IE 浏览器，安装了"中华粮网"的交易控件。其实，在我们进行网上浏览时，尤其是访问诸如电子银行、网上交易类的网站，或者上传图片时，经常会提示我们安装 ActiveX 控件。那么什么是 ActiveX 控件呢？安装该控件后，对我们的计算机有哪些影响呢？要想很好地理解 ActiveX 控件，我们先来学习一下什么是插件。

1. 插件

插件是指会随着 IE 浏览器的启动自动执行的程序。由此定义可知，插件是一个程序，但其与普通的程序不同，普通的程序需要用户启动才能运行，而插件是当用户启动浏览器时或者访问某一个网页时自动地执行。

根据插件在浏览器中的加载位置，可以分为工具条（Toolbar）、浏览器辅助（BHO）、搜索挂接（URL SEARCHHOOK）、ActiveX 插件。

1）工具条

工具条，通常指加载在浏览器的辅助工具。它位于浏览器标准工具条的下方，在 IE 工具栏空白处单击右键，可以查看所有已经安装的工具条，通过勾选显示或者隐藏已安装的工具条。如图 4-11 所示为当前 IE 中工具条插件安装情况。其中"Avira SearchFree Toolbar"插件是随同杀毒软件一起安装的。

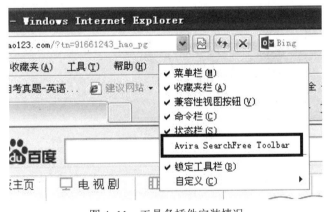

图 4-11　工具条插件安装情况

2）浏览器辅助

BHO 全称 Browser Helper Object，即浏览器辅助对象，是从技术实现角度命名的一种插件。BHO 是微软为程序开发者开放的一个 IE 浏览器接口，能够使用户通过程序来订制个性化的 IE 浏览器。

通常的 BHO 会帮助用户更方便地浏览因特网或调用上网辅助功能，也有一部分 BHO 被人称为广告软件（Adware）或间谍软件（Spyware），它们监视用户的上网行为并把记录的相

关数据报告给 BHO 的创建者。BHO 也可能会与其他运行中的程序发生冲突，从而导致诸如各种页面错误、运行时间错误等现象，通常阻止了正常浏览的进行。

3）搜索挂接

用户在地址栏中输入非标准的网址，如英文字符或者中文的时候，当地址栏无法对输入字符串解释成功时，浏览器会自动打开一个以用户输入的字符串为搜索词的结果页面，帮助用户找到需要的内容。搜索挂接（URL Searchhook）对象就是完成搜索功能的插件。通常由第三方公司或者个人开发，通过插件的方式安装到浏览器上，目的是为了帮助用户更好的使用互联网。例如用户在地址栏中输入"手机"，就可以直接看到手机搜索结果。也有一些企业或者个人为了达到提高网站访问或其他商业目的，在用户不知情的情况下修改 IE 浏览器的搜索挂接。

2．及时清理插件

从上面的介绍中可以知道，插件是随着 IE 浏览器自动运行的，也就是说用户对插件的运行是毫无察觉的。这些插件在运行后都做了什么，对用户来讲变得非常重要。有些插件程序能够帮助用户更方便浏览因特网或调用上网辅助功能，也有部分恶意插件程序监视用户的上网行为，并把所记录的数据报告给插件程序的创建者，以达到投放广告、盗取游戏或银行账号密码等非法目的。

而且，插件程序由不同的发行商发行，很可能彼此之间发生冲突，从而导致诸如各种页面错误、运行时间错误等现象，阻碍了正常浏览。过多的插件也会影响网页浏览速度。因此在使用计算机的过程中，需要经常清理插件。

能够帮助用户清理插件的软件非常多，常用的有 360 安全卫士、超级兔子、Windows 清理助手。使用 360 安全卫士清理插件的步骤为：首先下载并安装 360 安全卫士，然后运行，单击"电脑清理"→"清理插件"。检测结束后，会显示系统中有哪些插件，并给出对插件处理的建议，如图 4-12 所示。

图 4-12　360 安全卫士插件清理界面

3. ActiveX 插件

根据最权威的微软开发者联盟 MSDN 中的定义，ActiveX 插件以前也叫做 OLE 控件或 OCX 控件，它是一些软件组件或对象，可以将其插入到 WEB 网页或其他应用程序中。这种解释或许有些抽象，通俗地说，我们可以把 ActiveX 插件看做是一种特殊的插件，其特殊性在于：一般插件是随着 IE 浏览器自动运行，而 ActiveX 插件是由 IE 浏览器自动下载，经用户同意后再安装运行。

ActiveX 插件是插入到 Web 网页中的程序，IE 浏览器如何保证其安全性呢？有两种方式：认证和安全级别。

ActiveX 插件的发行者在发行插件时，必须从证书授权机构获得一个数字证书，证书包含了表明该软件程序是正版的信息。当下载 ActiveX 插件时，Internet Explorer 首先验证证书中的信息，通过验证后对 ActiveX 控件进行签名，告诉用户该控件是可以信任的、安全的控件；如果没有通过验证，Internet Explorer 将显示一个警告，比如图 4-7 出现的提示信息。由此我们可推定"中华粮网"的交易安全控件并不是一个已经签名的控件，但是对于用户来说，我们信任该网站，那么也可以下载并安装插件。也就是说用户可以根据自己对软件发行商和软件本身的信任程度，选择决定是否继续安装和运行此软件。

在 IE 窗口"工具"菜单中的"Internet 选项"，可以设置或修改 IE 的安全级别，这些我们在任务 4-2 中已经实践过。默认的安全级别为"中-高"，这种安全级别适合于"大多数网站""在下载潜在的不安全内容之前提示""不下载未签名的 ActiveX 控件"，其中对 ActiveX 控件的详细设置如图 4-13 所示。

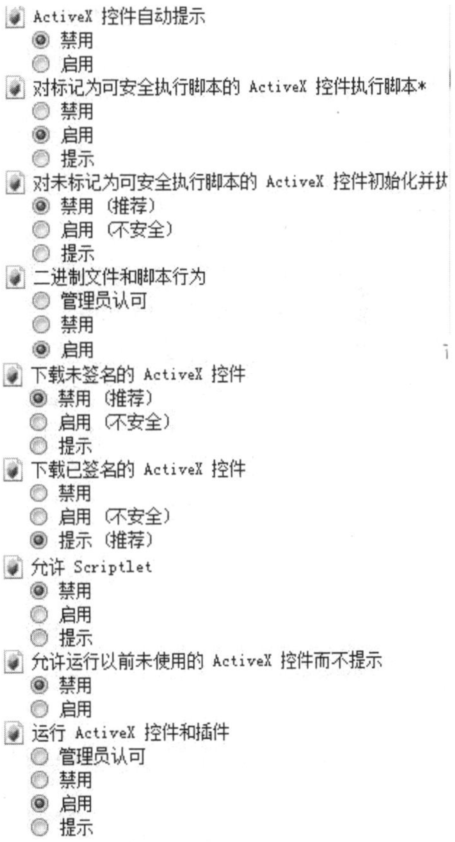

4. 加载项

在浏览网页时，有时也会遇到加载项这个词汇。其实，简单理解，我们可以把加载项、控件、插件、ActiveX 插件、浏览器辅助对象 BHO 都看做是插件，也就是伴随 IE 运行的程序。

为了保证网页的正常浏览，有一些插件是必须要加载的，比如 Flash 插件、视频播放的插件等。Flash 插件能够使网页播放 Flash 动画，你也许觉得所有的网页都能播放 Flash 动画，这是因为 Flash 插件是默认加载的。

打开 IE 浏览器，单击"工具"→"管理加载项"，可查看当前页面有哪些加载项，如图 4-14 所示。其中"Shockwave Flash Object"就是 Flash 插件，已启用。

图 4-13 默认安全级别中 ActiveX 控件设置

第4章 互联网应用

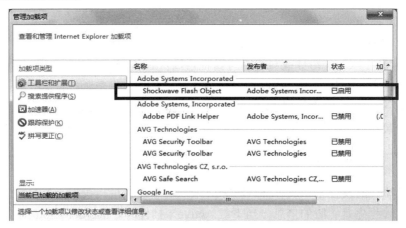

图 4-14 管理加载项对话框

任务 4-3 下载"火狐 Flash 播放器"

任务描述

在前面的任务 2-5 中,我们在电脑上安装了由火狐公司出品的一款 Flash 播放器,安装后我们就可以播放好听的 Flash 歌曲了。同时,我们学习到,电脑的各种功能都是通过软件来实现的,而要在电脑上安装某软件,必须要有该款软件的安装源文件。最简便的方法是从网上搜索并下载软件的安装文件。本次任务让我们来下载这款"火狐 Flash 播放器"的安装文件。

任务实现

(1)打开浏览器,在地址栏输入网址"http://www.onlinedown.net/index.htm",打开"华军软件园"首页,在页面右上部分"本站搜索"文本框中,输入"火狐 Flash 播放器",单击其后的"提交"按钮,出现图 4-15 所示的"火狐 Flash 播放器"下载窗口。①②

边做边想

① 如果忘记了"华军软件园"的网址,该怎么办?

② 还可以输入哪些关键字?

图 4-15 "火狐 Flash 播放器"下载窗口

（2）页面中包含很多的软件广告信息，此时单击"下载地址"按钮，跳转到"下载地址"窗口，在页面左上方，网站会根据用户所连接的网络方式来建议下载点，如图4-16所示。网站检测到用户使用的IP地址是电信网络，建议使用"中国电信"下载点，在其后列出的多个下载节点中，选择地理位置距离最近的下载点，如笔者在山东滨州，此时单击"江苏宿迁电信下载"链接。

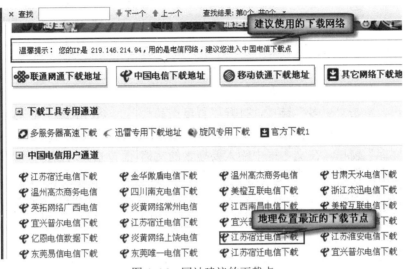

图4-16 网站建议的下载点

（3）单击超链接后，出现"文件下载"对话框。如果电脑上安装了下载工具，如"QQ旋风""迅雷"等，此时就不出现"文件下载"对话框，而且直接打开下载工具，并进行下载。下载后就把该软件的安装文件保存到本地硬盘中，以后通过双击就可以安装了。③④

边做边想

③ 你的电脑上安装下载工具了吗？

④ 该文件的保存位置是哪？

知识点：资源下载

Internet不仅提供了大量的信息，而且提供了很多免费资源，如电子小说、音乐、电影、图片和软件（程序）。

1. 软件（程序）下载

网上有大量实用工具软件，使用这些软件可以完成文件下载、收发邮件、网页浏览、音乐播放和图片浏览编辑等功能，这些软件大多是共享软件甚至是免费软件。在上面的任务中，我们到软件下载的专业网站"华军软件园"查找并下载，也可以直接在搜索引擎中直接输入软件名称，并下载。除了"华军软件园"，"天空软件站 http://www.skycn.com/""太平洋电脑网 http://dl.pconline.com.cn/"等网站也都提供软件下载服务。①

直接在网站上下载内容时，有时下载速度比较慢，这样可以安装下载工具，来加快下载速度。常用的下载

边学边做

① 下载 QQ 旋风的安装文件，记录你所下载的安装文件的文件名，并说出该文件的作用是什么。

② 在你的电脑上安装 QQ 旋风，记录 QQ 旋风文件的文件名是什么？该文件的作用是什么？（软件安装的内容，可参考前文第 2 章任务 2-5 对应的知识点部分）

工具有"QQ 旋风""迅雷""网际快车"等。需要说明的是，这些下载工具也都是软件，如果要安装下载工具的话，也需要首先从网上下载一个下载工具的软件，然后安装。以后再下载其他文件时，下载工具就能自动启动，帮助你快速下载。②

2．文档下载

喜欢看小说的用户，可以下载电子小说到本地硬盘，或者复制到手机上，随时阅读。下载文档时，可以使用"百度文库"。在浏览器地址栏中输入"www.baidu.com"，打开百度首页，单击"更多"链接，打开"百度产品大全"窗口，在"社区服务"栏中，单击"文库"链接，打开"百度文库"窗口，在文本框中输入要搜索的文档名，同时根据需要选择文件的类型，如 TXT 类型的文本文档，或者 PPT 类型的演示文稿，单击"搜索文档"即可。③

3．图片下载

要在网上下载一个图片，可以首先使用百度的图片搜索，然后在满意的图片上右击，选择"图片另存为"，即可实现图片下载，保存到本地硬盘。④

③ 搜索一部你喜欢的 TXT 类型的小说，并复制到你的手机上。写出操作步骤。

④ 下载一幅刘翔在 2004 年奥运会夺冠时的图片，并设置为桌面背景。写出操作步骤。

任务 4-4　查找"大学生使用网络状况"方面的文献

任务描述

使用"中国期刊全文数据库"，查找近 3 年来有关"大学生使用网络状况"方面的文献资料，并下载 5 篇最有价值的文献。

任务实现

（1）在 IE 浏览器地址栏，输入网址"http://www.cnki.net"，打开"中国期刊全文数据库（CJFD）"（中国知网）首页，也可以在百度中搜索"中国知网"，然后单击第一个检索结果。

（2）进入到"中国知网"首页，在首页上部中间部分，可输入检索条件，如图 4-17 所示。在"检索项"栏中选择"篇名"，在"检索关键词"栏中输入"大学生 网络"，然后单击"检索"按钮。

图 4-17　"中国知网"首页检索部分

（3）系统会显示文章篇名中包含该检索词的文献，如图4-18所示。在"分组浏览"栏，单击"发表年度"选项卡，然后单击"2013"链接，这样题名列表中显示的是检索结果中发表时间为2013年的文献；在"排序"栏，单击"下载"按钮，则按照文献的下载数量多少进行排序，下载量较多的文献往往表明该文献的质量较高。

图4-18　篇名中包含"大学生 网络"的检索结果列表

（4）在列表中单击某一文章篇名，可显示该文章的详细信息，如图4-19所示。

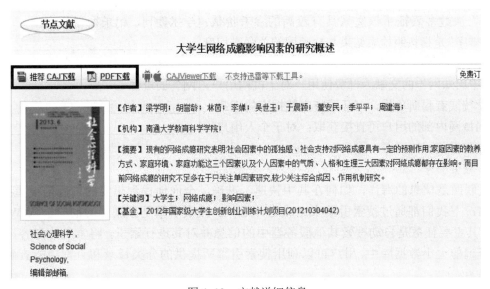

图4-19　文献详细信息

（5）对文献的摘要部分进行阅读后，如果认为该文献有可用价值，可以下载全文后详细研读。单击"CAJ下载"或者"PDF下载"即可。

（6）按照上面的操作，挑选5篇近3年的参考

边做边想

① 下载的文献能不能阅读？如果能，使用的阅读器是什么？如果不能阅

价值较高的文献，阅读文献，说出每篇文献的可取之处。①

读，该如何处理？
_____

知识点：中国知网、搜索引擎

1. 中国期刊全文数据库

中国期刊全文数据库（CJFD），也称中国知网，是目前世界上最大的连续动态更新的中国期刊全文数据库，积累全文文献800万篇。该数据库中包含了国内公开出版的6 100种核心期刊与专业特色期刊的全文，涵盖理工、农业、医药卫生、文史哲、经济政治与法律、教育与社会科学、电子技术与信息科学。中国期刊全文数据库（CJFD）适合于查找所需的单篇期刊全文、浏览特定的整本期刊的论文、检索与课题相关的文献。

在上面的任务中，我们以"大学生 网络"为检索词，查找了相关的文献，包括在各种期刊上发表的学术论文和硕士、博士论文库中的硕博论文。在图4-18所示的检索结果界面，除了以"发表年度"进行分组外，还可以"来源数据库"（指文献所在的数据库，如期刊数据库、硕士论文数据库等）"作者""机构"（通常指作者所在单位）等方式进行分组显示。排序时，除了可以"下载量"来排序，还可以"被引次数""发表时间""主题排序"等方式，其中"被引"是指该篇文献的某些观点被其他文献所采纳、引用，"被引"次数多表征了该文献具有较高的参考价值；"主题排序"是指按照检索结果与检索词的关联密切度进行排序。①②

"中国知网"的文献为付费使用。对于机构用户，比如学校或者科研单位，可开通特定数据库的下载，单位局域网内部的用户可直接获取；对于个人用户，下载文献需购买知网卡。③

边学边做

① 检索有关互联网网络道德方面的文献，记录下最有参考价值的两篇文献的题目和其主要观点。
_____
_____
_____
_____

② 查找你所学专业领域的一本学术期刊，记录期刊名。
_____

③ 通过什么方式获取"中国知网"的资源？
_____
_____

2. 搜索引擎

互联网是信息的海洋，如何在其中快速、准确、全面地找到想要的内容是很重要的。一般情况下我们都通过搜索引擎来完成这一工作。搜索引擎是互联网上的一个WWW服务器，其主要任务是自动搜索其他服务器中的信息并对其进行索引，将索引的内容存放在可供查询的大小数据库中，用户可以利用搜索引擎所提供的分类目录和查询功能查到所需要的信息。

用户在使用搜索引擎前必须知道搜索引擎所在站点，通过这个站点就可以找到搜索引擎所在的网页。在网上提供搜索引擎的站点很多，常用的有百度（http://www.baidu.com/）和Google（http://www.google.com/）。在上网搜索之前我们首先要搞清楚待查询信息的关键字，可以先输入一个主关键字进行搜索，如果发现搜索到的结果太多或者没有用，说明这个关键字不够简洁、不够明确。

3. 搜索技巧

使用搜索引擎时，经常会由于搜索到的结果太多，让用户无所适从，要么搜索到的内容与自己想要的内容相去甚远，带来很多不便。如何才能快速地精确查到所需要的信息呢？

1）使用英文双引号

如果想知道 Windows Server 2003 与 Windows Server 2000 相比有哪些新的功能，可以"Windows Server 2003"作为关键词，使用百度进行搜索，搜索结果达两亿项之多，但是以"Windows Server 2003 新功能"作为关键词搜索，搜索结果的数目将大为减少。若将关键字用英文双引号引起来再进行搜索，搜索的结果将更加准确，只有上百项，搜索的效率将大幅度提高。

2）使用多个关键词搜索，关键词用"+""–"或空格连接

为了更准确地匹配，可以使用多个关键词进行搜索，关键词之间用"+""–"或空格连接。关键词中加入"+"或空格，表示这些关键词都必须出现在搜索结果的网页中，"–"表示这个关键词一定不要出现在搜索结果网页中。例如，若以关键词"操作系统+Windows+UNIX"进行搜索，就表示搜索到的网页中必须同时有"操作系统""Windows""UNIX"这3个关键词；若输入"操作系统+Windows -UNIX"进行搜索，则表示搜索到的网页中一定不能出现"UNIX"这个词。注意，"–"前面有个空格。

当然，除了以上提到的搜索技巧，更重要的是要学会从复杂搜索意图中提炼出最具代表性和指示性的关键词，这对提高搜索效率至关重要。搜索时也不要局限于一个搜索引擎。当搜索不到理想的结果时，可尝试使用另外的搜索引擎。国内门户网站搜狐（www.sohu.com）、新浪（www.sina.com.cn）、网易（search.163.com）也都提供搜索服务。①②③④

边学边做

通过搜索引擎找到以下题目的答案。并记录：使用了哪个搜索引擎？搜索关键词是什么？从哪个页面找到了答案？到最后找到答案，总共打开了几个搜索链接？

① 戈登·摩尔是计算机业界著名企业（　　　　）的创始人。
_____
_____
_____

② "蓝色巨人"是计算机业界对美国（　　　　）公司的尊敬称呼。
_____
_____
_____

③ 世界最主要的 IT 高科技产业基地硅谷位于美国的（　　　　）州。
_____
_____
_____

④ 搜几条比较打动你的计算机行业人士的励志格言。记录来源页面的地址。
_____
_____
_____
_____
_____
_____
_____

任务 4–5 用 QQ 与家人视频聊天

任务描述

QQ 是一款非常大众化的网络通信软件，很多网络用户都有 QQ 号码，有的人甚至有好几个。经过 10 多年的发展，目前的 QQ 软件除了文字聊天外，还有很多实用的功能，如语音聊天、视频聊天、截图等。如果有摄像头、麦克风等视频、音频设备的话，视频聊天比打字更加便捷，但是建议读者不要与陌生人视频聊天。

任务实现

（1）双击对方的头像，打开与对方聊天的对话框。①

（2）单击对话框上端工具栏中的"视频"按钮，即发送出去视频请求，等待对方应答。②③

（3）对方单击"接收"按钮，即打开视频。对话窗口出现对方的视频，同时可以进行语音聊天。

边做边想

① QQ 是哪家公司的软件产品？
_____

② 如果只进行语音聊天，如何操作？
_____

③ 视频按钮右侧的下拉箭头包含 4 个选项，如果要让 QQ 调节视频、音频设备，应单击哪个选项？
_____

知识点：QQ 的其他实用功能

除聊天外，QQ 还具有实用的远程协助和截图功能。

1. 远程协助

远程协助是腾讯 QQ 推出的一项方便用户帮助好友处理电脑问题的功能。要使用远程协助功能，在聊天窗口，需要帮助的一方单击聊天工具栏中的 "应用"图标右侧的下拉菜单，选择"远程协助"。之后，会在对方的聊天窗口出现提示。接受请求方单击"接受"按钮。这时会在申请方的对话框出现一个对方已同意你的远程协助请求"接受"或"谢绝"的提示，只有申请方单击"接受"按钮之后，远程协助申请才正式完成。成功建立连接后，在接受方就会出现对方的桌面，并且是实时刷新的。右边的窗口就是申请方的桌面了，不过现在你还不能直接控制对方的电脑，要想控制对方电脑还得由申请方单击"申请控制"按钮，在双方又再次单击"接受"按钮之后，才能控制对方的电脑。

2. QQ 截图

使用 QQ 的截图功能可以获取电脑屏幕上的图像。首先，打开聊天窗口，单击中间工具栏上的"屏幕截图"按钮，或者使用快捷组合键"Alt+Ctrl+A"，打开屏幕截图功能，然后通过拖拽鼠标选择截图区域，也可以右击或按"ESC"键退出屏幕截图功能。选中部分高亮，其他部分以灰度显示，并出现截图面板，可以在面板上单击"完成"按钮，即完成截图。

边学边做

① 如果好友不在线时，能使用 QQ 的截图功能吗？
_____

② 使用 QQ 截图截取整

截图自动放在对话框输入框中，如果要发送，必须和在线的网友对话或者群对话才可以发送，或者直接右击截取后的图片，选择"图片另存为"保存到自己的文件夹即可。①②

个屏幕，并保存在你自己的文件夹下。记录下文件路径。
_____

任务 4-6　用邮箱给朋友发送照片

任务描述

在"素材\第 4 章\任务 4–6"文件夹中，有一个图片文件"中国疆域历史动画.gif"，请使用邮箱将此文件发送给你的朋友浏览，假设朋友的邮箱地址为"wangxiao_liang@sina.com"。

任务实现

（1）我们首先申请一个网易电子邮箱。打开浏览器，在地址栏中输入"http://mail.163.com"，按回车键，便会打开网易邮箱的主页面。然后单击"普通登录"选项卡中的"注册"按钮，打开如图 4-20 所示"注册新用户"窗口。在注册时只需要填写用户名和密码，一般情况下，通常会使用与自己姓名相关的一串字母或数字作为用户名。由于同一个邮件服务商所提供的邮箱用户名不能相同，输入用户名后，单击"检测"按钮，可以首先检测一下预计的用户名是否已经被其他用户所使用，图 4-20 中显示，"tao_li"这个用户名已经被其他用户使用了。读者根据实际情况，拟定用户名和密码。此处假定用户名为"tao_li2011@163.com"。①②③

边做边想

① 使用的用户名是什么？
_____

② 该用户名对应的电子邮件地址是什么？
_____

③ 以此用户名申请一个 sohu 的电子信箱，写出地址。
_____

图 4-20　网易"注册新用户"窗口

（2）在注册页面的"安全信息设置"栏和"验证"栏，逐条填写申请邮箱的各项设置内容，带"*"的为必填项。各项内容填写完毕后，单击"创建账号"按钮。

（3）注册成功后，直接进入邮箱。在邮箱窗口页面的左面部分有邮件操作面板。单击"写信"按钮可以撰写邮件，如图4-21所示的"撰写邮件"窗口。先在"收件人"文本框输入收件人小王的邮箱地址"wangxiao_liang@sina.com"，接着在"主题"文本框里输入邮件的主题，然后在下方的空白编辑区域里输入信件的正文内容。④⑤

边做边想

④ 第二次如何打开邮箱？
_____

⑤ 你分别输入的"主题"和"信件正文"是什么？
_____
_____

图4-21 "撰写邮件"窗口

（4）单击"添加附件"链接，在弹出的对话框中选择所需要的照片文件，再单击"打开"按钮，照片文件便以附件形式和邮件关联在一起。然后单击"发送"按钮，照片便和邮件一起发送到"wangxiao_liang@sina.com"。

知识点：电子邮件

电子邮件（E-mail）是Internet提供的一项最基本服务，也是应用最为广泛的一种计算机通信手段。使用电子邮件，不但信息传输速度快，而且可以发送各类信息，如软件、数据、录音等，比如在上面的任务中，我们发送的是图像类信息。使用电子邮件，还可以把邮件同时发送给多个用户。

每个使用电子邮件的用户要在邮件服务器中申请一个账

边学边做

① 前面我们分别在163和sohu申请了两个相同用户名的电子信箱，为什么可以这样做？如果给该用户在163的地址发信，其sohu的电子信

号和密码，由账号和邮件服务器主机名组成的全球唯一的标志称为电子邮件地址。邮件地址由两部分组成，前面是用户在邮件服务器中的账号，后面是邮件服务器的主机名，两者用"@"连接，它表示以用户名命名的邮箱是建立在符号"@"后面说明的电子邮件服务器上的，该服务器就是邮件服务商向用户提供电子邮政服务的邮局机，如"ducare@126.com"。别人知道了这个人的电子邮件地址就可以给他发电子邮件了，只有知道这个电子信箱的密码才能阅读其中的邮件，进行相关的邮件管理。①

在邮箱窗口的邮件操作面板，若要查看邮件，可以单击"收信"按钮，再单击"收件箱"图标选项。所有接收的邮件都存放在收件箱里，每一封邮件都由"发件人""主题"和"日期"等信息表示。要阅读一封邮件，可以在"发件人"或"主题"超链接上单击便可以打开邮件。②③

箱能收到吗？

② 使用本书已经有一段时间了，使用过程中感觉本书有哪些优点和不足？写成一个 TXT 文档，将该文档以附件形式发送给本书主编杜少杰老师 ducare@126.com。

③ 写一封自我介绍的邮件，同时发送给你的多个朋友（5位以上）。如何做到的？

总结与复习

本章小结

本章通过 6 个实例，带领读者学习了网页保存、插件处理、搜索技巧和电子邮件使用方面的内容。本章学习结束后，读者应当理解什么是插件，掌握常用的搜索技巧，并且熟悉一些优秀的门户网站，比如下载软件的门户网站、下载驱动程序的门户网站。在今后使用网络的过程中，能够使用保存网页的方式获得网页中的各种元素，能够合理选择插件，经常使用电子邮件进行网上交流。

互联网是一个平台，尽管我们在上网时无人能识别我们的身份，但是我们仍然要用基本的道德来约束自己在网络上的行为，尊重他人、乐于帮助他人。同时，也要有一定的警惕性，学会保护自己。

关键术语

IE 浏览器、Web 档案、插件、ActiveX 插件（控件）、Flash 插件、自定义级别、搜索引擎、关键字、门户网站、下载工具、电子邮件、附件、中国知网、电子银行、文献检索、检索条件。

动手项目

（1）使用你认为最便捷可靠的方法找出上海市地铁 1 号线的所有站点。

（2）通过电子邮件和 QQ 在线聊天两种方式与你的朋友进行联系，体会两种方式的区别和各自的优缺点。

（3）将 IE 浏览器默认的主页设置为"www.sina.com.cn"，并确保再次打开 IE 浏览器时显示此网页。

（4）搜索有关 IBM 公司发展史的文字资料，并完成以下任务。

① 将搜索到的文字整理成一篇完整的电子邮件，以邮件正文的形式发送到自己的邮箱中。

② 保存搜索到的网页，并以附件的形式发送到自己的电子邮箱中。

（5）尝试在本地硬盘上找出刚刚观看过的一个视频（不是下载该视频）。

（6）下载优酷手机客户端，并且安装到自己的手机上。

学以致用

（1）小王想给 10 位朋友发送近期的 5 张照片，给出可行的实现方案。

（2）上题中若使用了以附件形式发送照片，那么如果把 5 张照片作为 5 个附件的话，这样的传送方式会增加出错的可能性。最好的办法是把 5 张照片打包成一个文件。请搜索并下载安装一款压缩软件，并使用该软件将 5 张照片打包成一个文件，然后发送。

（3）点点家的电脑是联想家悦 ER500，使用两年了，有次不知何故，忽然没有声音了，有高手建议重新装一下声卡驱动，但是厂家附带的驱动程序找不到了，应该怎样处理？

（4）小张临时借用同学小陈的电脑上网，但是他不想让小陈知道他浏览了哪些网页，该如何操作才能实现这个目的？

（5）在"素材\第 4 章\总结与复习"文件夹，有一个文档"网上交易流程.doc"，该文档是某电子商务网站指导用户正确安装 ActiveX 交易控件的文件。请按照步骤进行操作，使交易控件能够正常使用。

第 5 章　文字处理系统 Word 2010

情境引入

晓玲从小学就开始接触电脑，对微软的文字处理软件 Word 并不陌生，能够在老师的指导下进行文字和段落的格式设置。但是在使用 Word 解决一些实际问题时，比如写总结、安排会议等，还是经常遇到困难，比如如何才能使文档中的图片和文字有一种协调、美观的效果，如何在 Word 中同时给多个人发送会议通知等，这些实用的功能还需要进一步的学习。

本章将以文字处理 Word 的 2010 版本为例，向大家介绍 Word 实用、常用的功能，包括快速编辑文档，图片混合排版，撰写包含封面、目录、页眉页脚的长文档，表格和邮件合并等。在学习过程中，充分考虑到大家已有的基础，对已经掌握的内容不再重复介绍，比如打开、关闭、保存、文字录入等。

本章学习目标

能力目标：
- ✓ 能够熟练使用 Word 界面主窗口的功能区和各个分组
- ✓ 能够编辑文档，包括输入/改写状态转换、查找/替换
- ✓ 能够在 Word 中实用样式与模板
- ✓ 能够熟练进行文档排版，包括设置字符、段落、项目符号和编号、边框和底纹
- ✓ 能会使用 Word 创建表格并使用表格的编辑功能
- ✓ 能够熟练使用 Word 进行图文混排、绘制图形
- ✓ 能够对长文本进行编辑，包括制作目录、页眉页脚

知识目标：
- ✓ 掌握 Word 2010 操作界面的划分和功能区的使用
- ✓ 掌握查找/替换、恢复/撤消的用法
- ✓ 掌握在 Word 文档中进行表格的创建、编辑和格式化
- ✓ 掌握图片的编辑及图文混排的方法
- ✓ 理解对中长文档的处理，包括索引和目录的应用
- ✓ 掌握 Word 文档中的邮件合并

素质目标：
- ✓ 根据实际需要，恰当使用查找/替换来提高工作效率
- ✓ 及时保存文件，正确退出环境
- ✓ 使用快捷键实现操作

实验环境需求

硬件要求：

多媒体电脑

软件要求：

Windows 7 操作系统、Office 2010、搜狗中文输入法

任务 5-1 熟悉 Word 2010 的主界面

任务描述

本次任务我们首先熟悉 Word 2010 的主界面，掌握界面布局和各组成元素的操作，为以后完成具体任务打下基础。尝试完成如下操作，完成有困难时可参阅后面的知识点讲解。

（1）启动 Word 2010。

（2）说出撤消按钮 的位置。

（3）说出"开始"选项卡的功能区中的第 3 个分组是什么。

（4）将文档显示比例调整为 80%。

（5）打开"分栏"对话框。

（6）找到"样式"中的"正文"图标。

（7）找到"页面布局"功能区的"页面设置"组，并单击其右下角的图标 ，记录出现的现象。

（8）找到"视图"功能区的"显示"分组，单击选中"标尺"复选框，记录窗口的变化。

任务实现

（1）单击"开始"→"程序"→"Microsoft Office"→"Microsoft Word 2010"，启动 Word 2010。①

（2）观察 Word 2010 主界面，在左上角可找到撤消按钮 。②

（3）在 Word 2010 主界面，单击"开始"选项卡，显示的功能区中共有 5 个分组，其中第 3 个分组是"段落"。③

（4）界面右下角是"视图"工具栏，，单击"放大""缩小"按钮或者拖动滑块，可改变显示比例。

（5）单击"页面布局"选项卡，在功能区中找到"页面设置"分组，单击分栏下拉按钮 ，即可打

边做边想

① 观察 Word 2010 的界面，默认的选项卡是哪几个？尝试保存文档，记录默认的扩展名。

_____

_____

② 在此位置有 4 个按钮，单击后面的三角形状 ，会出现什么？推测这个按钮组的名称。

_____

_____

③ "段落"分组中共有几个按钮？

_____

开分栏对话框。④

④ 文档默认分几栏？分两栏是什么意思呢？

（6）单击"开始"选项卡，在功能区中找到"样式"分组，单击下拉列表按钮，在出现的列表中可以找到"正文"图标。

（7）单击"页面布局"选项卡，在功能区中找到"页面设置"分组，单击右下角的，可弹出"页面设置"对话框。

（8）单击"视图"选项卡，在功能区中找到"显示"分组，单击选中"标尺"前的复选框，在文档编辑窗口的上部会显示标尺。

知识点：Word 2010 的主界面

通过上面的任务，我们在 Word 2010 的窗口中进行了简单操作，通过这些操作熟悉了 Word 2010 窗口的组成元素，比如选项卡、功能区、按钮、快速访问工具栏等，掌握这些术语，能够使我们读懂有关的技术资料。下面我们再从整体上认识 Word 2010 的主界面。

打开 Word 2010 后，显示的主窗口如图 5-1 所示。

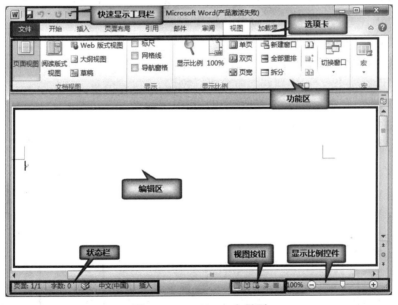

图 5-1　Word 2010 主界面

与我们熟悉的 Word 2003 相比，大家会发现，Word 2010 工作窗口有了很大的变化，它用简单明了的功能区代替了 2003 版本中的菜单栏和工具栏，更加人性化，更加方便操作者使用。除功能区外，还包括 Word 按钮、快速访问工具栏、文档编辑区和状态栏等基本部分，结合图 5-1 中对主界面各部分的划分，以及刚才任务 5-1 中所进行的操作，按照从上到下的顺序，来具体认识各个部位。大家应牢记每个部位的名称，并在以后谈论相关问题时，尽可能地使用这些术语进行表达。

1) 快速访问工具栏

标题栏的左侧有"快速访问工具栏"。"快速访问工具栏"默认包含有"保存""撤消"和"恢复"三个最频繁使用的命令，这些命令在任何选项卡下都能访问。我们发现，在"快速访问工具栏"的右下角有一个下拉列表按钮，单击该小三角形状的按钮，出现如图 5–2 所示的"自定义快速访问工具栏"对话框，此时可以向其中添加其他常用命令。

图 5–2　自定义快速访问工具栏①②

边学边做

① 通过"自定义快速访问工具栏"，向快速访问工具栏中添加"打开"命令。

────────────────

②"自定义快速访问工具栏"中，"保存""撤消"和"恢复"命令项前有标记✓，说说是为什么。

────────────────
────────────────

③ 在"文件"选项卡的"选项"命令中进行设置，使文档每隔 20 分钟自动保存。记录步骤。

────────────────
────────────────

④ 在"文件"选项卡的"选项"命令中进行设置，使 Word 2010 的主界面中，不显示"加载项"选项卡。记录步骤。

────────────────
────────────────

2) 选项卡

默认的选项卡有 9 个，通过这 9 个选项卡，我们可以大体上了解 Word 2010 的功能。其中"文件"选项卡中包含了文档的新建、打开、保存、另存为、关闭、打印、最近使用的文件、选项、退出等有关文档的基本操作命令，不同的操作命令右边显示的内容就不一样。"新建"命令可以创建空白文档；"选项"命令可以对 Word 中的所有的相关操作进行进一步的设置，比如设置自动保存的时间、设置主界面中选项卡的个数等。③④

3) 功能区

功能区是 Word 2010 中进行各种操作的主要方式，其作用类似于先前版本中的菜单栏和工具栏。单击某个选项卡，就会显示对应的功能区。图 5–3 为"开始"选项卡的功能区。

图 5–3　"开始"选项卡的功能区

为了便于查找，功能区按照分组进行组织，如图 5-3 所示的"字体"分组和"样式"分组等。各个组中包含进行操作的按钮，如"段落"分组中的"左对齐"按钮。有的按钮带有小三角形状的下拉列表，单击此处可进行更具体的选择，如"剪贴板"分组的"粘贴"按钮，单击其小三角按钮，弹出"粘贴选项"对话框。

双击功能区的活动选项卡，功能区中的组会临时隐藏，从而提供更多操作空间，再次双击活动选项卡，组就会重新出现。

4）对话框启动器按钮

在上面任务 5-1 的步骤（7）中，我们单击"页面布局"选项卡下"页面设置"组右下角的"对话框启动器"，弹出了"页面设置"对话框，在该对话框中，可以对页面布局进行设置。图标 称为"对话框启动器"按钮，单击该按钮可弹出相应的对话框。

5）显示比例控件

界面右下角是视图按钮和显示比例控件。视图按钮共有 5 个，单击可以在不同的视图下切换。显示比例控件表示了当前文档的显示比例，左右拖动滑块可以任意调整显示比例。单击 或 按钮将以每次 10%的幅度缩小或放大显示比例。在按钮左侧的数字形式是当前窗口的显示比例数值，单击该数值将弹出"显示比例"对话框，从中选择要设置的显示比例。

任务 5-2　修正"我爱世博会"中的错误

任务描述

打开"素材\第 5 章\任务 5-2\我爱世博会.docx"，修改文档中的错误或不当之处，主要包括：

（1）文档中第 1 处红色字体所示的文字，另起一个自然段。
（2）删除空行。
（3）文档中第 2 处红色字体所示的文字，与前一自然段合并。
（4）将文中所有的"世博"全部修改为"世界博览"。
（5）文档最后一个自然段中有很多不必要的空格，将多余的空格去掉。
（6）对文中的红色或绿色波浪线所指示的错误进行修正。

任务实现

（1）鼠标在第 1 处红色文字的第 1 个文字之前单击，光标闪烁，然后按回车键，即可另起一段。

（2）将光标定位到第 1 个空行处，然后按"Del"键，即可删除空行，因文档中共有 4 个空行，需要连续按 4 次"Del"键。

（3）把光标定位到第 2 处红色文字前一段落的末尾，然后按"Del"键，可合并两个自然段。①

（4）在"开始"选项卡功能区的右侧，找到并单击"替换"命令，显示"查找与替换"对话框，在"查找内容"栏

边做边想

① 使用"Backspace"键，应如何操作？

中输入"世博","替换为"栏输入"世界博览",然后单击"全部替换"按钮,如图 5-4 所示。②

② 共替换了几处?

图 5-4 "查找与替换"对话框

③ 你打开的文档是否出现了红色和绿色的波浪线?如果未出现,参考下面知识点讲解中"拼写与语法检查"的内容使其显示。

④ 红色和绿色波浪线分别表示什么错误?

(5) 选中文档最后一个自然段,然后单击"开始"功能区的"替换"命令,在"查找与替换"对话框中,"查找内容"栏输入"(空格)","替换为"栏什么也不输入,单击"全部替换"按钮即可。

(6) 文档中有些文字下面有红色或者绿色的波浪线,说明此处有文字、词语使用上的错误。③④

① 第 1 处红色波浪线"BetterCity,BetterLife",应用空格分隔各英文单词、标点符号,即"Better City , Better Life";

② 第 1 处绿色波浪线"和谐城市",鼠标移动到此文字上,右击,出现如图 5-5 所示的"自动更正"快捷菜单,选择"忽略一次";

③ 红色波浪线"造型"处,鼠标在其上右击,在弹出的快捷菜单中选择"造型",如图 5-6 所示。

图 5-5 "和谐城市"自动更正

图 5-6 "造型"自动更正

知识点:查找替换与拼写检查

1. 查找与替换文本

在任务 5-2 中,我们对文档"我爱世博会"进行了部分编辑工作,包括段落的分割、合并、修正语法错误等。其中使用 Word 2010 的"查找与替换"功能将"世博"全部替换为"世界博览",同时也使用该功能巧妙地删除了多余的空格。

上述替换时,因具体需要,我们使用了"全部替换"功能,一次性地完成了文本的替换,其间不需要操作者的参与。除了像这种一次性替换，还可以使用"查找下一处"和"替换"两个命令的结合，对文档内容一处一处地进行查找和替换。

比如，在一个文档中，要把文档中的一部分"中国"替换为"中华人民共和国"，但是不是文档中所有的"中国"都进行替换。要完成该操作，首先打开图 5-4 所示的"查找与替换"对话框，输入要查找和替换的内容，然后单击"查找下一处"按钮，在文档中找到的内容高亮显示，操作者要注意观察此处的"中国"是否需要替换，如果需要，则单击"替换"，会进行替换并继续查找下一处；如果不需要替换此处，则单击"查找下一处"按钮，那么对刚才找到的"中国"不进行替换操作，而是继续查找下一处。①

边学边做

① 在"素材\第 5 章\任务 5-2"文件夹，有一个文档"查找与替换练习文档.docx"，该文档的内容是编写某教材中的第 2 章。现因内容调整，需要把此第 2 章作为教材中的第 1 章。请你将文档中表示第 2 章的"2"替换为"1"，包括：章名、任务名、文图编号。表示其他含义的"2"不需要替换，比如表示第 2 步骤的"（2）"。

全部查找完毕后，系统会自动弹出一个提示对话框，提示操作已完成。应用"查找和替换"对话框不仅是对文本进行查找和替换，还可以查找指定的格式、段落标记、分页符和其他项目等。

2. 拼写和语法检查

拼写和语法检查能够在文档输入过程中随时对输入的文字（主要是英语）进行语法检查，并在可能有错误的文字下面加一条红色或绿色的波浪线，以便提醒作者进行改正。其中红色波浪线表示单词（英文）或词语（中文）拼写有错误，系统强烈建议作者修改；绿色波浪线表示有语法错误或者格式错误，系统普通建议修改。例如，任务 5-2 文档中，"造形"下是红色波浪线，因为"造形"这个词语不存在，正确的是"造型"，而"和谐城市"下有绿色波浪线，因为通常应该表示为"和谐的城市"，有词语使用上的错误。

在 Word 2010 中，可以对"拼写与语法检查"功能进行设置，使其打开/关闭，或者对检查方式进行选择，该功能默认是打开的。操作步骤："审阅"选项卡的功能区，单击"拼写与语法"命令，弹出"拼写与语法"对话框，单击左下角的"选项"命令。弹出"Word 选项"对话框，显示"校对"选项卡，如图 5-7 所示。

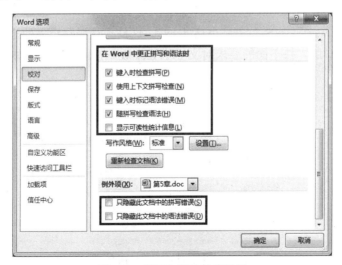

图 5-7 拼写与语法检查设置

图 5-7 中,"在 Word 中更正拼写与语法时"下面的各项均应选中,包括"键入时检查拼写""随拼写检查语法"等,同时也应注意,"例外项"所在栏均应不选中,比如"只隐藏此文档中的拼写错误"。如果此项选中的话,那么所打开文档中的拼写错误将被隐藏,不会提示。

将鼠标移动到红色或绿色波浪线的文字上,右击,在弹出的快捷菜单中,选择更正的方式。如果不同意修改,可选择"忽略",在关闭文档以前 Word 将不再对这些单词提出疑问;如果文档中所有的此类错误都不同意修改,可选择"全部忽略";也可以选择系统提示的更正方法。①

> **边学边做**
>
> ① 对简化的大写英文或者中文里的简称,检查时也会出现红色波浪线,应如何修改?
> _____

3. 撤消和恢复操作

"撤消和恢复"也是编辑文档时的常用操作。撤消是指撤消前一次操作,可单击"快速访问工具栏"中的"撤消"按钮 或者按键盘上的"Ctrl+Z"键,每单击一次就撤消一次,可连续撤消多次。也可以单击撤消按钮旁的三角形状,然后有选择性地撤消多次操作。恢复是指恢复前一次操作,单击"恢复"按钮 或者按键盘上的"Ctrl+Y"键。①

> **边学边做**
>
> ① 新建一个 Word 2010 文档,观察撤消与恢复按钮是否可用(蓝色表示可用,灰色表示不可用)?为什么?
> _____
> _____

任务 5-3 对"一只小鸟"进行格式化

任务描述

在前面,我们主要学习了文本的编辑操作,编辑操作能够保证文本的正确性。但是生活中不论是用笔还是用电脑撰写文章,除了内容之外,文档的格式也很重要。样式美观、图文并茂的文稿,会给阅读者留下更多、更好的印象。同时,对文档进行排版也是 Word 2010 的一项重要功能。下面我们学习对文档的排版和图片处理。

打开"素材\第 5 章\任务 5-3\一只小鸟.docx"。这是一篇描写小鸟的小短文,仅仅录入了文字,未经过任何排版。按下面的要求对文档进行排版,排版后的效果如图 5-8 所示。

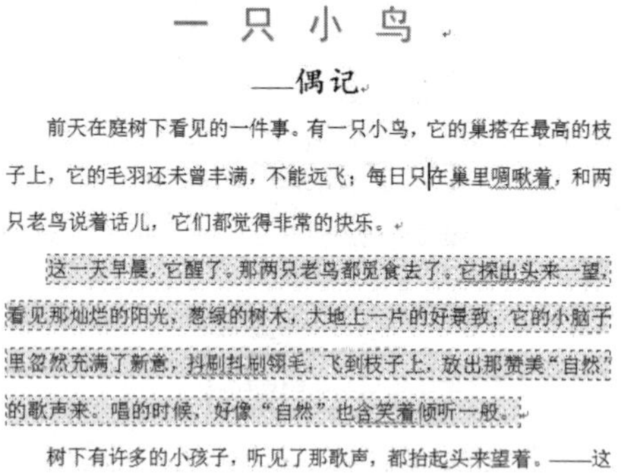

一只小鸟
——偶记

前天在庭树下看见的一件事。有一只小鸟,它的巢搭在最高的枝子上,它的毛羽还未曾丰满,不能远飞;每日只在巢里啁啾着,和两只老鸟说着话儿,它们都觉得非常的快乐。

这一天早晨,它醒了,那两只老鸟都觅食去了。它探出头来一望,看见那灿烂的阳光,葱绿的树木,大地上一片的好景致;它的小脑子里忽然充满了新意,抖刷抖刷翎毛,飞到枝子上,放出那赞美"自然"的歌声来。唱的时候,好像"自然"也含笑着倾听一般。

树下有许多的小孩子,听见了那歌声,都抬起头来望着。——这

图 5-8 "一只小鸟"排版效果

排版要求：

（1）将标题"一只小鸟"字体设为黑体、一号、绿色、阴影效果、居中对齐，字符间距加宽 10 磅，段前 3 行，段后 2 行。

（2）将副标题"偶记"设为楷体、小二、加粗、居中。

（3）将文档正文格式改为宋体、四号；首行缩进 2 字符，行间距设置为 1.3 倍行距。

（4）将文中的两个破折号"——"设为标准破折号形状"——"。

（5）给正文中第 2 自然段的文字设置 5%的黄色底纹和虚线型浅蓝色边框。

任务实现

（1）启动 Word 2010，打开"素材\第 5 章\任务 5-3"文件夹下的文档"一只小鸟.docx"。

（2）选中标题文字"一只小鸟"，单击"开始"选项卡，在功能区的"字体"分组，使用字体框、字号框和颜色按钮，设置为"黑体""一号""绿色"。

（3）单击"字体"组右下角的，打开"字体"对话框，在"效果"选项中勾选阴影；然后单击"高级"选项卡，间距设置为"加宽"，磅值设置为"10 磅"，如图 5-9 所示。

（4）在"段落"分组中单击居中对齐按钮，使标题居中。

（5）单击"段落"分组的对话框启动器，打开"段落"对话框，间距选项中段前设置为"3 行"，段后设置为"2 行"，如图 5-10 所示，至此完成对标题文字的排版。

 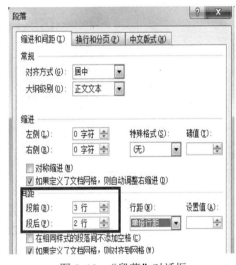

图 5-9 "字体"对话框的"高级"选项卡　　　　图 5-10 "段落"对话框

（6）用类似的方法对副标题"偶记"进行排版，具体步骤不再详细列出。

（7）选中正文中所有的文字，先将文字设置为"宋体""四号"，打开"段落"对话框，在特殊格式栏，选择"首行缩进"，磅值中设置为"2 字符"，行距栏中，选择"多倍行距"，设置值中输入"1.3"，至此完成对文中段落格式的排版。

（8）将两处破折号的字体设置为"Times New Roman"，即可使破折号形如"——"。

（9）选中第 2 个自然段，单击"段落"分组的"边框和底纹"按钮旁边的三角按钮，在弹出的列表中选择"边框和底纹",打开"边框和底纹"对话框,设置"方框""虚线""浅蓝",应用于"文字",单击"确定"按钮,如图 5-11 所示。

图 5-11 "边框和底纹"对话框的"边框"选项卡

(10)再次打开"边框和底纹"对话框,单击"底纹"选项卡,填充色设置为"黄色",样式为"5%",应用于"文字",如图 5-12 所示。单击"确定"按钮,完成整篇文档的排版。

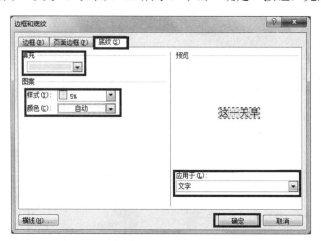

图 5-12 "边框和底纹"对话框的"底纹"选项卡

知识点:文档格式设置

在上面的任务中,我们通过对"一只小鸟"文档中的标题、段落、文字设置一定的格式,完成了对文档的排版,并获得了较为满意的排版效果。对文档排版的过程也就是对文档的内容进行格式化的过程,除了我们已经体会过的字符格式化、段落格式化、边框和底纹设置,还包括项目符号与编号设置、页面布局设置。

1. 字符格式化

字符的格式包括字符的字体、字形、字号、下划线、效果、字符间距等。其中字符间距是指字符之间的距离,默认情况下,文档中的字符采用标准距离,就如同我们写字一样,从左到右挨个排列,有时为了追求排版效果,需要调整字符间距,比如我们把标题"一只小鸟"

的字符间距加宽了 10 磅。

在"开始"选项卡的功能区,"字体"分组给出了常用的字符格式化按钮,可以设置文本的颜色、字体、字形、字号、加粗、倾斜、下划线等,使用非常方便。或者单击对话框启动器,在"字体"对话框中进行更多设置。

需要说明的是,字号大小有两种表达方式,分别用"号"和"磅"为单位。以"号"为单位的字号中,初号字最大,八号字最小;以"磅"为单位的字体中,72 磅最大,5 磅最小。除了系统给出的这些字号外,还可以通过输入磅值的方法设置比初号字和 72 磅字更大的特大字。根据页面的大小,文字的磅值最大为 1 638 磅。①②

边学边做

① 新建一个 Word 2010 文档,在其中输入"√",使用"字体"分组的 ⓐ 命令,排版成带方框的格式☑。

② 在文档中随便输入两个字,将字号设置为"200 磅",红色波浪下划线。

2. 段落格式化

段落的格式主要有行间距、段间距、缩进、对齐方式等。行间距是指同一段落中各行之间的间隔,段间距是指段落之间的距离,分为段前、段后。段落对齐方式有左对齐、居中对齐、右对齐等,在功能区"段落"分组,可使用快捷按钮设置段落格式,或者单击其右下角的对话框启动器,打开如图 5-10 所示的"段落"对话框进行设置,比如段间距和行间距的设定,就需要在"段落"对话框中进行。

"段落"对话框中"缩进"栏的"左""右"微调框可以设置段落的边缘与页面边界的距离。在"特殊格式"下拉列表框中选择"首行缩进"或"悬挂缩进"选项,然后在后面的"度量值"微调框指定数值,可以设置在段落缩进的基础上段落的首行或除首行外的其他行的缩进量。

3. 项目符号与编号

在功能区"段落"分组,有两个按钮 ≡· ≡·,代表"项目符号"和"编号"。使用项目符号和编号列表,可以对文档中并列的项目进行组织,或者将顺序的内容进行编号,使这些内容的层次结构更清晰、更有条理。要创建项目符号,首先选取相应的段落,然后在"段落"分组中单击"项目符号"按钮及右侧的箭头,从下拉菜单中选择一种项目符号,如图 5-13 所示。单击"定义新项目符号"链接,可以设置图片形式的项目符号。

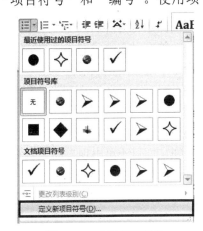

图 5-13 项目符号列表

在文档中插入项目符号后,有 3 处距离需要我们注意,如图 5-14 所示。一是项目符号的开始位置,默认为 0,也就是项目符号所在段落默认是顶格的效果,如果将开始位置设置为 0.74 厘米(相当于 2 个字符),那么项目符号所在行会缩进相应的数值;第 2 处距离是项目符号与文字间的距离,默认是 0.74 厘米的制表位,可以调整为其他的数值,或者以空格来表现距离;第 3 处距离是文字的开始位置,可以设置项目符号所在段落的文字有无悬挂缩进。图 5-14 中所示是项目符号的默认设置,我们看到其文字有悬挂缩进的效果。

图 5-14　项目符号默认效果

右击项目符号，在弹出的菜单中选择"调整列表缩进"，弹出如图 5-15 所示的"调整列表缩进量"对话框，在此可以调整各处距离，使项目符号满足文档排版需求。

边学边做

① 打开"素材\第 5 章\任务 5-3\项目符号练习文档.docx"，将文档中的两个段落插入项目符号，观察默认效果。然后通过调整缩进量，将其调整为图 5-16 所示的效果。

图 5-15　"调整缩进"对话框①

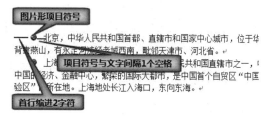

图 5-16　调整缩进量后的项目符号效果

为段落创建编号时，首先选取所需的段落，在"开始"选项卡的"段落"分组中，单击"编号"按钮及其右侧的箭头按钮，从下拉菜单中选择一种编号形式。

Word 2010 提供了自动添加项目符号和编号的功能。在以"1.""(1)""a"等字符开始的段落中按下回车键，下一段开始将会自动出现"2.""(2)""b"等字符。自动添加的功能有时会给我们的文档制作带来不便，可以在"选项"命令中进行设置取消自动编号。单击"文件"→"选项"，在"校对"选项卡对话框中选择"自动更正选项"，打开如图 5-17 所示的"自动更正"对话框，去掉"自动项目符号列表"和"自动编号列表"两个选项前的钩，单击"确定"按钮，即可不再出现自动项目符号和编号。①②

边学边做

① 新建一个 Word 2010 文档，在其中输入"1."，按回车键，记录效果。_____

另起一段，输入"a"，按回车键，记录效果。_____

② 取消自动编号功能，再次尝试上述两项操作，观察效果。

4．边框和底纹

在对"一只小鸟"进行排版时，我们为第二自然段的文字添加了边框和底纹，在 Word 2010 中，不仅可以为字符设置边框和底纹，也可以为段落、页面及各种图形设置各种颜色的边框和底纹，从而美化文档，使文档格式达到理想的效果。

单击"段落"分组的"边框和底纹"按钮 ▢▾，或者"页面布局"选项卡下的"页面边框"命令，均可以打开"边框和底纹"对话框。在"边框和底纹"对话框中，"应用于"栏表示了该"边框"或者"底纹"的应用范围，"文字"表示应用于选定的文字，"段落"表示应用于当前光标所在的自然段，这一点大家应该注意。

5. 设置整个页面

在"页面布局"选项卡,可以设置整个页面的效果,包括打印纸张的大小、页边距、页面分栏情况等。

单击"纸张大小"按钮,从下拉菜单中选择需要的纸张大小规范,即可设置页面大小。

当文档的页边距不符合打印需求时,用户可以自行调整,操作步骤如下所述。

(1)在"页面设置"组中单击"页边距"按钮,从下拉菜单中选择一种边距大小。

(2)如果要自定义边距,请选择"自定义边距"命令,打开"页面设置"对话框。切换到"页边距"选项卡,在"上""下""左""右"微调框中,设置页边距的数值。如图5-18所示。

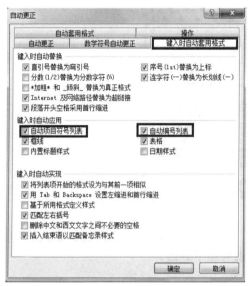

图5-17 "自动更正"对话框

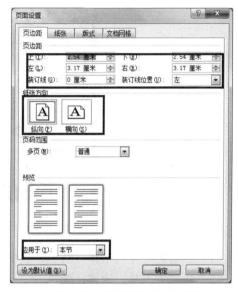

图5-18 "页面设置"对话框

(3)如果打印后要装订,请在"装订线"微调框输入装订线的宽度,在"装订位置"下拉列表框中选择"左"或"上"。当文档准备双面打印装订时,还需要在"页码范围"栏中,将"多页"下拉列表框设置为"对称页边距"选项。

(4)选择"纵向"或"横向"选项,决定文档页面的方向。在"应用于"下拉列表框中选择要应用新页边距设置的文档范围。

6. 格式刷的使用

在Word 2010中有一个功能非常强大的格式复制图标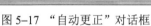,它不仅可以复制文字格式,也可以复制段落格式。复制文本格式的操作步骤如下所述。

(1)选定已设置好字符格式的文本,切换到"开始"选项卡,在"剪贴板"组中单击"格式刷"按钮。此时,该按钮下沉显示,且鼠标指针变为一个刷子形状。

(2)将鼠标指针移至要复制格式的文本开始处,拖动鼠标直到要复制格式的文本结束处,然后释放鼠标按键。

另外,在第(1)步中双击"格式刷"按钮,然后重复第(2)步,可以反复对不同位置的目标文本进行格式复制。复制完成后,再次单击"格式刷"按钮即可。

复制段落格式时,选择已设置好格式的段落的结束标志,然后单击"格式刷"按钮,接着单击目标段落中的任意位置。这样,已设置的格式将复制到该段落中。

任务 5-4　制作"临床药学"专业介绍宣传册

任务描述

在"素材\第 5 章\任务 5-4"文件夹下，有一个文件"临床药学专业介绍.docx"，里面以文字形式对临床药学专业进行了介绍。现对这些文字进行排版，排版效果如图 5-19 所示。具体要求如下：

图 5-19　"临床药学"专业介绍宣传册参考效果

（1）标题为二号、楷体、红色、居中、带着重号和下划线。
（2）正文为五号、宋体、黑色。
（3）共 4 个自然段，全部两分栏并带分隔线，第 1、2、4 段段首缩进两个字符，第 1 段要装入竖排文本框中，框线为双线，内置点状背景。第 3 段要求首字下沉 3 行、红色空心阴影字。
（4）用自选图形画一个红色带中心过渡的四角星，紧密环绕。
（5）根据样张位置插入任意一幅剪贴画，调整为茶色，放在文字下方。
（6）插入一行艺术字，并为全文添加任意一种艺术型页面边框。

任务实现

（1）参照上文对字符、段落排版的方法，对标题和正文文字进行格式设置，具体操作步骤不再赘述。
（2）选中文字，此处一定要注意，选中的是全部文字，如图 5-20 所示，不包括第 4 段后的回车符。

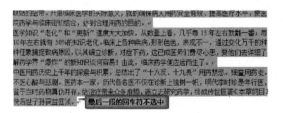

图 5-20　文字选中状态

（3）单击"页面布局"选项卡→"页面设置"分组中的"分栏"→"更多分栏"，弹出"分栏"对话框，设置为两栏，并带分隔线，如图5-21所示。单击"确定"按钮，将全文分成两栏，分栏后的效果如图5-22所示。

边做边想

① 此处常见有两种分栏错误，一是分栏时将标题文字也选中，会造成图5-23所示的错误效果；二是分栏时将第4段后的回车符选中，造成图5-24所示的错误效果。分别对这两种错误进行实践，以便对分栏有更深的理解。

② 右击窗口下面的状态栏，在弹出的"自定义状态栏"菜单中勾选"节"，此时状态栏最左侧显示有关"节"的信息。将鼠标分别定位到图5-22划分的3个区域，观察状态栏中节信息的变化。并回答：

何处是第1节：＿＿＿＿＿＿＿

何处是第2节：＿＿＿＿＿＿＿

何处是第3节：＿＿＿＿＿＿＿

想一想，文档为什么会自动分节？＿＿＿

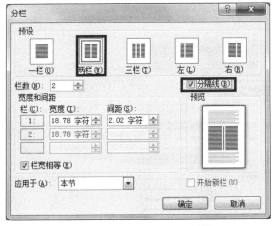

图5-21 "分栏"对话框①②

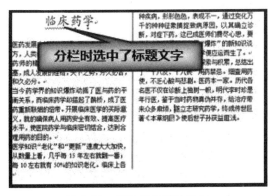

图5-22 正确的分栏效果

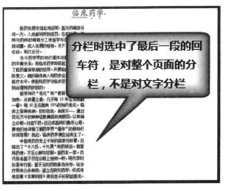

图5-23 错误的分栏效果1　　　　图5-24 错误的分栏效果2

(4)第1、2、4段设置首行缩进2字符。

(5)选中第1段,单击"插入"选项卡,在功能区"插图"分组,单击"形状"命令,在出现的列表中选择"竖排文本框"按钮,鼠标变为十字形,按住鼠标左键并拖动,然后释放鼠标左键,即可绘制出一个竖排文本框,将第1段内容装入文本框,调整文本框在文档中的位置。

(6)右击"文本框",在弹出的快捷菜单中选择"设置文本框格式",出现"设置文本框格式"对话框,如图5-25所示。

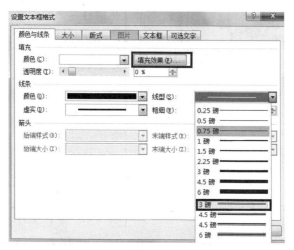

图5-25 设置线条线型

(7)选择"填充效果",设置填充效果为点状图案,如图5-26所示,单击"确定"按钮。回到图5-25所示"设置文本框格式"对话框中,设置"线条线型"为"3磅双细线";单击"版式"选项卡,设置"环绕方式"为"嵌入型",然后单击"确定"按钮。

图5-26 "填充效果"对话框

(8)选中第3段,单击"开始"选项卡,在功能区"文本"分组,单击"首字下沉"命令,选择"首字下沉选项",在弹出的"首字下沉"对话框中设置下沉行数为3行。

(9)选择下沉的文字"医",将其设置为红色空心阴影字。

(10)单击"插入"选项卡的"形状"命令,在"星与旗帜"栏,选择"十字星",在文档中绘制十字星。然后右击"十字星"→"设置形状格式",为十字星填充颜色,并在

"自动换行"中设置"紧密型"。将制作好的十字星放在文本的合适位置。

（11）单击"插入"选项卡的"剪贴画"命令，在"剪贴画"对话框中单击"搜索"按钮，单击任意一个搜索结果，即可插入一幅剪贴画。右击刚刚插入的剪贴画，在弹出的快捷菜单中单击"自动换行"→"衬于文字下方"。

（12）双击剪贴画，此时主界面上显示"图片工具|格式"选项卡，在"调整"分组中单击"颜色"命令，在弹出列表的"重新着色"栏中选择"冲蚀"，如图5-27所示。将剪贴画拖动至适当位置。

图5-27 "重新着色"列表

（13）鼠标单击文档末尾，然后单击"插入"选项卡"艺术字"命令，选择任意一种艺术字样式，在打开的"编辑艺术字文字"对话框中输入"书山有路　学海无涯"，并设置字体格式和字号，如图5-28所示。①

边做边想

① 插入艺术字后，正确的效果如图5-30所示。如果出现图5-29的效果，说说错误的原因是什么。

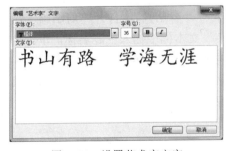

图5-28 设置艺术字文字 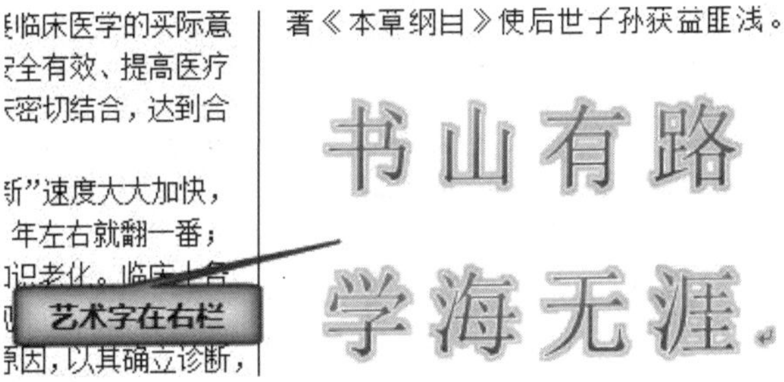　　图5-29 艺术字插入效果1

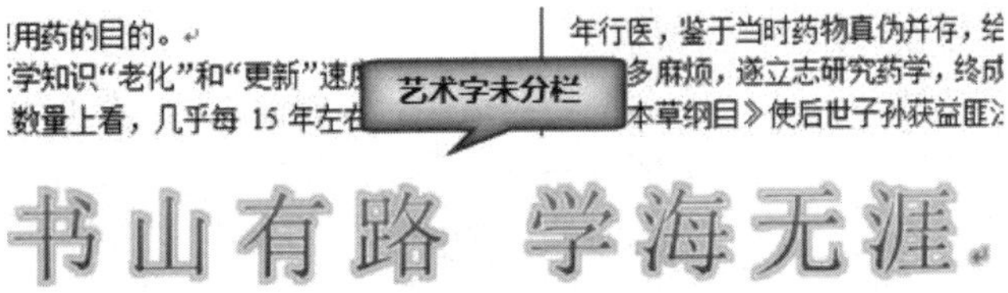

图5-30 艺术字插入效果2

（14）单击"页面布局"选项卡，单击"页面背景"分组中的"页面边框"命令，在弹出的"边框和底纹"对话框选中"页面边框"选项卡，选择"方框"，然后选择一种艺术形式，如图5-31所示。

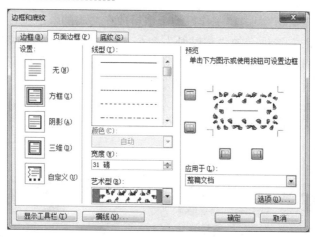

图 5-31　设置页面边框

知识点：插入图片与图形

除了语言文字以外，图形也是一种很好的表述方式，恰当地在文档中嵌入图片或图形对象，能增强文档的表现力和说服力，Word 2010 提供了图文混排功能。

1. 文档中的图片

1）插入图片或剪贴画

单击"插入"选项卡→"图片"，在打开的窗口中选定图片文件，可以将图片文件中的图片插入到 Word 文档光标所在处。除了文件中的图片，Word 2010 提供了内容丰富的剪贴画库，从地图到人物、从建筑到名胜风景，主题繁多。要插入某一主题的剪贴画，单击"插入"选项卡→"剪贴画"，打开"剪贴画"任务窗口，在"搜索文字"文本框中输入主题名称，单击"搜索"按钮，来查找电脑与网络上的剪贴画文件，图 5-32 是"动物"主题剪贴画的搜索结果。在满意的搜索结果上单击，就能把该剪贴画插入到文档中。

图 5-32　"动物"主题剪贴画搜索结果

2）编辑图片

根据需要，插入到文档中的图片可调整大小、位置、显示等，以达到与文字的完美结合。图片的编辑主要有两种途径，一是右击图片，在出现的快捷菜单中选择所需要的命令，包括"插入题注""自动换行""大小和位置""设置图片格式"；二是双击图片，在界面的功能区显示图片工具按钮，如图 5-33 所示。

图 5-33　功能区"图片工具"按钮

(1) 调整图片大小。

单击图片后,图片周围会出现边框和8个小方块(圆圈),此时的图片是被选中的状态,四周的8个小方块(圆圈)称为控制点,如图5-34所示。鼠标移动到任一控制点,鼠标指针会变成双向箭头形状,此时拖动鼠标,可改变图片的长或者宽,或者按比例同时增大或减小长和宽。

或者右击图片,在弹出的快捷菜单中选择"大小和位置",出现"布局"对话框,如图5-35所示。可以输入确切的尺寸,或者输入缩放比例。其中,"原始尺寸"是指图片的初始大小;"锁定纵横比"是指按比例缩放图片的大小,此时输入尺寸或缩放比例时,只输入一个数值即可。勾选"锁定纵横比"后,图片增大或缩小时不变形。

图 5-34 图片选中状态示意

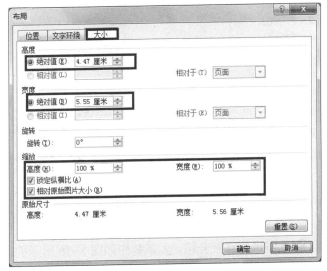

图 5-35 "布局"对话框

(2) 图片的环绕效果。

图片环绕效果是指图片与文字之间的关系,这是制作图文混排文档的重要内容。环绕效果主要有嵌入型、四周型、紧密型、穿越型、上下型,图片与文字的层叠关系有浮于文字上方和衬于文字下方。要设置或改变图片的环绕效果,双击图片后,单击功能区"自动换行"命令,在出现如图5-36所示的下拉列表中选择;或者右击图片,单击"大小和位置"命令,在"布局"对话框中单击"文字环绕"选项卡。

嵌入型:图片与文字为并列的关系,图片以字符的形式嵌入到文字中,可对其位置进行类似文字的居中、左对齐、右对齐、左缩进等操作,在此设置下的图片被选中时,四周出现控制点。

四周型:图片将以整体的形式嵌入到文字中,文字则环绕在图片的四周,并以图片的矩形边界为界。

紧密型:与四周型类似,文字环绕在图片周围,环绕边界以图片中的内容为准。紧密型可通过"编辑环绕顶点"具体调节文字与图片的环绕位置。

浮于文字上方:文字与图片是层叠的关系,图片在文字的上方。

衬于文字下方：文字与图片是层叠的关系，图片在文字的下方。

2．在文档中插入各种形状和文本框

1）插入形状

在制作"临床药学专业介绍宣传册"时，我们插入了一个十字星的形状。在 Word 2010 中，单击"形状"按钮，将弹出如图 5-37 所示的形状菜单，其中包括线条、基本形状、箭头汇总、流程图、标注、星与旗帜等几个大类。从菜单中选择要绘制的图形，在需要绘制图形的开始位置按住鼠标左键并拖动到结束位置。释放鼠标左键，即可绘制出基本图形。

图 5-36　图片的环绕效果

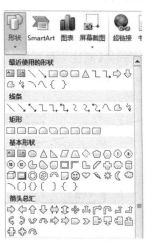

图 5-37　"形状"列表

2）编辑形状

单击插入的形状，在形状周围出现控制点，说明形状处于选中状态，可对形状进行输入文字、改变大小、移动或复制、填充、设置边框，设置阴影、三维效果等编辑操作。操作步骤与图片的操作类似，在此不进行详细介绍。大家制作如图 5-38 所示的"明信片"作为练习，详细的制作步骤和需要的素材保存在"素材\第 5 章\任务 5-4"文件夹下。

图 5-38　"明信片"制作效果

3）多个图形的整体编辑

在上面制作"明信片"时，需要插入多个形状。在文档中，如果有多个形状，可以将这些形状作为一个整体，进行对齐、组合和叠放的操作。选中图形时，按下"Shift"键，可同时选中多个图形对象。

（1）对齐多个形状。

在选中的多个形状上双击，出现功能区中显示“图片工具”的“格式”选项卡，单击“排列”分组的“对齐”按钮，在弹出的列表中选择合适的对齐方式。

（2）叠放次序。

多个图形的叠放次序默认的是最后绘制的图形放置在最上面。改变图形的叠放次序时，请选定要移动的图形对象，若该图形被隐藏在其他图形下面，可以按“Tab”键来选定该图形对象，在“排列”分组中单击“上移一层”或“下移一层”按钮。如果要将图形对象置于正文之后，单击“下移一层”右侧的箭头按钮，在弹出的列表中选择“衬于文字下方”选项。

（3）组合多个对象。

一个图形的绘制有时是通过绘制多个基本图形组合而成的，当这个组合的图形要进行移动、改变大小等操作时，要对每个组成部分均进行设置。需要将这些形状进行组合，再进行如改变大小、移动等操作时，即可将操作简化。选定要组合的图形对象，在“排列”选项组中单击“组合”按钮，在下拉菜单中选择“组合”命令。

任务 5-5　制作“个人简历表”

任务描述

在日常生活、学习和工作中往往会用到表格，表格能够清晰、简明地表达内容。例如上学时要用课程表、求职时要用到个人简历表，等等，这些情况下都离不开表格。现在我们通过 Word 2010 的表格处理功能，制作一张“个人简历表”，给别人介绍自己的经历、展示自己的特长。“个人简历表”参考效果如图 5-39 所示。

个人简历

<table>
<tr><td>求职意向</td><td colspan="5"></td><td rowspan="3">照片</td></tr>
<tr><td>姓名</td><td></td><td>性别</td><td></td><td>出生日期</td><td></td></tr>
<tr><td>文化程度</td><td></td><td>毕业学校</td><td colspan="3"></td></tr>
<tr><td>籍贯</td><td colspan="3"></td><td>政治面貌</td><td colspan="2"></td></tr>
<tr><td>现住址</td><td colspan="3"></td><td>手机号码</td><td colspan="2"></td></tr>
<tr><td>电话号码</td><td colspan="3"></td><td>E-mail</td><td colspan="2"></td></tr>
<tr><td>本人简历</td><td colspan="6"></td></tr>
<tr><td>特长</td><td colspan="6"></td></tr>
</table>

图 5-39　“个人简历表”参考效果

任务实现

（1）启动 Word 2010，单击“插入”选项卡，然后单击“表格”命令，在弹出的菜单中

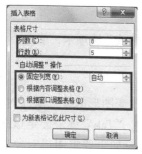

图 5–40　“插入表格”对话框

单击“插入表格”选项。

（2）弹出“插入表格”对话框，在“列数”和“行数”的列表框中分别输入表格的行、列数为“5”“8”，如图 5–40 所示。

（3）单击“确定”按钮，即在插入点所在的位置创建了一个 5 行 8 列的表格，如图 5–41 所示。

（4）单击表格中第 1 行第 1 列的单元格，按下回车键，可在表格前多出一个空行，此处输入“个人简历”，并居中，如图 5–42 所示。

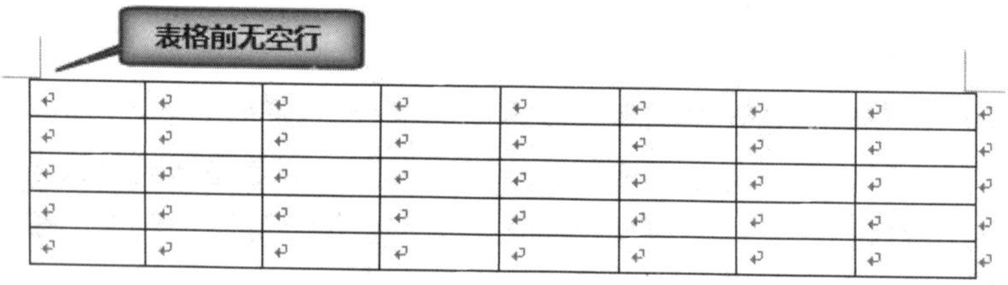

图 5–41　文档中插入空表格

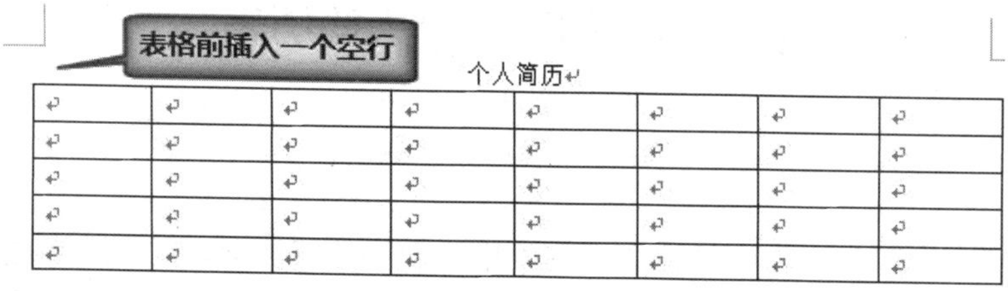

图 5–42　表格前插入空行

（5）依次在单元格中输入相应的内容，如图 5–43 所示。

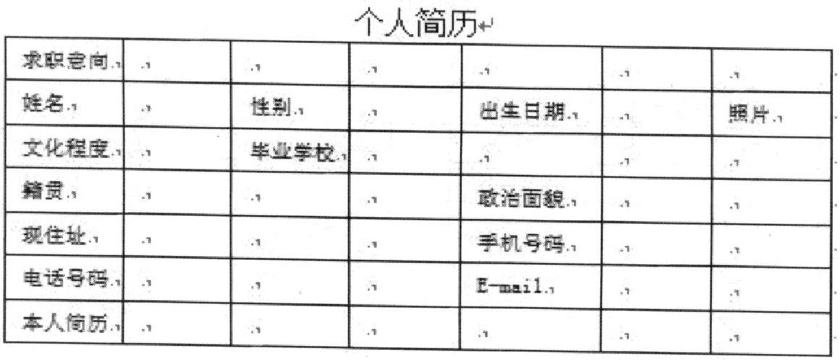

个人简历

求职意向						
姓名		性别		出生日期		照片
文化程度		毕业学校				
籍贯				政治面貌		
现住址				手机号码		
电话号码				E-mail		
本人简历						

图 5–43　单元格中输入文字

（6）选中表格第一行中除第一列和最后一列以外的单元格，右击，在弹出的快捷菜单中选择“合并单元格”，重复“合并单元格”操作，达到如图 5–44 所示的效果。①

边做边想

① 分别把光标定位到表格最后一行的内部和外部，然后按回车键，看看效果有什么不同。

求职意向						
姓名		性别		出生日期		照片
文化程度		毕业学校				
籍贯				政治面貌		
现住址				手机号码		
电话号码				E-mail		
本人简历						
特长						

图 5-44　合并单元格后的表格效果

（7）在表格中选中要添加底纹的单元格，右击，在弹出的快捷菜单中选择"边框和底纹"，选择"底纹"选项卡，在"填充"颜色中选择"浅绿色"，单击"确定"按钮，单元格便加上了底纹。

（8）右击表格，选择"边框和底纹"命令，弹出"边框和底纹"对话框，选择"边框"选项卡，"设置"栏中单击"自定义"，"线型"列表中选双实线，然后单击"预览"栏中表示表格四周边框的按钮，如图 5-45 所示。

图 5-45　"边框和底纹"对话框

知识点：表格的建立和编辑

在文字处理的过程中，为了更形象地说明问题，常常需要在文档中制作各种各样的表格，如课程表、学生成绩表、个人简历表、商品数据表和财务报表等。Word 2010 提供了强大的制表功能，可以方便地制作和修改表格，以达到满意的效果。

1. 创建表格

创建一个什么样的表格，行、列、单元格如何分布，操作者在创建表格之前应该有一个基本的规划。在 Word 2010 中创建表格很简单，在"插入"选项卡，单击"表格"命令，在显示的列表中有"插入表格""绘制表格"和"快速表格"等选项。选择"插入表格"，弹出"插入表格"对话框，输入行数和列数，可以在文档光标所在位置创建满足行列要求的二维表，这些在大家制作"个人简历表"的时候已经体会到了。"快速表格"命令不仅能够建立表格，而且对表格的字符字体、颜色、底纹、边框等进行了预先设置，比如想要制作日历，就可以使用"快速表格"中的"日历"格式。

图 5-40 中"插入表格"对话框的一些选项如下：

（1）选择"固定列宽"并输入数值，则表格的列宽度是按固定值来建立的。

（2）"固定列宽"选择"自动"选项，则表格宽度与正文区域的宽度相同。

（3）选择"根据内容调整表格"选项，则表格的宽度以及表格中各列的宽度是变化的，随输入内容的改变而改变，但表格最大宽度不超过正文的宽度。

2. 编辑表格

对表格的编辑包括两个方面：一是表格的外观形式，比如边框的样式颜色、底纹设置等；二是对表格内部格式的设置，包括表格的行、列、单元格和内部文字等格式的设置，比如合并单元格、拆分单元格、行高、列宽、文字对齐方式等。表格创建完毕后，在表格任意位置单击，此时在 Word 窗口会增加表格工具选项卡"格式"和"布局"。通过"格式"选项卡提供的命令，对表格的外观进行设置，"布局"选项卡用来设置表格的内部格式。也可以右击表格，在快捷菜单中进行各项操作。

在创建表格时，选择"快速表格"命令，可以创建一个预先设置格式的表格。对于已经建立的表格，不论是空表还是已经输入数据的表格，都可以使用表格的快速样式来设置格式。将光标置于表格的单元格中，切换到"表格工具|设计"选项卡，在"表格样式"分组中选择一种样式，即可在文档中预览此样式的排版效果。同时，在"表格样式选项"分组中，设置或撤选相关的复选框，以决定特殊样式应用的区域。

虽然 Word 提供了丰富的表格功能，但其操作步骤并不复杂，如删除一行、拆分单元格、设置表格内文字的对齐方式等，大家通过自己的摸索或简单的练习就能够掌握，本书中不再做全面的介绍。下面仅对几项常用的操作做简要说明。

1）表格中文字的对齐方式

文字在表格中的位置不仅有水平方向的两端对齐、居中和右对齐，还有垂直方向的上、中、下对齐，水平和垂直共有 9 种不同的组合方式，这也就是在"表格工具|布局"选项卡的"文字对齐方式"分组中有 9 个按钮的原因  。

2）改变表格的行高或列宽

将鼠标放置在表格的行线或者列线，当鼠标形状变为双向箭头时，拖动鼠标可以改变行的高度或者列的宽度，也可以在"表格工具|设计"选项卡的"布局"分组中选择"属性"，或者右击表格，然后在快捷菜单中选择"表格属性"，在"表格属性"对话框中设置行高、列宽的具体数值。

3）表格的框线

表格的框线包括四周的上、下、左、右 4 条和内部的行线和列线，表格内部的每一个单元格也都有上、下、左、右 4 条边框线。可以设置每一条框线的有、无和线型。比如，在制作"个人简历表"时，在图 5-45 所示的"边框和底纹"对

边学边做

① 制作三线表。

话框中,首先"自定义"边框,然后选择线型为"双细线",在"预览"栏中只选择了上、下、左、右按钮,而没有选择中间的横线和竖线,这样我们设置了个人简历表的外框线为双细线,而内部单元格为单线。设置表格的框线,也可以使用"表格工具|设计"选项卡的"边框"命令。通过设置不同的框线,可以设计出不同风格的表格。①②

② 制作带有斜线表头的表格。

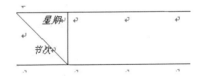

任务 5-6　快速生成学生的成绩单

任务描述

考试结束后,学校都会给放假回家的学生发放成绩单,格式如图 5-46 所示。但是平时的教学管理中,学生的成绩信息均保存在形如图 5-47 所示的 Excel 数据表中。如何利用现有的数据表,快速为每位同学制作成绩单呢?Word 2010 的邮件合并功能可以完成这个任务。Excel 形式的成绩表保存在"素材\第 5 章\任务 5-6"文件夹下。

2012—2013 第一学期成绩单

护理技术专业 李萌萌同学 你好:

现将你的期末考试成绩告知如下:

高数	政治	英语	计算机	体育	总分	平均分	评价
77	85	67	87	71	387	77.4	及格

教务处

2013 年 1 月

图 5-46　"学生成绩单"发放格式

专业	姓名	高数	政治	英语	计算机	体育	总分	平均分	评价
热力工程	李 明	65	90	78	76	89	398	79.6	及格
国际商务	王 涛	64	77	97	88	78	404	80.8	良好
机械自动化	高海波	75	56	83	63	89	366	73.2	及格
园艺	李晓明	96	83	93	90	82	444	88.8	良好
茶学	李 慧	66	87	75	84	67	379	75.8	及格

图 5-47　学生成绩保存格式

任务实现

(1)首先,在 Word 2010 中制作成绩单模板,对于不同的同学来说,其成绩单中的专业名称、姓名、各科成绩是不同的,其具体数据来自 Excel 成绩表。所以在成绩单模板中,这些项目应为空白,成绩单模板如图 5-48 所示。

(2)单击"邮件"→"开始邮件合并"→"信函",此时文档无任何变化。

(3)然后单击"选择收件人"→"使用现有列表",打开"选取数据源"对话框,找到"素材\第 5 章\任务 5-6"文件夹下"成绩表.xlsx",单击"打开"按钮,此时文档仍无变化。

（4）鼠标定位到成绩单模板"专业"前，单击功能区"插入合并域"，弹出图 5-49 所示的"插入合并域"对话框，选择"专业"，然后单击"插入"按钮，关闭对话框，呈现效果为《专业》，千万不要将"《"或"》"符号删除。

2012—2013 第一学期成绩单

专业 同学 你好：

现将你的期末考试成绩告知如下：

高数	政治	英语	计算机	体育	总分	平均分	评价

教务处

2013 年 1 月

图 5-48 学生成绩单模板

（5）重新定位鼠标，仿照同样的步骤，分别进行"姓名""高数""政治""英语""计算机""体育""总分""平均分"和"评价"项目的插入域操作。

（6）数据域插入完成后，单击"预览结果"按钮，我们发现"平均分"一项发生错误，数据显示为"79.599999999999994"，而不是成绩表中的"79.6"。这是因为，在 Excel 成绩表中是通过公式来求得"平均分"的，而不是直接输入的数值，在 Excel 中设置了小数位数保留一位。现在我们需要设置在插入域中小数位数也保留一位。

（7）单击已处于选中状态的"预览结果"，这样就可以结束预览。右击《平均分》，在弹出的菜单中选择"切换域代码"，在显示的"{MERGEFIED 平均分}"的后面输入"\#0.00"，形如"{MERGEFIED 平均分\#0.0}"即可。

（8）再次单击"预览结果"按钮，此时的平均分就变成了"79.6"。

（9）单击"完成并合并"→"编辑单个文档"，弹出图 5-50 所示的"合并到新文档"对话框，选择"合并记录"为"全部"，单击"确定"按钮，生成一个新的文档，内容是每个学生的成绩单，可参考"素材\第 5 章\任务 5-6"文件夹下"学生成绩单（打印版）.docx"。

图 5-49 "插入合并域"对话框

图 5-50 "合并到新文档"对话框

（10）保存文档，然后就可以打印并且发放成绩单了。

知识点：邮件合并、域

1. 邮件合并

上例中我们使用 Word 的邮件合并轻松容易地制作了上百个学生的成绩单，试想如果我们使用普通的编辑方法，一份一份地来制作，那么要制作这么多份成绩单是很麻烦的事情。除了制作成绩单之外，邮件合并还可以批量制作标签、工资条、会议通知、录取通知书等，这类文档有一个共同的特点，那就是除了姓名等少数内容不同外，其他的内容完全相同。

完成邮件合并需要两部分内容：一是主文档，也就是相同部分的内容，比如任务 5-6 中制作的学生成绩单模板；另一部分为数据源，即可变动的内容。因此，在使用邮件合并之前，应根据自己的实际需要，分析出哪些是固定内容，哪些是可变动的内容。固定内容部分，设计好格式后，称为主文档；可变动的部分，存放在另一个 Word 文档或者 Excel 表中，称为数据源。①

> **边学边做**
>
> ① 为全校所有学生发放体检通知，格式如图 5-51 所示，试分析出哪些是可变动的内容，并制作主文档。
>
> **体检通知**
>
> 临床系：
>
> 　请你通知你系 10 级刘飞同学与 10 月 25 日到内科检查身体。
>
> 　　　　　　　　　　　　　　校医院
> 　　　　　　　　　　　　　2012 年 10 月 3 日
>
> 图 5-51 "体检通知"样本
>
> 可变动内容包括：_____

制作好主文档并准备好数据源后，邮件合并通过"邮件"选项卡来完成，包括"开始邮件合并""选择收件人""插入合并域""完成并合并"几个步骤。在上例中已经体验过，操作步骤不再重复介绍。

2. 域

在我们制作任务 5-6 的学生成绩单时，遇到了一个困难，那就是成绩单中的平均分，后面小数位数太多，然后通过修改域代码，写入一串字符后，成功将小数位数限定为 1 位。那么 Word 2010 中的"域""域代码"是什么含义呢？

我们可以把域理解为 Word 文档中由一组特殊代码组成的命令，系统在执行这组命令时，所得到的结果会插入到文档中并显示出来。比如，我们在邮件合并时，"插入合并域"的步骤实际上是插入了一组命令；"完成并合并"的步骤，实际上是 Word 执行这组命令，并且把结果显示在文档中。域代码的格式如"{MERGEFIED 平均分}"，可以看做三部分，"{ }"是域字符，"MERGEFIED"表示域的类型，"平均分"表示域指令。对于域代码，大家可以不用过多地了解，在今后的任务中，如果遇到有关域代码方面的疑问，网上搜索一下即可解决。

Word 2010 中的域共有 9 个大类，编号域、链接和引用域、日期和时间域、索引和目录域、邮件合并域等，文档的页面、页眉页脚、目录都是通过域来实现的。

任务 5-7　给文档"走进哈佛大学"插入横版图片和页眉

任务描述

当文章的长度达到几十页，甚至上百页，尤其是编写书籍时，仅使用滚动条来查看文档内容就显得有些费力。Word 2010 提供了一系列编辑长文档的功能，例如使用"导航窗格"来查看长文档的内容、为长文档制作目录、对长文档分节以便来制作不同的页眉页脚，正确地使用这些功能，组织和维护长文档就会变得得心应手。因内容较多，我们首先用一个内容稍短的文档来体会分节、页码、页眉页脚，然后再以"戚继光传"为例，介绍长文档的目录和样式。

"素材\第 5 章\任务 5-7"文件夹下的文档"走进哈佛大学.docx"，以文字形式介绍了美国哈佛大学的基本情况，图片文件"哈佛校园.JPG"是哈佛校园的风景照。按下面的要求制作文档"走进哈佛大学"，参考效果如图 5-52 所示。

图 5-52　"走进哈佛大学"参考效果

（1）另起一页插入图片，且图片所在页纸张横向显示。
（2）给文档的文字部分添加页码，图片页不添加页码。
（3）给文档添加页眉"哈佛大学"，奇数页页眉靠左，偶数页页眉靠右。

任务实现

（1）将光标定位到文档末尾，单击"页面布局"→"分隔符"，然后选择分节符下的"下一页"命令，此时在文档末尾添加了一个空白页。

（2）单击"插入"→"图片"，然后选择图片文件"哈佛校园"，将图片插入到文档。

（3）在图片上右击，在弹出的菜单中选择"大小和位置"，我们发现此时图片只显示了原始图的55%，将"缩放"栏的"高度"和"宽度"分别设置为100%。

（4）将图片100%显示后，因为图片较大而纸张较小，造成图片显示不全，现在我们将纸张设置为横向显示。单击"页面布局"→"纸张方向"→"横向"，该页呈横向显示，而前面两页仍然为纵向。

（5）单击"插入"→"页码"→"页面底端"→"普通数字1"，文档进入页眉页脚编辑状态，如图5-53所示。

图5-53 "页眉页脚"设置

（6）在窗口菜单栏，出现"页眉和页脚工具|设计"选项卡，单击"位置"分组的"插入对齐方式" ，在弹出的"对齐制表位"对话框中，选中"居中"，然后单击"确定"按钮，使插入的页码显示在页码底端中间。

（7）取消选择"选项"分组的"奇偶页不同"选项 ，然后单击"关闭页眉和页脚"按钮 ，则在文档中插入页码。

（8）仔细观察一下，图片所在横向页是否也有页码呢？双击页码数字，再次进入到页眉页脚编辑状态，然后拖动鼠标选中页码数字，并在其上右击，在弹出的菜单中选择"设置页码格式"，弹出图5-54所示的"页码格式"对话框。

（9）取消选择"续前节"，表示此节与前一节采用不同的页码形式，这样才能实现在文字页中显示页码，而在图片页中不显示页码的效果，单击"确定"按钮。

（10）取消选择功能区"导航"分组的"链接到前一条页眉" ，然后将此页码删掉，单击"关闭页眉和页脚"按钮，这样就能把图片页的页码删掉。

图5-54 "页码格式"对话框

（11）单击"插入"→"页眉"，进入到页眉编辑状态，首先选中"选项"分组的"奇偶页不同"，因为我们要在奇数页和偶数页设置不同的页眉格式。然后写入页眉文字"哈佛大学"，单击"插入对齐方式"选项卡，将其设置为"左对齐"，如图5-55所示。

图5-55 奇数页页眉

（12）移动鼠标到第 2 页"偶数页"编辑处，写入"哈佛大学"并设置为右对齐，如图 5-56 所示。

图 5-56　偶数页页眉

（13）单击"关闭页眉和页脚"按钮，完成设置，即出现了题目所要求的文档效果。

知识点：页眉与页脚、分隔符

1. 页眉和页脚

在任务 5-7 中，我们给文档添加了页眉和页脚，页眉"哈佛大学"显示在页面的顶端，页脚以页码形式显示在页面底部中间。从概念上讲，页眉和页脚是文档内容之外的附加信息，比如文档的注释、页码、单位名称、徽标等。页眉和页脚中不仅可以有文字，还可以是图片或者自动图文集、日期、时间等。

页眉和页脚的内容不是随文档输入的，而是有其自身的编辑状态，比如任务 5-7 中，单击"插入"→"页眉"→选择一种页眉类型，进入到页眉和页脚编辑状态，此时正文呈暗显状态；单击"关闭页眉和页脚"按钮后，又回到正常的编辑状态。双击文档首页的页眉或页脚区，可以再次进入页眉和页脚编辑状态。

在"页眉和页脚"编辑状态，文档菜单栏中显示"页眉和页脚工具|设计"选项卡，如图 5-57 所示，操作者使用这些命令对页眉和页脚进行编辑。通过勾选"奇偶页不同"和"首页不同"选项，可以为文档设置奇偶页不同的页眉页脚或者首页不同的页眉页脚。

图 5-57　功能区"页眉和页脚"按钮

图 5-58　分隔符列表

不需要对每一页的页眉和页脚都进行设置，对某一个奇数页或偶数页设置了页眉和页脚后，则文档中所有的奇数页或偶数页都将发生同样的变化。

2. 分隔符

分隔符是 Word 2010 用来划分文档的一种工具。文档中的回车符就是分隔符的一种，称为换行符，实现了段落与段落的划分。单击"页面布局"→"分隔符"，弹出如图 5-58 所示的下拉列表，在此我们可以看出，Word 2010 中的分隔符主要有分页符、分栏符和分节符。默认状态下，分隔符是隐藏的。单击"开始"选项卡，单击段落分组右上角的"显示/隐藏编辑标记"按钮，可以显示所有的分隔符。

1）分栏符

我们在任务 5-4 设计"临床药学"专业宣传册时，曾使用分栏命令，将文字划分为两栏。单击"页面布局"→"分栏",选定栏数,即可将文档分为几栏,分栏后,只有当前面一栏排满后,文字才能进入到下一栏。此时插入分栏符,可以使分栏符后面的文字从下一栏开始。

2)分页符

当文档满一页时,Word 会自动换到下一页,并在文档中插入一个自动分页符。除了自动分页,单击"插入"→"分页",或者单击"分隔符"中的"分页符",在插入点的位置开始新的一页,这种方法是人工分页,也就是在文档中插入一个人工分页符。需要说明的是,有些初学者会在文档中输入多个回车符,以达到重新开始一页的目的,如图 5-59 所示。这种做法不可取,使用回车符虽然从形式上实现了分页,但是为文档后续的处理带来隐患。图 5-59 中,用于实现分页的 4 个回车符,其实质是表示"上一页的结束点"与"下一页开始点"之间有 4 行的距离,如果在"上一页结束点"后又增加了两行文字的话,那么有两个回车符自动移到了下一页,破坏了分页的效果。①②

边学边做

① 以"素材\第 5 章\任务 5-7\回车分页练习文档.docx"为例,进行如下操作并记录。

在文档上一页结束点后,增加两行文字,可以随意输入也可以复制文档中的文字,观察下一页文字的变化,能否正常分页?
_____

删除文档上一页中 6 行文字,观察下一页文字的变化,能否正常分页?
_____

② 将文档中的 4 个回车符删掉,然后用"插入"→"分页"的方法进行分页,再次进行上述两种操作,观察分页效果。
_____

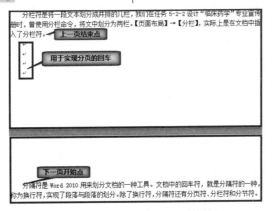

图 5-59 用回车符实现分页的效果

3)分节符

在页未满的情况下,使用"分页"命令可以重新开始一个新页,但是新页与前面的页具有相同的页面布局效果,比如纸张方向、边距、页码格式等,不能实现新页是横向纸张、前面的页是纵向纸张的效果。在文档"走进哈佛大学.docx"中,同时存在横向纸张和纵向纸张,这是通过分节实现的。

在 Word 文档中,节是独立的编辑单位,每一节都可以设置成不同的格式。插入分节符可以将文档划分成多个节,然后根据需要设置每节的格式,以实现丰富的排版效果。

在图 5-58 的分隔符列表中,我们发现有 4 种不同的分节符。分别有什么含义呢?

"下一页":在插入此分节符的地方,Word 2010 会强制分页,新的节从下一页开始。如果要在分节后使用不同的页面设置,则应使用这种分节符。对文档"走进哈佛大学.docx"排版时使用的就是这种类型。

"连续":插入一个分节符,新节从同一页开始。在我们设计"临床药学"专业宣传册时,将正文的文字划分为两栏显示,而标题和后面的艺术字并没有分栏,在完成此任务时,曾指导大家右击状态栏,然后在状态栏中显示有关节的信息,我们发现,此时的文档被分为三节,标题区域为第 1 节,正文文字为第 2 节,后面的艺术字是第 3 节。我们并没有使用分节命令,文档怎么自动分节了呢?这是因为我们在进行分栏时,选中的仅仅是正文的文字,而不包括标题文字,这样在同一个页面中,就有分栏和不分栏两种版式,而同一个文档中的不同页面版式,只能通过分节来实现,所以系统在分栏的同时进行了分节,这些节在同一个页面中,这样的节属于连续的类型。

"奇数页或偶数页":插入一个分节符,新节从下一个奇数页或偶数页开始。

想要删除分节符,需首先单击段落分组的"显示/隐藏编辑标记"按钮,待分节符显示后,将光标定位到该标记前面按"Del"键。①②

边学边做

① 回想一下,如何在状态栏中显示节的信息?

② 找到制作完毕的"临床药学"专业介绍宣传册文档和"走进哈佛大学"文档,分别显示这两个文档中的编辑标记,观察两种分节符有什么不同。

任务 5-8　给文档"戚继光传"插入目录和页码

任务描述

"素材\第 5 章\任务 5-8"文件夹下,有文档"戚继光传.docx",该文档记录了我国民族英雄戚继光的一生。文档比较长,有 50 多页,请按下面的要求对文档进行排版。排版效果参考图 5-60。

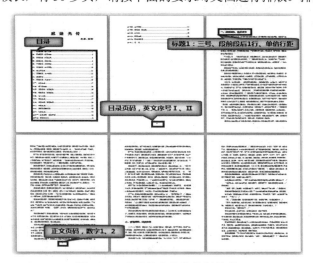

图 5-60　"戚继光传"排版效果

(1)快速定位到文中"十四、精练新兵,铁军诞生"处。
(2)给文档添加目录。
(3)给文档添加页码,目录页的页码格式为"Ⅰ、Ⅱ",正文页的页码格式为"1、2、3"。

任务实现

(1)打开文档,我们发现文档很长,有51页,如果用滚动鼠标的方法查找"十四、精炼新兵,铁军诞生",会很费时,对于这类的长文档,应使用导航窗格。单击"视图"选项卡,勾选"导航窗格"  。

(2)此时导航窗格并没有显示任何文字,这是因为导航窗格只显示格式为标题的文字,所以我们首先需要将"戚继光传.docx"中的每个章节设置为标题。选中文档中"一、英雄诞生,教子有方",然后单击"开始"选项卡,在"样式"分组中单击"标题1"命令图标,这时我们会发现导航窗格已经显示设置为"标题1"的文字了。

(3)"标题1"样式具体是什么样的设置呢?单击"样式"分组右下角的"对话框启动器",弹出样式列表,鼠标移动到"标题1"处,此时显示"标题1"的默认格式,如图5-61所示,默认的"标题1"样式字体为二号加粗、行间距2.41倍,段前段后分别为17磅和16.5磅。

(4)因为采用了默认的格式,"一、英雄诞生,教子有方"设置为"标题1"后,文字较大且段前段后的空白也较多,与文档中正文的文字不太协调,可对默认的格式进行修改。单击图5-61中"标题1"后面的箭头形状,然后选择"修改",弹出"修改样式"对话框,如图5-62所示。

图5-61 "标题1"默认格式　　　　　图5-62 "修改样式"对话框

(5)按照图5-62的标注,将"标题1"样式修改为:小三加粗,段落1.3倍行距,段前段后各1行,单击"确定"按钮后关闭"样式"窗口。

(6)使用格式刷,将文档中的"二、京城袭职,父亲去世""三、青年将领,崭露头角"直到"二十八、后记",分别设置为"标题1"。

（7）此时导航窗格中显示了全部标题文字，在导航窗格单击任一标题，光标将定位到文档中相应的文字处，如图5-63所示。

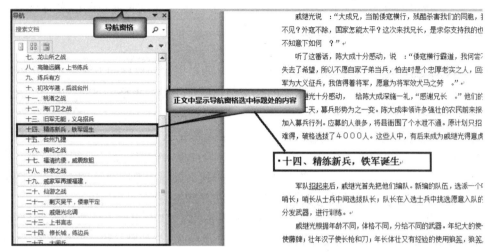

图5-63　导航窗格的使用效果

（8）章节文字设置为标题后，生成目录是一件很容易的事情。光标定位到第一页"作者：石刚"后，先输入一个回车，以便在下一行插入目录。单击"引用"选项卡，然后单击最左侧的"目录"→"自动目录1"，即可在光标所在处插入全文目录。

（9）右击目录，在弹出的菜单中选择"段落"，设置目录中每行文字的行距为1.5倍，单击"确定"按钮后，目录此时占两页，目录中的文字也显得宽松有致。

（10）将目录与正文文字间插入分页，使正文从下一页开始。

（11）在上面的两个操作步骤中，我们调整了目录中文字的间距，使目录由原来的占用一页变成了占用两页，并且将目录与文字进行分页显示，这两处改变发生在目录生成后，现在需要对目录进行更新。单击目录，单击目录左上角的"更新目录"命令，弹出"更新目录"对话框，选中"只更新页码"，然后单击"确定"按钮。

（12）仔细观察更新后的目录，页码是从"3"开始的，如图5-64所示。因为目录和正文在同一个文档中，其页码是连续的，要想使正文从"1"开始，并且使目录自身也有形如"Ⅰ、Ⅱ"的页码，需要进行分节。光标定位在目录结尾处，单击"页面布局"→"分隔符"→"分节下一页"，将文档分为两节。

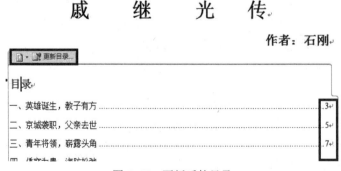

图5-64　更新后的目录

（13）分节后，设置目录页和正文页采用不同格式的页码，参照任务 5-7 中的操作步骤，此处不再重复。

知识点：样式与目录

1. 样式

Word 具有文档格式化功能，可以对文档中的文字进行字体设置、对段落进行段落格式设置。那么有没有一种简单的做法，能够同时对字体和段落设置格式呢？这就是样式。样式是由多个排版命令组合而成的集合，是一系列排版格式的综合，包括字体、段落、大纲级别等。比如在任务 5-8 中，我们发现默认的"标题1"样式，字体为二号加粗、行间距 2.41 倍、段前段后为 17 磅和 16.5 磅。通过样式设置，可以组织文档的大纲、提取文档的目录等。比如在长文档中，将各级标题设置为样式后，就可以在导航窗格中快速浏览。

Word 2010 提供了 100 多种内置样式，如标题样式、正文样式等。选中文字后，设置样式的操作是在"开始"选项卡的"样式"分组中，还可以对内置的样式进行修改，这些我们在完成任务 5-8 的过程中已经体会过。

2. 目录

对于长文档来说，目录是必不可少的。对文档中的各级标题设置了样式后，"引用"选项卡的"目录"命令就可以自动生成文档的目录。创建目录以后，如果再次对源文档进行编辑，那么目录中标题和页码都有可能发生变化，因此必须更新目录。

总结与复习

本章小结

本章我们通过完成 8 个具体、常见的实际任务，感受了 Word 2010 的全新界面，向大家介绍了使用 Word 2010 进行文档快速编辑、格式化、图文混合排版，在文档中使用表格、制作带有目录、页眉页脚的长文档以及邮件合并等内容。在学习具体操作步骤的同时，我们也要学会用 Word 来解决我们工作、生活中遇到的具体问题。学习结束后，请大家参照本章开始的能力目标，对你的学习效果做出自我评价。然后，完成后面的习题进行检验。

Word 2010 功能众多，我们只是学习了其中常用的一些功能，在实际的应用中，如果遇到未学习过的新功能或者其他疑难，可以通过百度搜索来解决问题。Word 的应用非常普及，网络上相关资源非常多，相信你一定能找到需要的答案。

关键术语

查找与替换、拼写检查、撤消与恢复、字体格式、段落格式、边框和底纹、项目符号和编号、分栏、背景、艺术字、页眉、页脚、图片、表格、目录、样式、功能区、斜线表头、分节、分页。

动手项目

（1）打开"素材\第 5 章\总结与复习\网络技术的前景.docx"，进行如下操作：

① 查找文档中的“中国”，将其替换成“CHINA”；

② 查找第二段中的“网络”，将其替换成“计算机网络”；

③ 把第二段的最后一句话移动到全文的最后，且独立成段；

④ 使用“拼写和语法检查”功能检查文档中的两处语法错误提示（“世纪末”和“独占鳌头”），并且确定是否更正。

（2）打开“素材\第 5 章\总结与复习\养花.docx”，进行如下操作：

① 将正文第一段设置首字下沉效果，下沉行数设置为 2；

② 将全部文字方向设为竖排，看下效果；

③ 将题目设置为小初、黑体，并设为“双行合一”的中文版式。

（3）打开“素材\第 5 章\总结与复习\背影.docx”，请进行如下操作：

① 设置页面，将纸张大小设置为 A4，上、下、左、右边距分别为 2 厘米、1.5 厘米、2 厘米、1.7 厘米，左装订线为 1 厘米；

② 插入艺术字标题“背影”并居中；

③ 把艺术字标题设置成“纯文本”“嵌入型”“居中”和“阴影样式 2”；

④ 把全文分成两栏；

⑤ 给文档添加页眉内容为“经典散文”。

（4）打开“素材\第 5 章\总结与复习\春.docx”，进行如下操作：

① 在文档第一段之后插入素材中的图片“春.jpg”；

② 给文中最后三段加上项目符号“◆”；

③ 将图片高度设为 6 厘米，并锁定纵横比；

④ 给图片设置线条，使用黄色、1.5 磅的实线；

⑤ 将图片的环绕方式设置为“四周型”；

⑥ 在页面底端为作者添加脚注，内容是“朱自清：（1898.11.22—1948.08.12）现代著名散文家、诗人、学者、民主战士”。

（5）制作批量客户回访函。信函内容如图 5-65 所示，使用“素材\第 5 章\总结与复习\销售表.docx”中的数据。

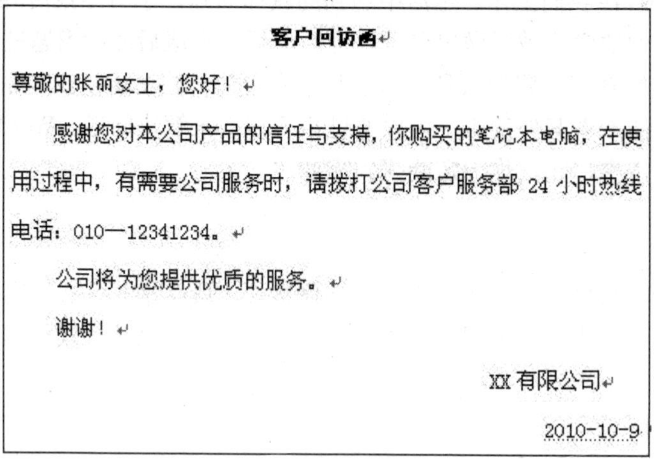
客户回访函

尊敬的张丽女士，您好！

感谢您对本公司产品的信任与支持，你购买的笔记本电脑，在使用过程中，有需要公司服务时，请拨打公司客户服务部 24 小时热线电话：010—12341234。

公司将为您提供优质的服务。

谢谢！

XX 有限公司

2010-10-9

图 5-65　客户回访函样本

学以致用

（1）文档"素材\第 5 章\总结与复习\文档排版格式要求.docx"中总结了常见的公文文档排版要求，共有 9 项。请以批注的形式，对每一项要求，描述其主要操作步骤。比如，第 1 项是设置页边距，那么在其批注中写入"页面布局→边距"，表示单击"页面布局"→"边距"，可以完成页边距的设置，如图 5-66 所示。添加批注时，首先选中要添加批注的文字，然后单击"审阅"→"新建批注"即可。

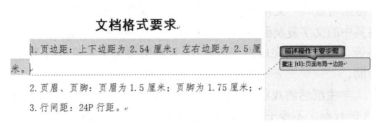

图 5-66　题目 1 完成效果展示

（2）制作课程表如图 5-67 所示。要求：表格边框线为 1.5 磅粗实线，颜色为蓝色，表内线为 0.75 磅粗细实线，颜色为蓝色；第一行、第五行下框线为 1.5 磅双实线，表格左上角的斜线为 1.5 磅的粗实线，颜色为黑色。保存为"课程表.docx"。

课　程　表

时间\星期		星期一	星期二	星期三	星期四	星期五
上午	第一节					
	第二节					
	第三节					
	第四节					
下午	第五节					
	第六节					

图 5-67　课程表

（3）参照"素材\第 5 章\总结与复习\文档排版格式要求.docx"文档中所列各项，对"饮食与健康.docx"进行排版，并生成如下所示的目录。

```
            目录（黑体  三号  段后 1 行）
一、×××（黑体  三号）..................................................1
 （一）×××（黑体  四号）..............................................1
  1.×××（黑体  四号）..................................................1
  2.×××（黑体  四号）..................................................2
      ……
 （二）×××（黑体  四号）..............................................5
  1.×××（黑体  四号）..................................................5
  2.×××（黑体  四号）..................................................6
```

```
        ……
        ……
二、×××（黑体 三号）…………………………………………………………10
    （一）×××（黑体 四号）………………………………………………10
        ……
        ……
    ……
```

（4）本章"总结与复习"文件夹下，有一个档案文件"移动互联网商业模式.mht"，双击打开该网页，将其中的文字复制到 Word 文档中，并妥善删除复制文字后的软回车↵、多余的空行或者空格等。不能独自完成本任务时，"复制网页文字常见故障及解决方法.docx"文档会给你提供帮助。

（5）撰写"大学生沉迷游戏状况"调查报告，可从网上搜集可用的资料。要求：正文使用 5 号宋体、1.3 倍行距，不少于 10 页，带有封面、目录、页码、页眉。并回答以下问题：

① 主要参考资料，包括参考的文章名、文章来源（百度文库或者中国知网等）。如果是直接复制网页上的文字，记录该网页的地址；

② 调查报告有多少页？共多少字数？

③ 调查报告从哪几个方面来阐述主题？

第 6 章 电子表格处理

情境引入

张敏是一位勤奋向上的同学,她参加了学校举办的大学生科技文化节志愿者服务活动,负责全校计算机技能比赛的信息处理工作,如统计报名信息、比赛成绩等。但是她仅学过使用 Word 文字处理软件,会制作简单的表格,能完成基础的排版工作,如写个申请书、做个说明书等。组委会的工作人员要求她使用 Excel 来完成所有比赛相关信息的统计工作,对信息处理中的录入技巧、计算、排序、分类汇总完全没有概念,这对她来说又是一个不小的挑战。

本章将面向有微软 Word 文字处理软件使用经验的 Excel 初学者,带领大家认识电子表格 Excel 系统的组成元素,使大家能够用术语来表达相关操作,熟悉数据统计、处理工作的流程,包括数据快速录入、常见的数据处理和分析、图表制作等。

本章学习目标

能力目标:
- ✓ 能够在 Excel 里正确录入、快速填充数据
- ✓ 能够对工作表的文本、数值、时间日期等不同数据类型进行格式设置
- ✓ 能够设置工作表的自动套用格式
- ✓ 能够编辑工作表,完成工作表的插入、删除、复制等
- ✓ 能够在工作表中编辑公式,完成对数据的常见计算任务
- ✓ 能够进行数据的排序、筛选、分类汇总
- ✓ 能制作图表,如饼图、三维柱状图等
- ✓ 能够设置打印格式、页眉页脚并分页打印

知识目标:
- ✓ 掌握 Excel 的基本组成和工作流程
- ✓ 掌握工作表数据录入、编辑的方法
- ✓ 掌握工作表格式设置的常见方法
- ✓ 掌握公式的使用方法
- ✓ 掌握排序的用途和流程
- ✓ 掌握分类汇总的用途和流程
- ✓ 理解图表制作的相关概念

素质目标:
- ✓ 用 Excel 软件界面元素的专业表达方式来描述各功能的运用
- ✓ 合理运用电子表格来解决工作和生活中的统计、数据计算、图表等实际问题

第6章 电子表格处理

实验环境需求

硬件要求：
多媒体计算机

软件要求：
Windows 7 操作系统、中/英文输入法、Excel 2010

任务 6-1　录入报名数据

任务描述

计算机技能比赛的报名接近尾声，参加比赛的同学有 80 多人，各院系的情况不同，图 6-1 是其中部分参赛同学的名单，共 21 人，请将报名信息录入到 Excel 2010 中，保存为文件"报名数据.xlsx"。

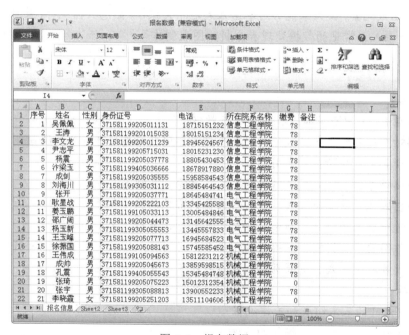

图 6-1　报名数据

任务实现

（1）仿照第 5 章中打开 Word 的方法，打开电子表格 Excel 2010。Excel 系统启动后，主界面如图 6-2 所示，一张空白表格出现在桌面上。

（2）单击第 1 行第 1 列的单元格 A1（第 A 列第 1 行），输入"序号"。

（3）单击第二个单元格 B1（第 B 列第 1 行），输入"姓名"。

（4）用同样方法，完成第一行剩余数据的录入。

（5）用同样方法，完成第二行数据的录入，在录入身份证号和电话号码时，首先键入英文状态下的单撇号"'",然后再输入数字。

(6)找到键盘上标有的"Tab"或者"制表"的按键,按此键三次,注意观察活动单元格(单击后选中的单元格)的变化。键入回车键三次,注意观察活动单元格的变化。使用制表键和回车键配合控制活动单元格,完成其他数据的录入。

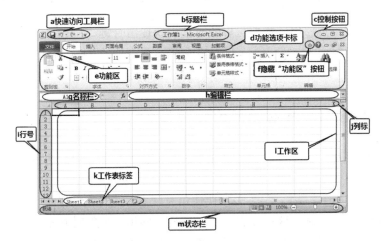

图6-2　Excel工作界面

(7)将录入数据完毕的工作表重命名为"报名表"。右击工作表标签"Sheet1",在弹出的快捷菜单中单击"重命名"命令,如图6-3所示。此时该工作表标签进入可编辑状态,如图6-4所示,输入新工作表名称"报名表",然后按回车键,完成重命名。

图6-3　重命名工作表

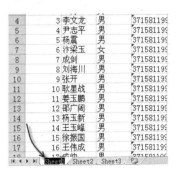
图6-4　输入新工作表名称

(8)在"文件"菜单中,单击"保存"命令,在弹出的"另存为"对话框中,将文件保存为"报名数据.xlsx"。

知识点:电子表格基本知识

1. 电子表格中的专用术语

1)单元格

用于输入数据的每个格子,是表中行和列交叉部分,数据的输入和修改都是在单元格中进行的。单元格按所在的行列位置来命名,例如名称为"B5"的单元格是指第"B"列与第5行交叉位置上的单元格。单元格可以使用名字来"引用",如上面刚刚提到的"B5",它可以确定唯一的一个单元格。

2）工作表

工作表是由单元格组成的一张完整表格。在 Excel 2010 中，一个工作表最大有 1 048 576 行，最多有 16 384 列。在图 6-2 中，"Sheet1""Sheet2"就是工作表。

3）工作簿

在电子表格文件存盘时产生的一个文件，它由多张工作表组成，默认情况下包含 3 张工作表。若是工作表数量不够用，我们可以随时使用快捷组合键"Shift+F11"插入工作表，或单击工作表名称栏 报名信息 / Sheet2 / Sheet3 / 最右边的"插入新工作表"选项卡 来添加空白工作表。

2. 控制光标的状态

Excel 中的控制光标与 Word 有所不同。常见的有：空心十字光标、实心十字光标、文本刷。

（1）空心十字光标 ✪ ："✪"表示单元格间定位状态，可以方便地通过光标键遍历工作表的每个单元格。

（2）实心十字光标 ┼ ："+"表示快速填充状态，此时拖动鼠标可以完成单元格按某个规律的快速填写，如复制、序列填充。它在鼠标指向填充柄的时候出现。

（3）文本刷光标 abc I ："I"表示单元格进入文字编辑状态，此时可以方便地在单元格中进行文字的编辑，与 Word 的文字编辑相同，可以选择单元格内的部分文字。

认识了这些光标后，我们就可以及时了解到自己所处的状态，避免某些错误和失误。

3. 输入位置的移动

输入位置，即当前单元格，又叫活动单元格，也就是输入光标的所在位置，其移动时，常用的方法有 3 种：鼠标单击，单击哪个单元格就选定哪个单元格；键盘方向键，四个方向随意走，一次一个单元格；还有最佳组合"Tab"键负责水平方向，"Enter"键负责换行（垂直）。

4. 数据的类型与录入

在数据处理过程中，会遇到不同类型的数据，归纳如下所述。

1）数值

根据含义不同，数值又可以分为以下几类。

- 时间，如 2：30 PM，即下午 2 点 30 分。时间可以分两种方式录入：一种是 12 小时制，如前例输入的"2：30 PM"；另一种是 24 小时制，如"14：30"。
- 日期，如 2009 年 1 月 2 日，输入时，依次输入"2009-1-2"或者"2009/1/2"。
- 货币，如￥1 000.00，即人民币 1 000 元。
- 分数，如 $\frac{1}{3}$ 和 $5\frac{4}{7}$，录入时请输入"0_1/3"、"5_4/7"。

需要特别注意，部分类数值的文本，如身份证号、电话号码等，需要首先键入英文状态下的单撇号"'"，然后再输入数字文本。

2）文本

数字文本，特别注意防止被系统误认为是数值，需要在输入内容前加单撇号"'"；其他文本，正常录入即可。

3）自动填充

在录入数据时，内容相同的单元格可以使用复制的方法快速录入。移动鼠标到需要复制的单元格右下角，出现黑色"+"时，按住鼠标左键拖动经过内容相同的目标单元格即可，复制完毕松开鼠标左键。

一些有规律的数据，如等差数列、等比数列、日期时间、星期序列等，可以使用自动填充功能快速录入。在选定的单元格右下角，会看到黑色方形点，当鼠标指针移动到上面时，会变成细黑十字形，这个右下角着重突出的方形点，叫做填充柄。有规律数据的快速录入就是通过填充柄来实现的。将鼠标光标放在初值所在的单元格填充柄上，当鼠标光标变成黑色"+"时，按住鼠标左键拖动到所需的位置上，松开鼠标即可。

根据序列初值不同，常见情况有：

（1）序列初值为纯数字型时，按住"Ctrl"键拖动填充柄，可使数据自动增加1。

（2）序列初值为文字与数字的混合体，如"A1"，直接拖动时文字不变，数字自增1，形成A1、A2、A3等的序列。

（3）初值为Excel预设序列的，则按预设序列填充，如一月、星期一、日、Sunday等等。

（4）初值为日期时间型数据及具有增减可能的文字型数据，则自动增1。此时若要复制数据，请按下"Ctrl"键。

5. 三种视图

在Excel 2010版本中，将工作状态分为3种视图"普通"、"页面布局"、"分页预览"。普通视图能够完成Excel绝大部分工作，是我们最常用的视图。页面布局视图用于进行打印前设置页眉、页脚等信息。分页预览视图主要用于调整数据的分页打印范围。

任务6-2　美化工作表

任务描述

数据录入完毕，接着要完成版面美化工作，版面美化基本技巧是"先全局后局部"。首先选择全部数据添加表格边框，然后对第一行添加底纹效果，最后设置对齐效果。参照图6-5的效果完成版面的美化，具体要求：

（1）设定工作表数据为10号宋体字，设定"缴费"列数值为"会计专用"。

（2）调整各列数据宽度以完全显示数据。

（3）为单元格区域A1：I22添加边框线。

（4）设定单元格区域A2：E22中的各个单元格水平居中。

（5）设定单元格区域A1：I1背景色。

任务实现

（1）打开"素材\第6章\任务6-2\美化工作表.xlsx"，设置"报名信息"工作表表格内容的字体为宋体10号。首先单击"全选"按钮，选择"报名信息"工作表的全部数据，然后在选项卡"开始"→"字体"组，修改字体为"宋体"，修改字号为"10"，最后单击A1单元格"序号"以取消全选。设定"缴费"列数值为"会计专用"。选择单元格区域G2：G22，执行选项卡"开始"→"数字"组的工具，设定数值为"会计专用"格式。

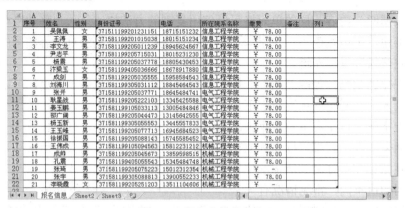

图 6-5 报名表格式美化

（2）调整各列数据宽度以完全显示数据。指向"列标"间的分隔线，鼠标光标变为"✥"时，拖动列宽到合适宽度。以"身份证"列为例，首先指向该列右侧分隔线如图 6-6 所示，然后拖动如图 6-7 所示，最后释放左键。

图 6-6 指向列间分隔线　　　　　图 6-7 拖动调整列宽

（3）选定所有已经录入数据的单元格(A1:I22)。可以用鼠标拖动空心十字光标完成选择，也可以使用其他方法。

（4）单击"开始"选项卡，指向"字体"组右侧的对话框启动器 ，单击出现"设置单元格格式"对话框，选择"边框"选项卡，如图 6-8 所示。使用默认的表格线样式、默认的颜色，单击预置选项的"外边框"和"内部"，即可完成网格边框。

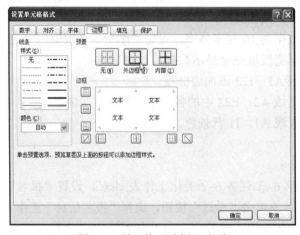

图 6-8 单元格"边框"选项

（5）单击常用工具栏中的保存按钮 ![img], 完成工作成果的快速保存。①

（6）选择单元格区域 A2：I22，执行选项卡"开始"→"对齐方式"组中的"居中" ![img]，实现数据居中显示。

（7）选择表头相关的单元格区域。单击 A1 单元格，按住"Shift"键不动，单击 I1 单元格，选中的区域被突出显示。②

边做边想

① 单击 ![img] 工具按钮时，提示保存了吗？为什么？

_____

② A1 单元格是哪个单元格呢？I1 单元格是什么单元格呢？注意每一行的行号和每一列的列标，想想我们熟悉的二维坐标系。

_____

（8）单击"字体"组中 ![img] 填充工具按钮，在弹出的颜色板上，选择"灰度-15%"填充选定的单元格区域。图 6-9 为可套用表格格式。

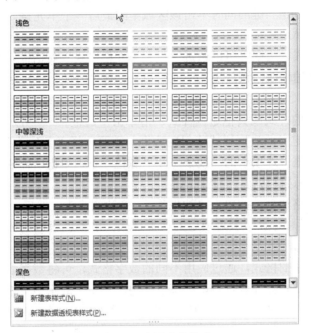

图 6-9　套用表格格式

知识点：单元格格式设定

1. 单元格区域选择

单元格区域可小可大，小到一个单元格，大到一列、一行、一张工作表，下面就是它们的选择方法。

单个单元格：单击相应的单元格或将光标移动到指定的单元格。

单元格区域：对于矩形区域，可以拖动鼠标直接选择，或者单击区域的左上角第一个单元格，然后按住"Shift"键不松开单击区域的右下角单元格。

工作表的所有单元格：单击全选按钮或者使用快捷组合键"Ctrl+A"。全选按钮即行号所在列和列标所在行相交处的空白部分 ![img]。如果工作表包含数据，按"Ctrl+A"可选择当前区域。按住"Ctrl+A"一秒钟可选择整个工作表。

整行：单击行标题，如 。若行包含数据，按"Ctrl+Shift+→"快捷组合键可选择到行中最后一个已使用单元格之前的部分。按"Ctrl+Shift+→"快捷组合键一秒钟可选择整行。

整列：单击列标题，如 。如果列包含数据，那么按"Ctrl+Shift+↓"快捷组合键可选择到列中最后一个已使用单元格之前的部分。按"Ctrl+Shift+↓"快捷组合键一秒钟可选择整列。

不相邻的项目（行、列、单元格）：按住"Ctrl"键不松开，然后可以多次单击或者拖动选择指定的项目，在选择完毕后松开"Ctrl"键。这种选择方式可以形成非矩形的选择区域。也可以选择第一个单元格或单元格区域，然后按"Shift+F8"快捷组合键将另一个不相邻的单元格或区域添加到选定区域中。要停止向选定区域中添加单元格或区域，请再次按"Shift+F8"快捷组合键。

较大的单元格区域：单击该区域中的第一个单元格，然后使用滚动功能显示最后一个单元格，最后在按住"Shift"键的同时单击该区域中的最后一个单元格。

2. 设置单元格格式

单元格中文字格式、边框等可以通过"设置单元格格式"对话框修改，如图 6-8 所示，也可以使用功能组快速修改，例如更改单元格边框，在"开始"选项卡上的"字体"组中，执行下列操作之一。

（1）若要应用新的样式或其他边框样式，请单击"边框" 旁边的箭头，然后单击边框样式。若要使用自定义的边框样式或斜向边框，需要选择"其他边框"。在"设置单元格格式"对话框的"边框"选项卡的"线条"和"颜色"下，单击所需的线条样式和颜色。在"边框"下有两个斜向边框按钮： 和 。

（2）要删除单元格边框，请单击"边框" 旁边的箭头，然后选择"无边框" 。

（3）"边框"按钮总是显示最近使用的边框样式，单击"边框"按钮（不是箭头）直接使用该样式。

更改工作表中数字的格式，通过应用不同的数字格式，可将数字显示为百分比、日期、货币等。例如，如果是预算或者收费，则可以使用"货币"数字格式来显示货币值。在选项卡"开始"→"数字"组中，单击"数字"旁边的对话框启动器（或直接按"Ctrl+1"），出现"单元格格式设置"对话框，如图 6-10 所示。在"分类"列表中，单击要使用的格式，在必要时调整设置。例如，使用的是"货币"格式时，可以选择合适的货币符号，调整小数位的位数，或者更改负数的显示方式。

图 6-10 设置单元格格式——数字格式

任务 6–3 打印工作表

任务描述

在我们逐步进入数字时代的过程中，"黑纸白字"依然是我们认可的铁律，各种跨部门或者跨公司的文件基本上都要盖章或者签名。本次计算机技能比赛的报名数据也需要打印成纸质的文档交给老师审核盖章备案，方便保存与核对。

具体要求：

（1）在"报名信息"表头前插入一个空行，输入表格标题"计算机技能比赛报名表"，并将它"跨列居中"。

（2）设定文档打印纸张是 A4，"横向"打印，页边距上下各为 2 cm，页眉 1.2 cm。

（3）设置需打印的工作表数据在打印纸上水平居中，并将页面缩放至 130%。

（4）完成数据表的打印。

任务实现

（1）打开"素材\第 6 章\任务 6–3\打印工作表.xlsx"，打印预览工作表"报名信息"。单击选项卡"文件"→"打印"或者"自定义快速访问工具"的"打印预览"按钮，出现如图 6-11 所示的打印预览窗口，若对显示的效果满意，即可单击"打印"按钮直接打印。

图 6-11 打印预览

边做边想

你认为这个预览图美观吗？有什么问题？

_____

_____

（2）但是，当前效果显然不令人满意。问题有二：一是表格没有水平居中显示，二是表格没有标题。这时候，我们单击"开始"选项卡回到"普通"视图，继续编辑。

（3）设定纸张大小、页边距等，并使表格居中。单击选项卡"页面布局"→"页面设置"右侧的对话框启动器，打开"页面设置"对话框，如图 6-12 所示。在对话框中的具体操作如下：

在"页面"→"方向"，单击选择纸张为"横向"。

在"页面"→"缩放比例"，增加比例为 130%"正常尺寸"。

在"页面"→"纸张大小"，下拉菜单并选择"A4"。

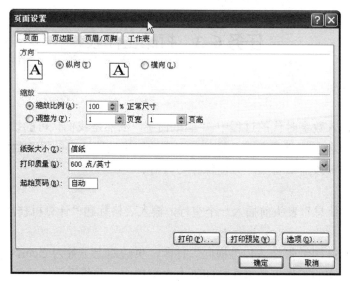

图 6–12　页面设置对话框

在"页边距"选项卡中的下方有"居中方式"的选择,选中"水平"选项,如图 6–13 所示,然后单击"确定"按钮。可以再次用打印预览查看效果,然后关闭预览。

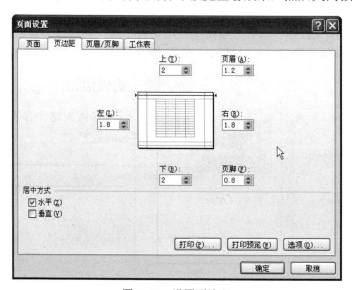

图 6–13　设置页边距

(4) 添加表格标题空行,并调整行高为 30。为电子表格添加表格标题的常用方式与在 Word 中为表格添加标题类似,需要插入空行。右击行号"1"显示快捷菜单,单击"插入"菜单项插入一个空行到工作表中。指向行号"1"和"2"之间的水平分隔线,向下拖动至行高为"高度:30.00"。

(5) 输入标题并居中。在 A1 单元格中输入"计算机技能比赛报名表",拖动选择 A1:H1 区域,右击选区出现快捷菜单,选择"设置单元格格式…",出现"设置单元格格式"对话框,如图 6–14 所示,在"对齐"选项卡的"水平对齐"选项中选择"跨列居中"项,实现标题居中。

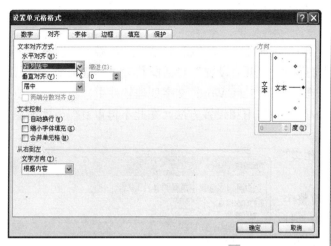

图 6-14 "跨列居中"选项①

边做边想

① 假设表格一共有 20 页，需要按院系分发给有关单位，这样每一页都需要一个表格标题。你怎么处理呢？

_____

_____

② 列宽该如何调整呢？

_____

_____

（6）最后修改字体字号，调整行高，完成标题修饰。字体不变，字号设置为 12 号；移动鼠标光标到行号 1 和 2 交界处，当鼠标变为 ✢ 时，按下鼠标左键向下拖动，调整行高到合适高度，然后释放鼠标。再次打印预览，满意即可打印，如图 6-15 所示。打印的其他步骤与 Word 相同。没有打印机时，请利用虚拟打印机，输出为图片验看。②

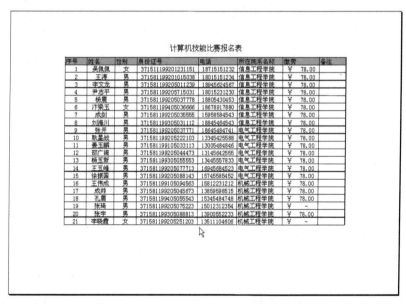

图 6-15 最后的打印预览效果

知识点：页面设置

任务 6-3 中，我们模拟了工作表的打印过程。通常，工作表打印前，应使用"打印预览"

命令查看打印效果，如果不满意，通过"页面布局"选项卡进行适当设置，直到获得满意的效果，然后再打印。

单击"页面布局"选项卡，然后单击"页面设置"分组的对话框启动器，可以打开"页面设置"对话框，如图6-12所示。我们发现，"页面设置"对话框共有4个选项卡，"页面""页边距""页眉/页脚"和"工作表"。在前面第5章Word文字处理软件中，我们已经讲解过纸张大小、纸张方向、页边距和页眉/页脚的作用和设置方法，在此不再重复。下面着重讲一下"工作表"选项卡。

单击"页面设置"对话框中的"工作表"选项卡，出现图6-16所示的对话框。

（1）打印区域：若不设置，则当前整个工作表为打印区域；若需设置，则单击"打印区域"右侧的折叠按钮，在工作表中拖动选定打印区域后，再单击"打印区域"右侧的折叠按钮，返回对话框，单击"确定"按钮。

（2）打印标题：如果需要每一页上都重复打印列标志，则单击图6-16中的"顶端标题行"编辑框，然后输入列标志所在行的行号；如果需要为每一页都重复打印行标志，则单击"左端标题列"编辑框，然后输入行标志所在列的列标。

（3）每页都打印行号和列标：选中图6-16中的"行号列标"复选框即可。

图6-16 "工作表"选项卡

任务6-4　计算总分名次等

任务描述

电子表格擅长进行数据的统计计算，Excel作为典型代表也不例外。请使用Excel完成下面的工作：

（1）计算各位选手的总分。
（2）为各位选手排名次。
（3）计算各大题目的失分率。

任务实现

（1）启动Excel 2010，打开"素材\第6章\任务6-4\考试数据.xlsx"文件，里面有我们已经输入完毕的比赛成绩单。下面我们首先完成总分的计算。

（2）定位当前单元格为H3（总分列的第一项），直接全部键入"=E3+F3+G3"或者输入"="，单击E3单元格，输入"+"，单击F3单元格，输入"+"，单击G3单元格，如图6-17所示，并按回车键确认完成公式输入，如图6-18所示。

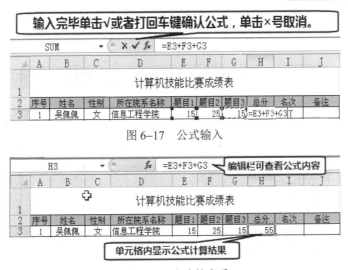

图 6-17 公式输入

图 6-18 公式的查看

（3）使用填充柄完成总分列其他单元格公式的复制。单击 H3 单元格，如图 6-19（a）所示，然后移动鼠标到 H3 的右下角，鼠标形状变成了实心的黑十字（填充柄）。这时按住鼠标左键向下移动，移动过程中出现如图 6-19（b）所示的虚线框，继续向下拖动到 H23 单元格，直到虚线框覆盖所有的待填写单元格，释放鼠标左键，所有总分自动计算完毕。

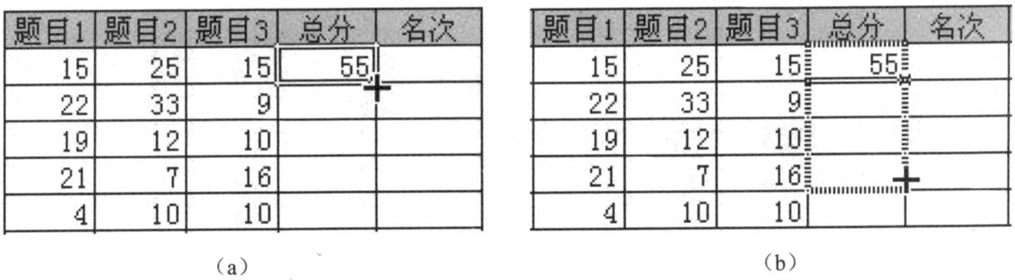

图 6-19 使用填充柄复制公式

（4）使用"插入函数"对话框完成名次计算。名次计算的函数名称为"rank.eq"，可以直接输入到单元格，如图 6-20 所示，更多信息参见第（6）步。若不清楚排名次用到的函数名，可以进行第（5）步。

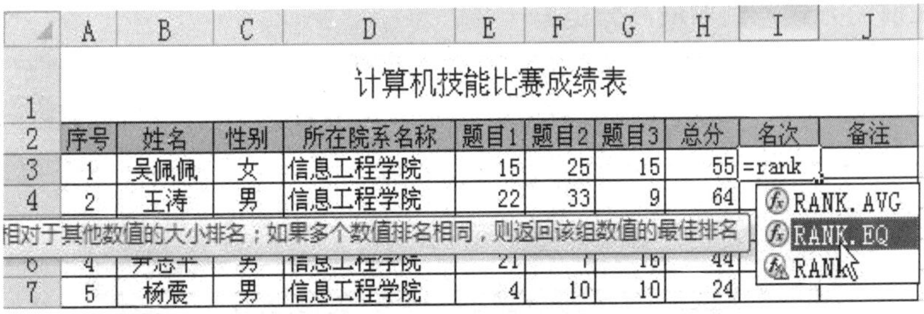

图 6-20 在单元格中直接输入 rank

（5）单击 I3 单元格，单击"编辑栏"上的 f_x 按钮，出现"插入函数"对话框。在"搜索函数"文本框中输入"排位"，然后单击"转到"按钮，就会得到如图 6-21 所示的结果。这时单击"选择函数"中的"RANK.EQ"函数,单击"确定"按钮,出现"函数参数"对话框,如图 6-22 所示。

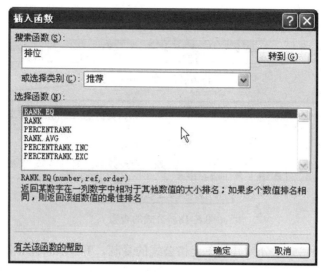

图 6-21 查找函数

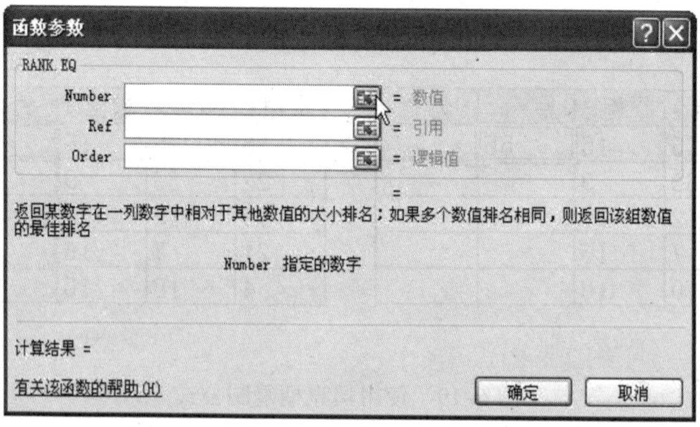

图 6-22 "函数参数"对话框

(6)"函数参数"对话框如图 6-22 所示,只需填写待排位的数值"Number"和指定在哪些数据内排位的引用范围"Ref"即可。"Order"不用填写,使用默认的降序排位方式,即高分数位次在前的方式,例如最高分是第一名。

单击"Number"项的"选取"按钮，进入单元格区域选取状态去选取一个等待排位的数值,如图 6-23 所示,单击待排位数据所在的单元格 H3,然后单击按钮返回。

图 6-23 选取待排位单元格

继续选取参加排位的所有数据的引用范围。单击"Ref"选项的"选取"按钮，通过拖动完成所有参与排位选手对应总分的选取。然后单击“返回”按钮，回到“插入函数”对话框，最后单击“确定”按钮，完成本次排名计算。

（7）用同样方法（使用第（5）、第（6）步骤），完成 H4、H5 单元格的填写。

（8）公式是可以复制的，但是要特别注意引用范围变化的问题。有些引用我们希望它随着公式的位置的变化而变化，就必须选择相对引用，如 rank.eq 函数的第一个参数“Number”（被排位的数值），而有些引用不需要变，就必须使用绝对引用，如 rank.eq 函数的第二个参数“Ref”（参与排位的所有数值）。系统默认的都是相对引用，如 H3 和 H3：H23，要变成绝对引用需要对行号和列标加“$”锁定，如“$H$3：$H$23”。按照这个例子，修改 H5 单元格公式，拖动填充柄完成公式复制。

（9）使用 sum 函数完成“分项小计”，计算各个题目的总得分，如图 6–24 所示。题目 1 的总得分计算公式“=SUM(E3:E23)”，提示请按照输入，思考并快速完成计算题目 2、题目 3 的总得分。①

（10）使用 count 函数统计参赛人数，公式为“=COUNT(E3:E23)”。②

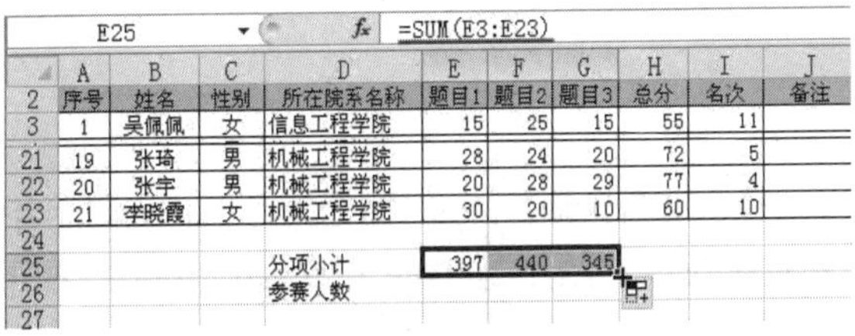
E25 =SUM(E3:E23)

	A	B	C	D	E	F	G	H	I	J
2	序号	姓名	性别	所在院系名称	题目1	题目2	题目3	总分	名次	备注
3	1	吴佩佩	女	信息工程学院	15	25	15	55	11	
21	19	张琦	男	机械工程学院	28	24	20	72	5	
22	20	张宇	男	机械工程学院	20	28	29	77	4	
23	21	李晓霞	女	机械工程学院	30	20	10	60	10	
24										
25				分项小计	397	440	345			
26				参赛人数						
27										

图 6–24 计算“分项小计”

（11）如图 6–25 所示，请参考图中提供的公式“=(1–SUM(E3：E23)/30/COUNT(E3：E23))*100%”完成题目 1 失分率计算。同理完成题目 2、题目 3。③④

① sum 函数的作用是：

____

② count 函数的作用是：

____

③ 使用“搜索引擎”检索 sum 和 count 的作用及用法，若不能上网则使用“插入函数”对话框的“搜索函数”功能或者 Excel 的“帮助”系统完成。

____

____

④ 插入函数与输入函数相比，有什么优缺点？

____

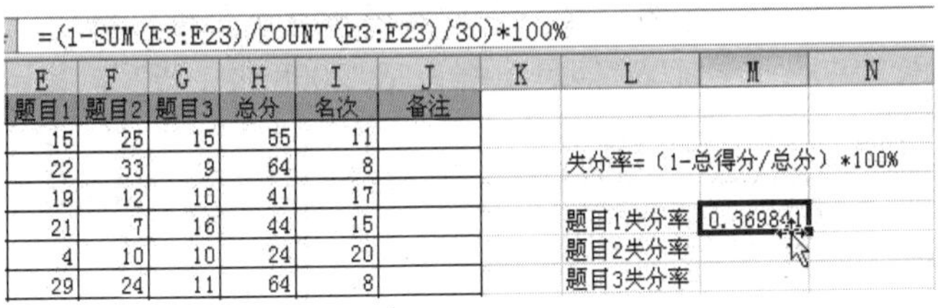
=(1-SUM(E3:E23)/COUNT(E3:E23)/30)*100%

E	F	G	H	I	J	K	L	M
题目1	题目2	题目3	总分	名次	备注			
15	25	15	55	11				
22	33	9	64	8			失分率=（1-总得分/总分）*100%	
19	12	10	41	17				
21	7	16	44	15			题目1失分率	0.369841
4	10	10	24	20			题目2失分率	
29	24	11	64	8			题目3失分率	

图 6–25 失分率计算

（12）使用选项卡“开始”→“数字”功能组的百分号工具% 和增加小数位工具 .00 完成数据格式百分比显示，并保留 3 位小数。

知识点：公式

Excel 中的公式与数学中的公式基本上相同，需要特别指出的是，Excel 公式是以“=”开头，主要由运算符、引用、常量、函数来构成，用来执行操作：执行计算、返回信息、操作其他单元格的内容、测试条件等，可在单元格中存放。

在工作表中可以输入的公式比较多,举例如下。
- =5+2*3:将 5 加到 2 与 3 的乘积中。
- =A1+A2+A3:将单元格 A1、A2 和 A3 中的值相加。
- =SQRT(A1):使用 SQRT 函数返回 A1 中值的平方根。
- =TODAY():返回当前日期。
- =UPPER("hello"):使用 UPPER 工作表函数将文本"hello"转换为"HELLO"。
- =IF(A1>0):测试单元格 A1,确定它是否包含大于 0 值。

1. 运算符

公式中的运算符是一个标记或符号,指定表达式内执行的计算的类型。运算符用于指定要对公式中的元素执行的计算类型。计算时有一个默认的次序(遵循一般的数学规则),但可以使用括号更改该计算次序。运算符分为四种不同类型:算术、比较、文本连接和引用。

(1) 算术运算符:=(加号)、-(减号或者负号)、*(乘号)、/(除号)、%(百分号)、^(乘方号)。例如,在单元格中输入"=2^4"可以计算 2 的四次方,单元格中会出现结果 16。

请在单元格中输入下列公式(公式输入完成一定要键入回车)并记录结果。

= −4 + 2*8 + 2^3
=9*8%
=3/0
=(6+8)/2^3

(2) 比较运算符:=(等号)、>(大于)、<(小于)、>=(大于等于)、<=(小于等于)、<>(不等于),用来实现对两个运算对象的比较,其结果是 True 和 False。例如,在单元格中输入"=3>4",其结果是 False,即假的,不成立。

请在单元格中输入下列公式并记录结果。

=2>3>5
=3*5>8
='1'>'a'

(3) 文本连接运算符:&。用来连接一个或者多个文本数据。例如,一个人的联系地址可以在单元格中输入"="职业学院"&"信息工程系"&"2008 级 1 班"",其显示结果是"职业学院信息工程系 2008 级 1 班"。

请在单元格中输入下列公式并记录结果。

="小明"&"是"&"一个好孩子"

(4) 引用运算符。

① 单元格引用运算符::(冒号),合并多个单元格区域。例如,B2:E2 表示引用 B2 到 E2 之间的所有单元格。

② 联合运算符:,(逗号),合并多个引用为一个引用,例如,B2:E2,C3 表示引用 B2 到 E2 之间所有单元格及 C3 单元格。

③ 交叉运算符: (空格),产生同时属于不同的两个引用的单元格区域的引用。例如,B5:C7 C6:D8 的交叉区域是 C6:C7。

请在 Excel 窗口"编辑栏"最左侧的"名称框"中输入下列的引用并回车,然后记录被选定的单元格。例如,在"名称框"输入"C2"并回车确认,则选择的是唯一的单元格 C2。

同样，测试完成下面的内容。
- A2：D3
- A3，A4，A7，A9
- A1：A3，A5
- A1：A5⌴A4：D4

2. 引用

在 Excel 中，引用是计算过程中必须用到的，相当于数学公式中的变量。引用技术是要求熟练运用的技术。

（1）相对引用：指只用列标行号结合引用运算符组成的单元格引用，在公式中会随公式的位置变化自动改变。例如 A5、A5：C10 等，均属于相对引用，在公式的位置移动时其引用位置也会改变，导致公式的计算结果改变。需要我们在使用过程中注意利用。

（2）绝对引用：是指列标行号均被"$"锁定的引用。例如$A$5、$A$5：$C$10 等，均为绝对引用。绝对引用在公式中不会随公式的位置变化而改变。

（3）混合引用：是指列标或者行号仅被"$"锁定一个的引用。例如$A5、$A5：$C10 等，均为混合引用。混合引用兼具上面的相对引用和绝对引用的某些特点。被锁定的行号或者列标，和绝对引用一样不会随公式的系统位置发生改变，而未被锁定的行号或者列标，和相对引用一样会随着公式的位置变化发生相对的变化。

请在单元格 A1 中输入数值 3，在 A3 单元格中键入公式"=A1"，记录结果时，将 A3 单元格的填充柄水平向右拖动两个单元格，在"编辑栏"中观察 B2、B3 的内容。同样，将 A3 单元格的填充柄向下拖动两个单元格，在"编辑栏"中查看 A3、A4 的内容。

3. 常量和函数

公式中的常量就是不变的量、确定值的量，不进行计算的值，因此也不会发生变化。例如，数字 210、2.1 以及文本"每季度收入"都是常量。表达式以及表达式产生的值都不是常量。

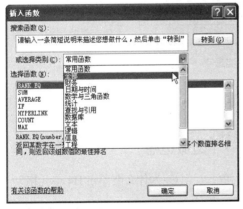

图 6-26 函数的种类

公式中的函数与数学函数类似，是预先编写的公式，可以对一个或多个值执行运算，并返回一个或多个值。函数可以简化和缩短工作表中的公式，尤其在用公式执行很长或复杂的计算时。函数本质上就是固定化的公式。Excel 中很多函数就是数学中的函数，例如三角函数 sin(x)等。函数的种类很多，如图 6-26 所示。

函数可以直接输入名称使用，更多的我们可以使用"编辑栏"的"插入函数"按钮 fx，在出现的"插入函数"对话框中完成。最常用的求和函数 Σ 已经在"开始"→"编辑" Σ，同时在其下拉菜单中还有其他的常用函数。

通过键盘完成公式的输入：
- =sin(pi()/6)
- =max(2,4,8)
- =min(2,4,8)

> =average(6,8,10)

完成上面的公式后请记录结果，然后通过搜索引擎完成函数具体功能的说明。用同样方式探索其他函数的用法。

任务 6–5　排序和标识获奖者

任务描述

在前面的学习中，我们完成了比赛成绩的统计和计算工作，并对失分率进行了分析。下面我们来完成成绩的排序，确定选手的获奖等级，并将获奖选手突出显示，最终效果如图 6–27 所示，具体要求如下：

（1）请把所有选手按总分从高到低的顺序排序。

（2）请将不同等级获奖选手的成绩用不同颜色突出显示。获奖选手占参赛选手的比例为 60%，其中一等奖为 10%，二等奖为 20%，三等奖为 30%，请在"备注"列注明。

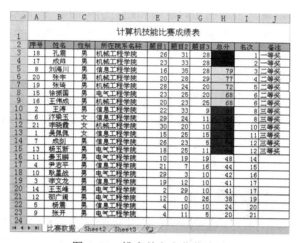

图 6–27　排序并突出获奖选手

任务实现

（1）打开"素材\第 6 章\任务 6–5\参赛选手评奖.xlsx"。

（2）完成选手"总分"列的快速排序。单击 H4 单元格，使当前单元格处于总分数据列。①

（3）单击"开始"→"编辑"功能组的"排序和筛选"→"降序"，数据排序自动完成。②③

（4）系统数据共 21 条，本着"鼓励参与"的原则，规定获奖率 60%，确定三等奖占 30%（蓝色）、二等奖占 20%（黄色）、一等奖占 10%（红色）。下一步就是用"条件格式"把符合条件的选手成绩进行标示。

边做边想

① 为什么要单击 H4 单元格？

② 如果要升序排序呢？

③ 如果需要排序的关键字数量不止一个呢？如何从单关键字到多关键字呢？

图 6-28 "10%最大的值"对话框

（5）选择单元格区域 H3：H23。

（6）找到选项卡"开始"→"样式"功能组，单击"条件格式"工具，在弹出的下拉菜单中选择"项目选取规则"→"值最大的10%项"，出现"10%最大的值"对话框，如图 6-28 所示。

（7）设定条件为"60%最大的值"，设置为"蓝色背景色"。其中"60"可以录入，背景色需要下拉"设置为"菜单，选择"自定义格式……"，出现"设置单元格格式"对话框，在对话框"填充"选项卡单击选择一种蓝色即可。然后单击两次"确定"按钮，执行本次设定的规则。

（8）重复第（6）步，在"10% 最大的值"对话框中设定条件为"30%最大的值"，设置为"黄色背景色"。其中"30"可以录入，背景色需要下拉"设置为"菜单。

（9）重复第（8）步，将条件设置为"10%"，设置为"背景色红色"。根据颜色标志，对应的备注栏写明获奖等级，如红色底色对应一等奖。④

边做边想

④ 请尝试再增加一个格式。如将最后 5 名选手的成绩设定为加粗斜体显示。

知识点：排序与条件格式

1. 排序

在工作表中输入的数据往往是没有规律的，但在日常工作中为了便于查找，往往需要数据具有某种规律。排序的目的是将一组"无序"的数据调整为"有序"的序列。Excel 可以对一列或多列中的数据按文本、数字以及日期和时间进行升序或者降序排序。还可以按自定义序列或格式（包括单元格颜色、字体颜色或图标集）进行排序。

排序过程中可以使用一列数据作为关键字段进行排序，也可以使用多列数据作为关键字段进行排序。单列关键字的情况比较简单，实例中已经使用，不再赘述。多列关键字段时，可分为主要关键字、次要关键字、第三关键字，其作用不同。关键字们的主要区别在作用的优先级。主要关键字优先级最高，先按照主要关键字排序。若主要关键字相同才按次要关键字排序。同理，当次要关键字的值相同时，才轮到按第三关键字排序。换言之，若主要关键字不存在重复值，则次要关键字将不会发生作用，更别说第三关键字了。

特别注意：排序时，一般不用选择数据范围，但是活动单元格一定要在数据区域内。通常，单击待排序数据的一个单元格即可，系统会自动扩展选择数据区域。

1）对文本进行排序的操作和注意事项

选择单元格区域中的一列字母数字数据，或者确保活动单元格位于包含字母数字数据的表列中。

若要按字母数字的升序排序，在"数据"选项卡的"排序和筛选"组中请单击"升序"按钮，若要降序排序，单击"降序"按钮。

检查所有数据是否都存储为文本。如果要排序的列中包含的数字既有作为数字存储的，又有作为文本存储的，则需要将所有数字均设置为文本格式。如果不应用此格式，则作为数字存储的数字将排在作为文本存储的数字之前。若要将选定的所有数据均设置为文本格式，可以在"开始"选项卡上的"字体"组中，单击"设置单元格字体格式"按钮，单击"数字"

选项卡，然后在"类别"下选择"文本"。

2）按单元格颜色、字体颜色或图标进行排序

若表列中的单元格颜色、字体颜色、有条件地设置了单元格区域格式、表列的格式、图标集之一有所不同，则可以按这些颜色或者图标集进行排序。

选择单元格区域中的一列数据，或者确保活动单元格在表列中。

在"数据"→"排序和筛选"组中，选择"排序"，调出"排序"对话框。

在"列"下的"排序依据"框中，选择要排序的列。

在"排序依据"下，选择排序类型。执行下列操作之一：

（1）若要按单元格颜色排序，选择"单元格颜色"。

（2）若要按字体颜色排序，选择"字体颜色"。

（3）若要按图标集排序，选择"单元格图标"。

在"次序"下，单击该按钮旁边的箭头，然后根据格式的类型，选择单元格颜色、字体颜色或单元格图标，选择排序方式。

系统没有默认的单元格颜色、字体颜色或图标排序次序。我们必须为每个排序操作定义需要的顺序。

若增加作为排序依据的单元格颜色、字体颜色或图标，请单击"添加条件"按钮，然后重复步骤（3）到步骤（5）。确保在"排序依据"框中选择同一列，并且在"次序"下进行同样的选择。对要包括在排序中的每个其他单元格颜色、字体颜色或图标，重复上述步骤。

2. 条件格式

1）设置条件格式

条件格式能够直观展示有关数据的特定问题。在分析数据时，我们经常会问自己一些问题，如：

（1）在过去五年的利润汇总中，有哪些异常情况？

（2）过去两年的营销调查反映出哪些倾向？

（3）这个月谁的销售额超过￥50 000？

（4）雇员的总体年龄分布情况如何？

（5）哪些产品的年收入增长幅度大于10%？

（6）在大一新生中，谁的成绩最好，谁的成绩最差？

条件格式能帮助我们解决上面的问题：突出显示所关注的单元格或单元格区域；强调异常值；使用数据条、颜色刻度和图标集来直观地显示数据。条件格式基于条件更改单元格区域的外观。如果条件为"True"，则基于该条件设置单元格区域的格式；如果条件为"False"，则不执行该条件设置单元格区域的格式。条件格式的功能很多，下面仅以"清除条件格式"和"应用双色刻度设置格式"的使用为例做说明。

无论是手动还是按条件设置的单元格格式，都可以按格式进行排序和筛选，其中包括单元格颜色和字体颜色。

2）清除条件格式

清除工作表格式时，在"开始"选项卡上的"样式"组中，单击"条件格式"旁边的箭头，然后选择"清除规则"，最后选择"整张工作表"即可。

清除单元格区域、表或数据透视表的条件格式时，首先选择要清除条件格式的单元格区

域、表或数据透视表。中间步骤执行的选项卡和功能与清除工作表时相同。最后要根据选择的内容，选择“所选单元格”“当前表”或“此数据透视表”。

任务 6–6　成绩数据筛选及分类汇总

任务描述

在比赛中我们汇集了来自若干学院的选手比赛成绩，比赛结束后，需要将比赛成绩分发到各个选手和学院。一方面我们可以在网站上公布成绩，方便各位选手自己查询；另一方面我们还需要通过各个学院官方途径通知分发打印的成绩表。下面我们按照各学院的要求，完成成绩清单的打印分发工作，要求如下：

（1）按照院系筛选，为各个学院分别打印成绩单，如图 6–29 所示。

（2）按学院分类，计算各学院选手的平均分。

计算机技能比赛成绩表

	序	姓名	性别	所在院系名称	题目	题目	题目	总分	名次	备注
3	18	孔震	男	机械工程学院	26	31	28	[illegible]	1	一等奖
4	17	成帅	男	机械工程学院	23	33	28	[illegible]	2	一等奖
6	20	张宇	男	机械工程学院	20	28	29	77	4	二等奖
7	19	张琦	男	机械工程学院	28	24	20	72	5	二等奖
9	16	王伟成	男	机械工程学院	20	23	25	68	6	二等奖
12	21	李晓霞	女	机械工程学院	30	20	10	60	10	三等奖

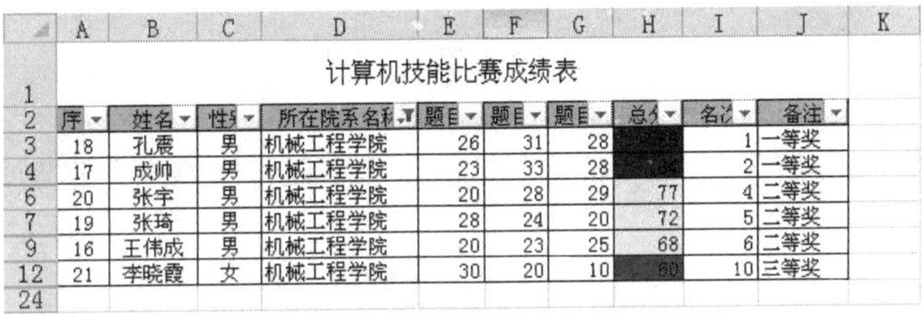

图 6–29　自动筛选后的效果

任务实现

（1）打开素材“素材\第 6 章\任务 6–6\成绩筛选分类.xlsx”，先使用“筛选”完成需要按院系分发的选手成绩单。

（2）单击总分列中的 H3 单元格确保当前单元格在数据区域，单击选项卡“数据”→“排序和筛选”组，单击“筛选”工具。

（3）在“所在院系名称”列的标题处，先单击“全选”取消选择，然后选择“机械工程学院”，单击“确定”按钮关闭对话框。选择所有机械工程学院的学生，结果如图 6–30 所示。①

计算机技能比赛成绩表

	序	姓名	性别	所在院系名称	题目	题目	题目	总分	名次	备注
3	18	孔震	男	机械工程学院	26	31	28	[illegible]	1	一等奖
4	17	成帅	男	机械工程学院	23	33	28	[illegible]	2	一等奖
6	20	张宇	男	机械工程学院	20	28	29	77	4	二等奖
7	19	张琦	男	机械工程学院	28	24	20	72	5	二等奖
9	16	王伟成	男	机械工程学院	20	23	25	68	6	二等奖
12	21	李晓霞	女	机械工程学院	30	20	10	60	10	三等奖

图 6–30　自动筛选——机械工程学院

边做边想

① 只要筛选使用的要求不是“等于”，就必须用“自定义…”。自定义可以实现对指定区间数据的筛选，例如总分大于 30 分并且小于 40 分的选手名单。就可以用“总分”列的自定义对话框完成。

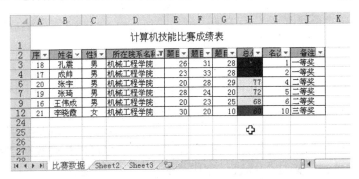

(4) 打印机械工程学院学生成绩单。筛选后，单击选项卡"文件"→"打印"项预览，如图 6-31 所示。

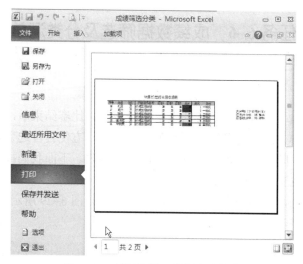

图 6-31 打印机械工程学院成绩单

虽然仅显示了机械工程学院选手名单，但是多了不需打印的"失分率项目"，因而需要限定"打印区域"。

单击"开始"选项卡，回到"普通"视图，选择需要打印的数据区域 A1：J24。单击"页面布局"选项卡，单击功能组"页面设置"→"打印区域"，单击出现的"设置打印区域"菜单项。再次打印预览。

（5）重复步骤（3）和步骤（4），完成所有院系的学生成绩单打印。

（6）取消自动筛选，准备进行分类汇总。单击选项卡"数据"→"排序和筛选"组中的"筛选"工具，即可关闭"自动筛选"。分类汇总之前，需要对分类字段进行排序，此处的分类字段是"所在院系名称"。

（7）单击"所在院系名称"列单元格，单击选项卡"数据"→"排序和筛选"组中的"排序"工具 ↓ 。

（8）单击选项卡"数据"→"分级显示"组中的"分类汇总…"工具，出现"分类汇总"对话框，如图 6-32 所示。

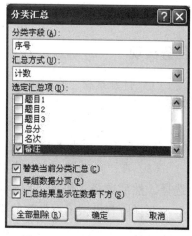

图 6-32 "分类汇总"对话框

"替换当前分类汇总"这个选项的作用是防止两次分类汇总的结果重叠，一般是选中状态。如果需要两个不同分类汇总结果同时出现的话，就必须取消其选中状态。

（9）选择"分类字段"为"所在院系名称"，"汇总方式"为"平均值"，"选定汇总字段"选择 4 项，分别是"题目 1""题目 2""题目 3""总分"，最后单击"确定"按钮，完成分类汇总，如图 6-33 所示。①

① 单击屏幕左侧的"−"号可以折叠数据。"−"变"+"后，单击"+"展开数据。

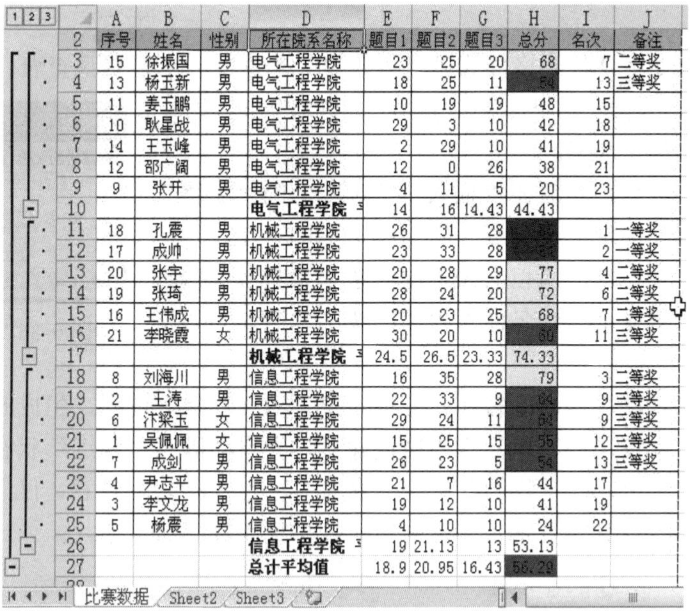

	A	B	C	D	E	F	G	H	I	J
2	序号	姓名	性别	所在院系名称	题目1	题目2	题目3	总分	名次	备注
3	15	徐振国	男	电气工程学院	23	25	20	68	7	二等奖
4	13	杨玉新	男	电气工程学院	18	25	11	54	13	三等奖
5	11	姜玉鹏	男	电气工程学院	10	19	19	48	15	
6	10	耿星战	男	电气工程学院	29	3	10	42	18	
7	14	王玉峰	男	电气工程学院	2	29	10	41	19	
8	12	邵广阔	男	电气工程学院	12	0	26	38	21	
9	9	张开	男	电气工程学院	4	11	5	20	23	
10				**电气工程学院**	14	16	14.43	44.43		
11	18	孔震	男	机械工程学院	26	31	28	[illegible]	1	一等奖
12	17	成帅	男	机械工程学院	23	33	28	[illegible]	2	一等奖
13	20	张宇	男	机械工程学院	20	28	29	77	4	二等奖
14	19	张琦	男	机械工程学院	28	24	20	72	6	二等奖
15	16	王伟成	男	机械工程学院	20	23	25	68	7	二等奖
16	21	李晓霞	女	机械工程学院	30	20	10	60	11	三等奖
17				**机械工程学院**	24.5	26.5	23.33	74.33		
18	8	刘海川	男	信息工程学院	16	35	28	79	3	二等奖
19	2	王涛	男	信息工程学院	22	33	9	64	9	三等奖
20	6	汴梁玉	女	信息工程学院	29	24	11	64	9	三等奖
21	1	吴佩佩	女	信息工程学院	15	25	15	55	12	三等奖
22	7	成剑	男	信息工程学院	26	23	5	54	13	三等奖
23	4	尹志平	男	信息工程学院	21	7	16	44	17	
24	3	李文龙	男	信息工程学院	19	12	10	41	19	
25	5	杨震	男	信息工程学院	4	10	10	24	22	
26				**信息工程学院**	19	21.13	13	53.13		
27				**总计平均值**	18.9	20.95	16.43	56.29		

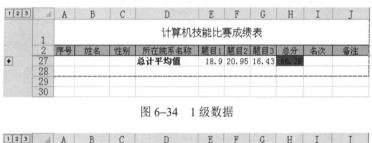

图 6–33　分类汇总的详细清单

（10）分类汇总数据浏览。分类汇总后数据分为三个层次，1 级数据是所有数据的总平均，2 级数据是各分类的平均数据和总平均，3 级是包含原始数据和所有平均数据的详细清单。单击窗口左上方的“1”按钮可以查看 1 级数据，如图 6–34 所示。单击“2”按钮可以查看 2 级数据，如图 6–35 所示。

	A	B	C	D	E	F	G	H	I	J
1	计算机技能比赛成绩表									
2	序号	姓名	性别	所在院系名称	题目1	题目2	题目3	总分	名次	备注
27				**总计平均值**	18.9	20.95	16.43	56.29		
28										
29										
30										

图 6–34　1 级数据

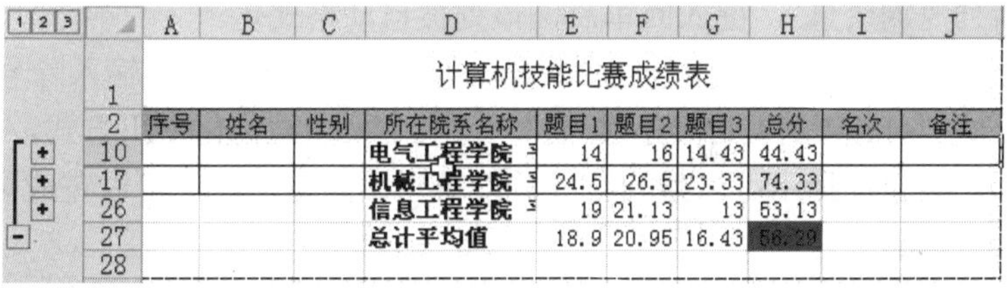

	A	B	C	D	E	F	G	H	I	J
1	计算机技能比赛成绩表									
2	序号	姓名	性别	所在院系名称	题目1	题目2	题目3	总分	名次	备注
10				**电气工程学院**	14	16	14.43	44.43		
17				**机械工程学院**	24.5	26.5	23.33	74.33		
26				**信息工程学院**	19	21.13	13	53.13		
27				**总计平均值**	18.9	20.95	16.43	56.29		
28										

图 6–35　2 级数据

知识点：Excel 表格

为使数据处理更加简单，可以在工作表上以表格的形式组织数据。Excel 表格与工作表不同，下面简称“表格”。“表格”是 Excel 2010 的专有名词，能够提供计算列、汇总行、筛选等功能，还有新的引用方式——结构化引用，更提供了若干优化过的表格样式，表格数据浏览过程中会自动冻结标题部分，这些新技术能够简化数据的管理，提高“表格”使

用效率。

下面我们就来使用默认表格样式"插入表格"来建立一个消费调查表。

（1）在工作表上输入表头数据："编号""姓名""年收入""年消费""消费比例"。

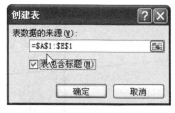

（2）选中表头数据，然后在"插入"选项卡上的"表格"组中，单击"表格"出现"创建表"对话框，如图 6-36 所示。因为我们输入了表头标题，所以必须选中"表包含标题"复选框，否则表格标题将显示默认名称"列 1""列 2"等，可以键入新标题文字替换。

图 6-36 "创建表"对话框

（3）单击对话框的"确认"按钮，完成表格插入（创建）过程，生成的表格会自动按照默认格式格式化，如图 6-37 所示。表格创建后，会自动进入"筛选"状态，会自动打开表格工具"设计"选项卡，提示我们默认的"表名称"为"表 1"。注意，仅当选定表格中的某个单元格时才显示"设计"选项卡，这时可以使用其工具编辑数据。

图 6-37 表格创建后

下面我们继续输入数据，在输入数据的过程中，表格会自动扩大范围，体现在自动以默认格式格式化输入的数据。

表格既可以在行增长方向扩展，也可以在列增长方向扩展，例如我们可以在"消费比例"右侧增加一个新列"剩余量"，键入回车后，该列被自动格式化。

在"消费比例"列输入公式，先输入"="，单击 D2 单元格，再输入除号"/"，单击 C2 单元格，得到公式"=[@年消费]/[@年收入]"，公式中采用结构化引用方式，更加简洁直观。按回车键确认后，会自动提示可以整列公式自动填写。同样，我们可以完成剩余量的公式，最后效果如图 6-38 所示。

	A	B	C	D	E	F
1	编号	姓名	年收入	年消费	消费比例	剩余量
2	1001	张玲玲	83720	42350	50.59%	41370
3	1002	王雍熙	25345	18205	71.83%	7140
4	1003	刘杰	64932	23010	35.44%	41922
5	1004	刘娟	19356	19240	99.40%	116
6	1005	赵宝贤	24125	23143	95.93%	982

图 6-38 表格的最后效果

任务 6-7　建立数据透视图

任务描述

成绩表已经统计完毕，获奖等级也已经确定，我们需要进一步分析各学院的获奖情况，也就是统计每个学院各等级奖项的获奖人数，并且要求使用图表直观的展示获奖数量。能够完成上述要求的比较好的技术是数据透视表和迷你图表或者数据透视图。这里我们使用数据透视图完成任务，完成后效果如图6-39所示。

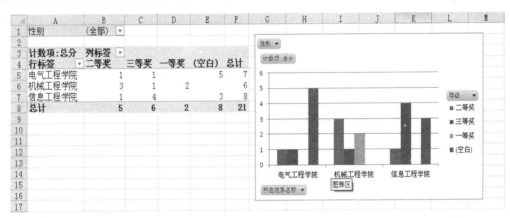

图6-39　成绩"数据透视图"效果

任务实现

（1）打开素材"素材\第6章\任务6-7\比赛信息分析.xlsx"。

（2）选择单元格区域A2：J23。先单击A2单元格，然后按住"Shift"键的同时单击J23单元格，完成单元格区域选择。

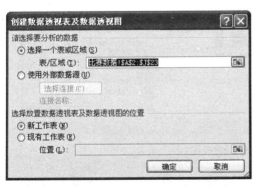

图6-40　创建数据透视表及数据透视图

（3）单击选项卡"插入"→"表格"组中的"数据透视表"工具的向下箭头，在菜单中选择"数据透视图"，出现"插入图表"对话框，如图6-40所示，保持相应选项不变，直接单击"确定"按钮，Excel自动插入"新工作表"进入编辑透视图模式。

（4）进入数据透视图编辑模式后，如图6-41所示，功能区自动打开"设计"选项卡，提示可用的图表格式及选项。工作区部分从左到右分为3个部分，左边是"数据透视表"区，中间是"图表"区，右边是"数据透视表字段列表"。注意看右边的字段列表部分，第一部分是"选择要添加到报表的字段"，第二部分是"在以下区域间拖动字段"，该部分分为"报表筛选""图例字段""轴字段（分类）""数值"四个区域。

下一步的工作就是字段对号入座。

（5）将指定的字段拖放到指定区域。将"所在院系名称"字段拖入"轴字段"，将"等级"字段拖入"图例字段"，将"总分"拖入"数值"，如图 6-42 所示。此时好像已经达到了我们要求的效果，其实这里存在一个大问题，就是给出的数值错误，请注意"二等奖"总计是 364，远远超出了实际值。下面我们来修改"数值"的计算方式。

图 6-41　数据透视图编辑模式

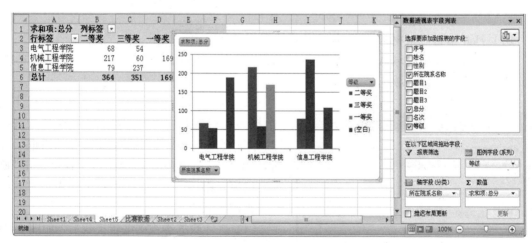

图 6-42　拖入字段后的数据透视图

（6）修改"数值"计算类型。单击"数据透视表字段列表"→"数值"内"求和项总分"右边的黑三角，在下拉菜单中选择最后一项"值字段设置…"，出现"值字段设置"对话框，如图 6-43 所示。单击对话框"值汇总方式"→"计算类型"中的"计数"，然后单击"确定"按钮关闭对话框，完成修改计算类型。至此，我们的透视表选项设定工作完成。下面进行部分版面的控制，解决表格和图表重叠问题。

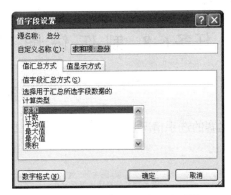

图 6-43 "值字段设置"对话框

（7）拖动图表区。先单击"数据透视表字段列表"右上角的×按钮将其关闭，让出空间，然后在"图表"区空白处拖动"图表"至合理位置，完成透视图的设置操作。

（8）数据透视表和图表中有倒立黑三角 ▼ 的，均表示有下拉菜单项，我们可以进一步选择感兴趣的数据内容进行分析。

知识点：数据透视表和数据透视图

数据透视表可以快捷地汇总、分析、浏览和呈现汇总数据；数据透视图能够形象呈现数据透视表中的汇总数据，可以直观地比较和查看趋势。

数据透视表是一种可以快速汇总大量数据的交互式方法。使用数据透视表可以深入分析数值数据，能够实现下面的用途：提供多种用户友好方式查询大量数据；对数值数据进行分类汇总和聚合，按分类和子分类对数据进行汇总；查看不同级别数据，如汇总数据的明细；将行移动到列或将列移动到行，以查看源数据的不同汇总；提供简明带有批注的联机报表或打印报表。

数据透视图与相关联的数据透视表合作，以图形形式表示数据透视表中的数据，相关联的数据透视表为数据透视图提供源数据。在新建数据透视图时，将自动创建数据透视表。如果更改其中一个报表的布局，另外一个报表也随之更改。数据透视图是交互式的，可以对其进行排序或筛选显示数据透视表数据的子集。在相关联的数据透视表中对字段布局和数据所做的更改，会立即显示在数据透视图中。数据透视图及其相关联的数据透视表（相关联的数据透视表：为数据透视图提供源数据的数据透视表。在新建数据透视图时，将自动创建数据透视表。如果更改其中一个报表的布局，另外一个报表也随之更改）必须始终位于同一个工作簿中。

下面讨论一下常见的删除数据透视表的操作。

（1）单击要删除的数据透视表的任意位置以显示"数据透视表工具"，找到对应的"选项"和"设计"选项卡。

（2）单击切换到"选项"选项卡，在"操作"组中单击"选择"下方的箭头，然后选择"整个数据透视表"以选择整个数据透视表。

（3）按"Delete"键完成删除任务。

删除与数据透视图相关联的数据透视表会将该数据透视图变为标准图表，我们将无法再透视或者更新该标准图表。

任务 6-8 制作饼图

任务描述

下面我们对计算机技能比赛的选手情况进行分析，建立性别比例饼图，具体效果如图 6-44 所示。

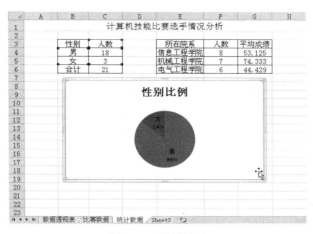

图 6-44 饼图效果

任务实现

（1）打开素材"实例素材\第 6 章\任务 6-8\图表展示数据.xlsx"。

（2）选择 B3：C5 单元格区域，单击"插入"选项卡→"图表"组→"饼图"工具，在出现的下拉菜单中选择"二维饼图"中的第一项，插入图表后如图 6-45 所示。

图 6-45 插入饼图效果

（3）"图表工具"自动显示并切换到"设计"选项卡，这里包含着常见图表样式，修改非常方便。"布局"和"格式"可以针对样式进行修改，自定义样式。图 6-45 存在两个问题：一是新插入图表过大，遮挡数据；二是图表标题"人数"不合适，不足以所见即所得的说明数据分析情况。下面先修改图表标题为"性别比例"。

（4）单击选择图表标题"人数"，直接输入"性别比例"。指向图表标题旁边的空白处，按下鼠标左键，拖动图表到合适位置。

（5）显示比例数据信息。单击"图表区"的饼图以显示"图表工具"，单击"图表工具"→"设计"选项卡，找到"图标布局"组→"布局1"工具并单击执行。

（6）调整图表区大小。指向图表区边框线中间部分，及四个角时，鼠标形状变成双向箭头，如，此时拖动可以同时调整图表区的长和宽。请调整图表到合适大小。

（7）图表的字号调整。图表中的文字主要有"图表标题、图例文字"等，可直接在选中文字后处理，以"图表标题"为例，双击标题文字或者拖动均可选中文字，然后向右上移动鼠标，文字快捷工具会自动浮现，我们选择需要的字号14即可。同样，我们还可以完成图例文字的调整。至此，我们就快速完成了饼图的制作。

知识点：图表

图表能够让数据变成形象的图形，使得复杂的数据变得直观生动，上层领导决策者往往习惯于研究图表，通过详细的统计数据和形象的图表来把握项目情况。现在我们就通过部分简单数据来学习如何建立图表，熟悉建立图表的相关步骤以及图表编辑的相关知识。图表是将数据以各种统计图表的形式显示，使抽象的数据变为容易比较的直观图示。当数据发生变化时，与之对应的图表图形自动发生变化。

根据图表形式的不同，可以将图表分为柱形图、折线图、饼图、条形图、面积图、XY散点图、股价图、曲面图、圆环图、气泡图、雷达图等。下面仅简要说明几种常用的图表形式的常见用途，其他的大家可以参考 Excel 帮助或者上网搜索。

（1）柱形图：用于显示一段时间内的数据变化或说明各项之间的比较情况。在柱形图中，通常沿横坐标轴组织类别，沿纵坐标轴组织值。

（2）折线图：可以显示随时间而变化的连续数据（根据常用比例设置），因此非常适用于显示在相等时间间隔下数据的趋势。在折线图中，类别数据沿水平轴均匀分布，所有的值数据沿垂直轴均匀分布。

（3）饼图：显示一个数据系列中各项的大小，与各项总和成比例。饼图中的数据点显示为整个饼图的百分比。

（4）条形图：显示各项之间的比较情况。当轴标签过长或者显示的数值是持续型的时候，常用条形图。

（5）面积图：强调数量随时间而变化的程度，也可用于引起人们对总值趋势的注意。例如，表示随时间而变化的利润数据可以绘制到面积图中以强调总利润。通过显示所绘制的值的总和，面积图还可以显示部分与整体的关系。

根据存放位置的不同，Excel 中的图表可分为嵌入式图表和独立图表两种。

（6）嵌入式图表：图表和创建图表的数据源放置在同一个工作表中，打印的时候也同时打印。

（7）独立图表：图表单独放置在一个工作表中。

图表中包含图表区、绘图区、数据系列、数据点、坐标轴、图例等许多元素。一般情况下仅会显示其中一部分元素，其他的可根据实际需要添加。图表的修饰编辑是借助图表元素的位置移动、大小调整或者格式更改来实现的，当然也可以删除图表元素。常见的图表元素如图 6-46 所示。

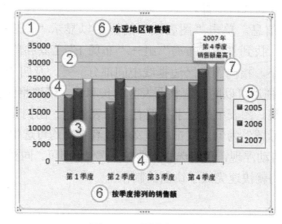

图 6-46　图表的元素

① 图表区：整个图表及其全部元素。

② 绘图区：在二维图表中，是指通过轴来界定的区域，包括所有数据系列。在三维图表中，同样是通过轴来界定的区域，包括所有数据系列、分类名、刻度线标志和坐标轴标题。

③ 数据系列和数据点。

数据系列：在图表中绘制的相关数据点，这些数据源自数据表的行或列。图表中的每个数据系列具有唯一的颜色或图案并且在图表的图例中表示。可以在图表中绘制一个或多个数据系列。饼图只有一个数据系列。

数据点：在图表中绘制的单个值，这些值由条形、柱形、折线、饼图或圆环图的扇面、圆点和其他被称为数据标记的图形表示。相同颜色的数据标记组成一个数据系列。

④ 坐标轴：界定图表绘图区的线条，用作度量的参照框架。x 轴通常为水平轴并包含分类。y 轴通常为垂直坐标轴并包含数据。数据沿着横坐标轴和纵坐标轴绘制在图表中。横（分类）坐标轴 x 和纵（值）坐标轴 y。

⑤ 图例：一般用方框表示，用于标识为图表中的数据系列或分类指定的图案或颜色。

⑥ 图表标题：图表标题是说明性的文本，可以自动与坐标轴对齐或在图表顶部居中。

⑦ 数据标签：用来标识数据系列中数据点的详细信息的标签，源于数据表单元格的单个数据点或值。

图表创建以后，可以修改其中的任何一个元素。常用的修改图表操作有：

① 更改图表坐标轴的显示。指定坐标轴的刻度并调整显示的值或分类之间的间隔。在坐标轴上添加刻度线，并指定刻度线的显示间隔。

② 向图表中添加标题和数据标签。为说明图表中显示的信息，可以添加图表标题、坐标轴标题和数据标签。

③ 添加图例。显示或隐藏图例，更改图例的位置或者修改图例项。

使用"图表工具"中的"设计""布局""格式"能便利地完成图表的美化工作。"设计"选项卡的"图表布局"组、"图表样式"组内包含大量已经优化的漂亮布局和样式，可以快速美化图表。

任务 6-9　制作柱状图

任务描述

本次任务我们从另一个角度对参赛选手的比赛情况进行分析,分析各院系参赛人数和平均成绩,以三维柱形图展示分析结果,效果如图 6-47 所示。

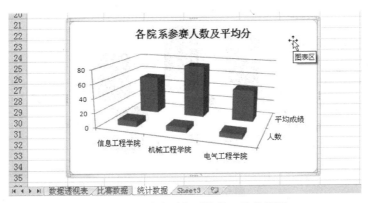

图 6-47　参赛人员与平均分三维柱状图

任务实现

（1）复制"素材\第 6 章\任务 6-9\图表展示数据.xlsx"单击切换到工作表"统计数据"并选中单元格区域"E3：G6"。

（2）单击选项卡"插入"→"图表"→"柱形"工具,在下列菜单中找到并选择"三维柱形"图的最后一项。系列和类别同等重要,产生的三维柱形图如图 6-48 所示。

（3）调整三维柱形图位置到性别比例图下方,并删除图例。拖动三维柱形图到图表区空白处的合适位置,适当调整大小。单击选中图例,右击弹出快捷菜单,在菜单中选择第一项"删除",完成图例删除,最大程度上展示图表细节。

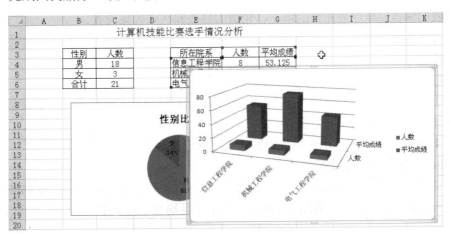

图 6-48　三维柱形图初始效果

(4) 添加标题 "各院系参赛人数及平均分"。单击选择图表以显示 "图表工具"，单击 "布局" 选项卡，找到 "标签" 组并单击 "图表标题" 按钮弹出下拉菜单，选择下拉菜单的最后一项 "图表上方"，在图表上方添加标题，并自动调整图表的大小，如图 6-49 所示，直接输入标题，并调整字体大小为 14。

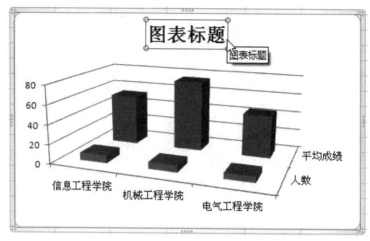

图 6-49 插入图表标题

知识点：图表的格式

图表的格式化。我们还可以为图表添加醒目的格式。

（1）填充图表元素：使用颜色、纹理、图片和渐变填充使特定的图表元素引人注目。

（2）更改图表元素的轮廓：使用颜色、线型和线条粗细来强调图表元素。

（3）为图表元素添加特殊效果：向图表元素形状应用特殊效果（如阴影、反射、发光、柔化边缘、棱台以及三维旋转），使图表具有精美的外观。

（4）设置文本和数字的格式：为图表上标题、标签和文本框中的文本和数字设置格式，就像为工作表上的文本和数字设置格式一样。为了使文本和数字醒目，甚至可以应用艺术字样式。

下面我们重点说明图表元素的填充、轮廓的修改和特殊效果设置。

单击选择图表元素后，显示 "图表工具"，单击 "图表工具" → "格式" 选项卡，可以做如下操作之一。

1) 使用样式快速设置

标记 1："形状样式" 中的系统内置的优化样式可以快速格式化边框轮廓的线型、色彩、粗细，快速格式化形状的填充效果。

标记 2："艺术字样式" 中的系统内置样式可以迅速地把文字美化。

2) 使用选项卡自定义设置

标记 2 处显示了 "形状填充" "形状轮廓" "形状效果" 三个工具，可以分别自定义设置形状的填充、轮廓、效果，如图 6-50 所示，三个工具均有下拉菜单。

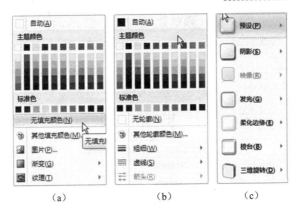

图 6-50　填充、轮廓、效果下拉菜单

(a) 填充；(b) 轮廓；(c) 效果

任务 6-10　设置页面布局分页打印

任务描述

本次任务中，我们打印选手情况分析表。Excel 和 Word 不同，Word 的默认视图"页面视图"的显示效果就是打印效果，而 Excel 默认"普通视图"的效果不太理想，这时就需要我们进入"页面布局"或者"分页预览"完成添加页眉、页脚任务，完成数据、图表的整理移动工作，防止出现数据、图表跨页分割问题，具体任务如下：

（1）通过鼠标拖动，调整数据、图表、分页符的位置以避免跨页。

（2）为报表页面添加"页眉"："总页数""打印时间""打印的工作簿名及工作表名"；为报表页面添加"页脚"："单位及作者""打印日期""页码"。

（3）打印预览。最终完成的打印预览效果图如图 6-51 所示。

任务实现

（1）打开素材"素材\第 6 章\任务 6-10\选手情况分析.xlsx"。

（2）分页预览。为防止图表出现不合理的分页浪费打印用纸，首先要切换到"分页预览"视图查看，单击状态栏 的第三个功能按钮可以直接进入"分页预览"。

（3）清除分页符。单击提示对话框的"确定"按钮，关闭对话框。我们会注意到文档被分为 4 页，页之间由蓝色粗线分隔开，蓝色粗线就是 Excel 分页符。分页符可以通过拖动调整。这里我们的页面内容较少，可以考虑清除分页。清除分页符需要单击"页面布局"→"页面设置"→"分隔符"后，在下拉菜单中单击"重设所有分页符"菜单项。

（4）分页调整后打印预览。进行分页调整，必须考虑两个问题：一是调整数据的宽度，使行宽能够容纳一条完整的数据；二是调整图表的宽度和高度，使图表能够完整显示，不被水平或者垂直分割。

数据宽度的调整，通常我们采用调整各列宽度，特别是压缩各列宽度，如对选定的列使用选项卡"开始"→"单元格"组→"格式"格式工具，在下拉菜单中选择"自动调整列宽"。

单击选项卡"文件"→"打印",预览效果如图6-51所示。

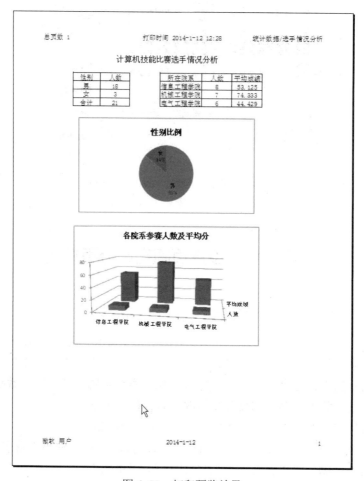

图6-51 打印预览效果

（5）进入"页面布局"视图。单击状态栏 的第二个功能按钮可以直接进入"页面布局"视图，这时可切换到"页面布局"选项卡配合使用。

（6）添加页眉和页脚。

要求添加"页眉"："总页数""打印时间""打印的工作簿名及工作表名"；添加"页脚"："单位及作者""打印日期""页码"。

以页眉的添加为例。单击页面的页眉左 1/3 部分进入编辑状态，输入"总页数"，单击刚刚显示的"页眉和页脚工具"按钮，找到"设计"选项卡中的"页眉和页脚元素"，单击"页数"按钮插入宏代码"&[总页数]"到编辑位置，完成插入"总页数"。

单击页眉中央部分进入编辑状态，输入"打印时间"，单击"页眉和页脚工具"→"当前日期"按钮，输入空格，再单击"当前时间"按钮，完成宏代码"&[日期] &[时间]"的插入。

单击页眉右边 1/3 部分进入编辑状态，单击"页眉和页脚工具"→"工作表名"按钮，输入斜线"/"，再单击"文件名"按钮，完成宏代码"&[标签名]/&[文件]"的插入。

用同样的步骤完成页脚项目的添加。

如果需要设定文本格式，可以选定文本，然后使用选项卡"开始"→"字体"组完成文本格式设置。

（7）打印预览。设置完毕后，我们直接使用选项卡"文件"→"打印"进行预览。至此任务完成。

知识点：分页预览

如果需要打印的 Excel 工作表内容不只一页，Excel 会在内容中自动插入分页符将其分成多页，但是因为数据宽度、图表等问题，Excel 的分页常常会出现跨页问题，解决这个问题最简单的办法就是进入"分页预览"视图，对分页符的位置进行调整。

分页符的位置取决于所选的纸张大小、页边距设置和设定的缩放比例。当我们有特殊需要的时候，可以随时插入分页符。

（1）水平分页符：单击要插入分页符的行下面一行的行号，选定整行，然后单击选项卡"页面布局"→"页面设计"→"分隔符"→"插入分页符"，这时就会在选定行的前面插入一个水平分页符。

（2）垂直分页符：单击要插入分页符的列右侧一列的列标，选定整列，然后单击选项卡"页面布局"→"页面设计"→"分隔符"→"插入分页符"，这时就会在选定列的前面插入一个垂直分页符。

（3）分页符的移动：只有在"分页预览"视图下才能够对分页符进行移动，手动分页符显示为实线，自动插入的分页符显示为虚线。移动时，直接通过鼠标拖动分页符到新的位置即可。

（4）分页符的删除：对于水平分页符，需选择其下方的行或者单元格，然后单击选项卡"页面布局"→"页面设计"→"分隔符"→"删除分页符"；对于垂直分页符，需选择其右侧的列或者单元格，然后使用菜单"删除分页符"命令。删除所有手动分页符，需要单击选项卡"页面布局"→"页面设计"→"分隔符"→"重设所有分页符"命令，另外也可以将分页符拖出打印区域之外。

交叉的分页符如何删除？

单击选择交叉点右下对应单元格，然后使用"分隔符"→"删除分页符"即可。其逆过程可以方便地插入两个分页符，即垂直分页符和水平分页符。

总结与复习

本章小结

本章我们通过张敏同学在科技文化节做志愿者完成的 10 个任务，初步体验了电子表格的编辑、数据快速录入、排版格式设计、公式计算、统计、制作图表、打印，帮助大家掌握了电子表格主要功能的基本操作及应用。学习结束后，请大家参照本章开始的能力目标、知识目标、素质目标，对自己的学习效果做出自我评价，然后，完成后面的习题，进行自我检验。

关键术语

单元格、工作表、工作簿、当前单元格、编辑栏、单元格区域、填充柄、页眉、公式、引用、函数、排序、筛选、分类汇总、打印区域、条件格式、页面设置、数据透视表、数据透视图、手动分页符、自动分页符、分页预览、分类轴、数据系列、图表区、打印预览。

动手项目

（1）请使用电子表格 Excel 为我们班设计一个课程表。

（2）用术语为同学讲解一下如何实现表格标题"跨列居中"的效果。

（3）用 Excel 帮助商店做一天的销售记录，并分析各种商品的销售情况。找出销量最大的商品，算出销售商品的平均价格，计算销售总额。尝试给商品分类，并做分类汇总。

（4）使用数据透视表完成济南某高中二年级同学的成绩分析，素材位置为"素材\第 6 章\总结与复习\学生成绩.xlsx"。

学以致用

（1）张老师是你之前最好的老师，他的年龄大了，操作计算机不是很方便。你去拜访他的时候，正好看到他在录入学生成绩单，如表 6–1 所示，你能帮助他完成吗？注意：最后要算出总分。

（2）李峰在淘宝上开了个店铺，请我们帮忙做一下每天的销售统计，统计各个类别的销售情况，找出销售火爆的 6 个商品。

表 6–1　学生成绩单

序号	姓名	语文	数学	英语	科学	美术	音乐	体育	总分
1	王煜阳	73	49	32	33.5	27	59.5	53	
2	柳奕腾	74.5	54	48	48.5	69	73.5	71	
3	卓开荣	69.5	57	22	26	39	78.5	52	
4	叶燕平	80	47.5	37	33	62	49	65	
5	许舒悦	94	69.5	80	76	80	61	70	
6	姚志军	80.5	61	35	62	62	32	78	
7	吴峰龙	77.5	46.5	61	63	64	19	73	
8	黄福忠	89	58.5	21	74.5	79	76.5	77	
9	彭开国	87	58	45	41	77	76.5	46	
10	许剑堃	70.5	29.5	81	62	61	60	29	
11	傅富裕	89	60.5	80.5	37	62	68.5	61	
12	蔡伟斌	83	60	26	67.5	62	50.5	60.5	
13	陈成	87	38	18	30	26	37.5	72	
14	王小松	86	64.5	49	37.5	61	59.5	56	

（3）用 Excel 来完成个人每月开支记录及计算，分类汇总自己的各项支出。

第 7 章　制作演示文稿 PowerPoint 2010

情境引入

小李是某公司的一名文员，工作中有很多资料需通过 Office 办公软件进行处理。比如公司会议需要使用 PowerPoint 软件制作演示文稿，通过播放一张张幻灯片的方式来讲述会议内容或控制会议流程。小李比较缺乏此方面的知识，若不借助别人的帮助与指导，自己不能完成会议幻灯片的制作。

本章将面向 PowerPoint 软件初学者，带领大家认识此软件的优势、功能、专业术语等内容，并熟练掌握各功能的具体运用。通过系统的学习，能根据实际应用的场合、需求等不同情况制作出集文字、图片、声音及视频剪辑等多媒体元素于一体的演示文稿，把自己所要表达的信息有机地整合在一组图文并茂的幻灯片中。

本章学习目标

能力目标：
- ✓ 能够对幻灯片的文本、背景、填充以及强调文字等进行重新配色
- ✓ 能够完善系统中提供的幻灯片母版
- ✓ 能够在幻灯片中插入图片、剪贴画等对象，并对它们进行修改与编辑
- ✓ 能够在幻灯片中插入声音、视频并进行播放设置
- ✓ 能够设置幻灯片中对象的动画效果
- ✓ 能够设置放映方式
- ✓ 能够对幻灯片进行打印设置与操作

知识目标：
- ✓ 掌握 PowerPoint 软件功能区主要按钮的功能
- ✓ 了解演示文稿与幻灯片的概念
- ✓ 掌握对幻灯片中的内容进行排版与编辑的基本操作方法
- ✓ 掌握在幻灯片中插入图片、艺术字、自选图形等对象的基本操作方法
- ✓ 掌握设置幻灯片切换效果的基本操作方法
- ✓ 掌握幻灯片常用放映方式的设置方法
- ✓ 掌握打印幻灯片与讲义的基本操作方法

素质目标：
- ✓ 用 PowerPoint 软件界面元素的专业表达方式来描述各功能的运用
- ✓ 根据实际的放映场合设置演示文稿的播放方式
- ✓ 根据需要打印幻灯片或讲义

实验环境需求

硬件要求：
多媒体电脑

软件要求：
Windows 7 操作系统、中/英文输入法、Office 办公软件

任务 7-1　初识 PowerPoint 2010

任务描述

本次任务我们首先来认识一下 PowerPoint 2010 的主界面，熟悉其界面操作特点及各元素的名称，体会 PowerPoint 的功能。尝试完成下面的操作。

（1）仿照前面所学启动 Office 软件的方法启动 PowerPoint 2010。
（2）在新建演示文稿默认幻灯片的后面添加一张新幻灯片。
（3）将已有的两张幻灯片互换位置。
（4）在幻灯片中显示出标尺。
（5）隐藏"加载项"选项卡。
（6）以"PowerPoint 基础"为名，保存演示文稿。
（7）退出 PowerPoint 2010 程序。
（8）再次启动程序，并打开"PowerPoint 基础"演示文稿。

任务实现

（1）单击"开始"→"程序"→"Microsoft Office"→"Microsoft PowerPoint 2010"，启动 PowerPoint 2010。①

（2）选择第一张幻灯片，单击"开始"→"幻灯片"→"新建幻灯片"，在展开的"Office 主题"列表框中选择一种版式，即可在当前幻灯片后创建一张新的幻灯片。②

（3）选中第一张幻灯片，按住鼠标左键，拖动幻灯片到需要的位置，松开鼠标左键即可。③

（4）单击"视图"→"显示"，选中"标尺"复选框。

（5）单击"文件"→"选项"，打开"PowerPoint 选项"对话框，选择左窗口的"自定义功能区"，在右窗口的自定义功能区中选择"加载项"复选框。④

（6）单击"开始"→"保存"（或单击窗口左上方的"保存"按钮或按"Ctrl+S"组合键），在"另存

边做边想

① 观察 PowerPoint 2010 的界面，共有几个选项卡？默认的选项卡是哪几个？默认的演示文稿标题是什么？

② 观察你选择的幻灯片版式有几个占位符？试试有几种方法可在占位符内输入内容。

③ 试试拖动时按住"Ctrl"键会发生什么？

④ 看看你的 PowerPoint 2010 界面中默认情况下有没有"加载项"选项卡，如果有的话，怎么将其隐藏？

为"对话框中选择保存位置,在"文件名"文本框中键入"PowerPoint 基础",单击"保存"按钮。⑤

(7) 单击"文件"→"退出",将退出 PowerPoint 2010。

(8) 启动 PowerPoint 2010 后,单击"文件"→"打开",在"打开"对话框中选择"PowerPoint 基础"演示文稿,单击"打开"按钮。⑥

⑤ 观察此时演示文稿的标题栏变成了什么内容?

⑥ 想想如何"以只读方式打开"演示文稿。

知识点:PowerPoint 2010 功能区主要按钮的功能及位置

PowerPoint 2010 启动之后,将出现如图 7-1 所示的启动界面。

功能区是 Fluent UI 的一部分,旨在优化关键 PowerPoint 演示文稿方案以使其更易于使用。使用功能区,可以快速地访问 PowerPoint 2010 中的所有命令,并且可以在以后更加轻松地添加内容和进行自定义。还可以自定义功能区,例如,用户可以创建自定义选项卡和自定义组来包含常用命令。为了在页面上充分显示演示区,还可以在编辑期间隐藏功能区。接下来,我们来详细了解一下 PowerPoint 2010 功能区上的常用命令及其位置。

(1) "文件"选项卡,如图 7-2 所示。

图 7-1　PowerPoint 2010 的主窗口　　　　图 7-2　"文件"选项卡

使用"文件"选项卡可创建新文件、打开或保存现有文件和打印演示文稿。

(2) "开始"选项卡,如图 7-3 所示。

图 7-3　"开始"选项卡

使用"开始"选项卡可插入新幻灯片、将对象组合在一起以及设置幻灯片上文本的格式。操作方法为：

① 单击"新建幻灯片"旁边的箭头，则可有多种幻灯片版式进行选择。

② "字体"分组包括"字体""加粗""斜体"和"字号"按钮等。①

③ "段落"分组包括"文本右对齐""文本左对齐""两端对齐"和"居中"等。

④ 若要查找"组合"命令，请单击"排列"按钮，然后在"组合对象"中选择"组合"。

边学边做

① 在演示文稿的第一张幻灯片的标题占位符内输入"PowerPoint 2010 简介"，并设置成隶书、60磅、加粗、带下划线。

（3）"插入"选项卡，如图7-4所示。

图7-4 "插入"选项卡

使用"插入"选项卡可将表格、形状、图表、页眉或页脚插入到演示文稿中。

（4）"设计"选项卡，如图7-5所示。

图7-5 "设计"选项卡

使用"设计"选项卡可自定义演示文稿的背景、主题设计和颜色或页面设置。

① 单击"页面设置"按钮，可启动"页面设置"对话框。②

② 在"主题"分组中，单击某主题可将其应用于演示文稿。

③ 单击"背景样式"按钮，可为演示文稿选择背景色和设计。

② 将幻灯片调整成纵向显示，看看显示效果是否满意，思考下什么情况适用于纵向显示。

（5）"切换"选项卡，如图7-6所示。

图7-6 "切换"选项卡

使用"切换"选项卡可对当前幻灯片应用、更改或删除切换。

① 在"切换到此幻灯片"分组，单击某切换方式可将其应用于当前幻灯片。

② 在"声音"列表中，可从多种声音中进行选择以在切换过程中播放。

③ 在"换片方式"下,可选择"单击鼠标时"以在单击时进行切换。
(6)"动画"选项卡,如图7-7所示。

图7-7 "动画"选项卡

使用"动画"选项卡可对幻灯片上的对象应用、更改或删除动画。
① 单击"添加动画"按钮,然后选择应用于选定对象的动画。
② 单击"动画窗格"按钮,可启动"动画窗格"任务窗格。
③ "计时"分组包括用于设置"开始"和"持续时间"的区域。
(7)"幻灯片放映"选项卡,如图7-8所示。

图7-8 "幻灯片放映"选项卡

使用"幻灯片放映"选项卡可开始幻灯片放映、自定义幻灯片放映的设置和隐藏单个幻灯片。
①"开始幻灯片放映"分组中包括"从头开始"和"从当前幻灯片开始"。
② 单击"设置幻灯片放映"可启动"设置放映方式"对话框。
③"隐藏幻灯片"按钮可以将幻灯片设置为隐藏,隐藏的幻灯片放映时不播放。③

③ 设置隐藏"PowerPoint 基础"演示文稿的第一张幻灯片,记录操作步骤。
_____
_____
_____

(8)"审阅"选项卡,如图7-9所示。

图7-9 "审阅"选项卡

使用"审阅"选项卡可检查拼写、更改演示文稿中的语言或比较当前演示文稿与其他演示文稿的差异。
①"校对"分组,用于启动拼写检查程序。
②"语言"分组,包括"编辑语言",在其中可以选择语言。
③"批注"分组,可以为幻灯片添加、编辑批注等。④
④"比较"选项,在其中可以比较当前演示文稿中与其他演示文稿的差异。

④"PowerPoint 基础"演示文稿的第一张幻灯片副标题处添加批注,内容为"制作人:张伟",然后再将批注删除,记录操作步骤。
_____
_____

(9)"视图"选项卡，如图 7-10 所示。

图 7-10 "视图"选项卡

使用"视图"选项卡可以查看幻灯片母版、备注母版、幻灯片浏览，还可以打开或关闭标尺、网格线和参考线。

任务 7-2　制作"实践教学的特色"幻灯片

任务描述

张老师要向领导汇报近期的教学情况，汇报内容包括"实践教学的特色"。张老师总结的实践教学共有 5 个特色，并且对每个特色进行了简单的解释，具体描述如下所述。

实践教学有 5 个比较明显的特色。

互动性：通过模拟企业各环节的真实场景，让学生扮演业务中的不同角色，填写真实业务数据，操作相关单据，处理系统设定的业务活动。

综合性：打破课程、专业、学科界限，将相关知识、能力、素质进行整合。将信息技术、网络技术、多媒体技术、图像等构建到实验中。

理论联系实际性：将真实流通企业的互通性联系理论相结合、各环节业务流程规则与相关角色岗位职责、内部与外部协同关系、相关行业知识和企业经营管理知识的设计方案。

突出重点性：打破传统教学方式，将不同专业、不同教育程度等融入实验中，在系统实际操作中突出相关知识的重点难点，便于学习和掌握。

易操作性：每一步实验操作都配有相应的业务知识、名词解释和操作帮助等，相当于专人指导实验。

怎么才能把上面这些文字合理地安排在同一张幻灯片中？使得既能在投影时使观众看清文字内容、理清文字间的脉络；又能给人以美感、留下深刻印象？图 7-11 是笔者制作的"实践教学的特色"幻灯片，供参考，下面大家按步骤自己制作实现，并保存。

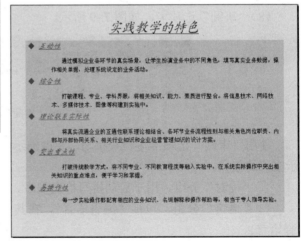

图 7-11 "实践教学的特色"幻灯片制作效果

任务实现

（1）启动 PowerPoint，打开 Microsoft PowerPoint 窗口，默认建立了一个名为"演示文稿1"的演示文稿。①

（2）单击"开始"→"幻灯片"→"版式"，在展开的"Office 主题"列表框中选择"标题和内容"版式，如图 7–12 所示。此时，工作区如图 7–13 所示。此时的工作区由两部分组成，用来显示标题的文本框和以多个项目形式显示文本的文本框。我们要制作的这张"实践教学的特色"幻灯片，包含 5 个具体特色，并且对每个特色还有详细的说明。使用这种版式，每个特色作为一个项目。②③

边做边想

① 打开 PowerPoint 后，记录下窗口标题栏的内容，其中"演示文稿1"是什么意思？
_____

② 在"Office 主题"中找到"标题幻灯片"，想一想，"标题幻灯片"适用于什么样的内容？
_____

③ 在图 7–13 所示的"标题和内容"版式中，默认的项目符号是实心小圆点"●"，观察一下你所用电脑中，这种版式中默认的项目符号是什么形式的？
_____

图 7–12 选择幻灯片版式

图 7–13 "标题和内容"版式工作区

（3）在白色工作区"单击此处添加标题"框内输入文字"实践教学的特色"。④

（4）单击"单击此处添加文本"区域，光标闪烁处输入"互动性"，按回车键，光标在与"互动性"同级别的项目处闪烁。但是我们现在要输入的不是与"互动性"同级别的"综合性"，而是用于解释"互动性"的若干文字，此时同时按下"Shift+Alt+→"组合键，则会出现二级项目符号，

边做边想

④ "实践教学的特色"这个标题的默认字号是多大？
_____

⑤ 观察一下你所用电脑中，这种版式中默认的项目符号是什么形式的？
_____

用于解释上面的一级项目，如图 7-14 所示。

图 7-14 "标题和内容"版式中的一级与二级项目形式

输入"通过模拟企业各环节的真实场景，让学生扮演业务中的不同角色，填写真实业务数据，操作相关单据，处理系统设定的业务活动"。⑤

（5）录入完毕后，按回车键，此时光标仍然在二级项目处，同时按下"Shift+Alt+←"组合键，回到上一级项目。⑥

（6）仿照（4）和（5）两个步骤，输入后面的文字。与图 7-11 给出的幻灯片不同的是，图 7-11 中用于解释每个特色的二级项目文字前，没有项目符号，而按照上述步骤制作的幻灯片中，有一个形如 "-"的项目符号。单击"互动性"下面的文字，然后单击"开始"→"段落"，单击"项目符号"按钮右侧的下三角按钮，展开如图 7-15 所示的"项目符号和编号"列表框，选择"无"，这样就能把二级项目符号去掉。用这种方法把其他的二级项目符号也去掉。⑦

现在我们来看一下，图 7-11 的幻灯片和目前我们的幻灯片，在格式上有以下几点不同。

> 标题是斜体、加粗、32 号字
> 一级项目符号是菱形、红色
> 一级项目的文字是楷体、红色、20 号、带下划线
> 一级项目与二级项目的间距比较宽
> 二级项目中各行文字的间距宽
> 二级项目中各段落首行缩进 2 字符
> 整张幻灯片是浅蓝色背景，文本是灰色背景

下面我们逐个排版实现。

（7）标题文字的格式的调整与 Word 中的操作一致，请自己完成，在此不再讲述。

⑥ 说一下" Shift+Alt+→ "和"Shift+Alt+←"这两组组合键的作用。

⑦ 在 Word 中我们学习了格式刷的用法，在这里能否使用格式刷，把其他的二级项目符号去掉呢？操作一下试试，如果在窗口中未找到格式刷图标，单击"开始"→"剪贴板"→"格式刷"。

图 7-15 "项目符号和编号"列表框

（8）项目符号的形状的调整，与上面（6）中去掉二级项目符号的操作一致，只要选择菱形形状◆就可以，至于颜色，自动会与后面的文字颜色保持一致。

（9）一级项目的文字格式的调整，请自己完成。①

（10）调整一级项目与二级项目的间距，也就是段落间的间距。单击"开始"→"段落"→"行距"，在打开的列表框中选择"行距选项"，在出现的"段落"对话框中单击"缩进和间距"选项卡，将段前、段后均设置为0.5。

（11）用同样的方法把二级项目中各行文字的间距设置为1。②

（12）单击"视图"→"显示"，找到"标尺"，在左边的小方框中打上钩，则在窗口中出现标尺。把鼠标移动到"标尺"上，拖动首行缩进按钮（也就是标尺上侧第 2 个按钮）到数字"3"的位置，即将幻灯片中每个段落的第一行缩进 2 个字符。③④

（13）单击"设计"→"背景"→"背景样式"，在展开的列表框中单击"设置背景格式"命令。打开"设置背景格式"对话框，选择右侧"填充"，然后选中"纯色填充"。单击"颜色"按钮，然后选择浅蓝色，如图 7-16 所示，单击"关闭"按钮，这时整个幻灯片的背景就变成浅蓝色了。⑤⑥

边做边想

① 在完成这一步骤时，可先把第一个一级项目的文字进行排版，然后用格式刷完成后续其他几个的格式设置。试着总结一下，PowerPoint 中的格式刷在使用上有什么特点？能复制段落的格式吗？
_____

② 默认的行距是多少？
_____

③ 你所使用的电脑，标尺是默认出现的吗？如果是，查看一下"视图"选项卡下的"标尺"项目前面有什么样的标志？
_____

④ 鼠标单击二级项目符号文字处，观察标尺上出现几个按钮？尝试拖动各个按钮，认真观察文字位置有什么变化。并说出哪个是左缩进按钮、哪个是悬挂缩进按钮、哪个是首行缩进按钮？
_____
_____

⑤ 如果有两个以上的幻灯片，单击"关闭"和"全部应用"按钮，会有什么不同的效果？
_____
_____

⑥ 此处我们选择的浅蓝色背景，默认已经显示出来，如果想要设置黄色的背景,应如何操作？
_____
_____

图 7-16 "设置背景格式"对话框

（14）在步骤（2）中我们选择的是"标题和内容"版式，这种版式由两个文本框组成，如图 7-13 所示，标题文本框和项目文本框。按照图 7-11 给出的幻灯片效果，我们还需要设置项目文本框的背景色。我们在操作的过程中已经发现，这些项目文字都是包围在一个方框中的，在方框内任意位置右击，出现图7-17所示的快捷菜单。

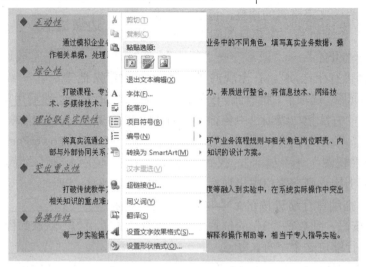

图7-17　项目文本框右键快捷菜单

在快捷菜单中选择"设置形状格式"命令，出现如图7-18所示的"设置形状格式"对话框，在这里就可以设置项目文本框的填充颜色，也就是背景色了。

图7-18　"设置形状格式"对话框

（15）到这里我们已经完成了如图7-11所示的"实践教学的特色"幻灯片的制作，怎么样，你制作的效果和图7-11的效果一样吗？还是在制作的过程中进行了一些个人的独特设计呢？下一步，就该将我们辛辛苦苦制作的幻灯片进行保存，当然，最好的做法是在制作的过程中随时保存。与保存其他文件一样，保存演示文稿的方法也是单击"文件"→"保存"。要提醒大家注意的是，演示文稿文件的默认扩展名是".pptx"，给这个

边做边想

⑦ 你的演示文稿的文件名是什么？

＿＿＿＿＿＿＿＿＿＿＿＿＿＿＿＿

⑧ 这个演示文稿中包含几张幻灯片？幻灯片展示的主要内容是什么？

演示文稿起一个恰当的名字，保存到你自己的姓名目录下。⑦⑧

知识点：幻灯片的版式与背景

1. 幻灯片的版式

幻灯片的版式是 PowerPoint 提供的一种方便用户进行格式化设计的预设操作，通过使用幻灯片版式，用户可将文字、图片、表格、图表等放置到屏幕预定的位置。

幻灯片版式的应用是幻灯片制作中的重要环节，通过在幻灯片中巧妙地安排各对象的位置，能够更好地达到吸引观众注意力的目的。①

在 PowerPoint 软件中，常用的幻灯片版式有以下几种。

1)"标题幻灯片"版式

演示文稿中，标题幻灯片是默认的第一张幻灯片，相当于一本书的封面，它使人们对于演示文稿产生第一印象，具有提纲挈领的作用。因此，标题幻灯片是演示文稿作品中重要的组成部分。

"标题幻灯片"版式预设了两个文本框：主标题区和副标题区。只要在相应的区域中单击鼠标左键，即可直接输入具体的文字内容。

2)"标题和内容"版式

在标题幻灯片下面新建的幻灯片，默认情况下给出的是"标题和内容"版式，由标题区和项目列表区组成。可在标题区输入标题，单击项目列表区，输入幻灯片内容。

3)"仅标题"版式

用于输入演示文稿文件或某张幻灯片的标题。②③

边学边做

① 通过幻灯片版式这方面内容的学习，请说说选择版式的重要性。

② 观察下面的幻灯片，它适合选择哪一种幻灯片版式？

内容提要
- 认识计算机网络
- 局域网设置与应用
- INTERNET基础与应用

③ 观察下面的幻灯片，它适合选择哪一种幻灯片版式？

第二章 计算机系统
计算机硬件系统

2. 文本格式

在演示文稿中，输入的文字内容较多时，必须对文字进行排版，其中包括设置字体格式和效果，设置段落的对齐、缩进方式，设置行和段的间距以及段落分栏、项目符号和编号的设置等等。对文字的排版，PowerPoint 中的操作与 Word 中非常类似，这里我们就不再赘述。

3. 背景

在上面的任务中我们发现，我们分别为整个幻灯片和用于项目列表的文本框设置了背景颜色。除了可以设置背景的颜色外，还可以设置背景的填充效果和图片背景。

在任务中我们单击"设计"→"背景"→"背景样式"，在展开的列表框中单击"设置背景格式"按钮，在"设置背景格式"对话框中设置了背景颜色。在图 7-16 所示的"设置背景格式"对话框中，除了"纯色填充"按钮，还可以选择"渐变填充"按钮、"图片或纹理填充"按钮、"图案填充"按钮。"渐变填充"效果是指背景颜色按一定规律逐渐过渡的改变；"图片填充"效果是把一幅图片作为幻灯片的背景；"纹理填充"效果是用自然纹理作为背景，让人看起来舒服、自然;"图案填充"效果是通过小图元素重复排列成的一幅图。

下面我们以渐变为例,说明操作步骤。在"设置背景格式"对话框中选择"渐变填充",如图7-19所示。

可设置的"渐变"效果有内置的预设效果和自定义的渐变效果。如将幻灯片的页面背景设置为白、蓝两种颜色的渐变效果,实现方法如下所述。

选中"渐变光圈"的"停止点1"滑块,单击"颜色"按钮,在出现的下拉列边框中选择白色;选中"停止点2"滑块,单击"渐变光圈"后的"删除渐变光圈"按钮,将其删除;单击"渐变光圈"的"停止点3"滑块,单击"颜色"按钮,在出现的下拉列边框中选择蓝色。还可以设置填充类型,如"线性",填充方向为"线性对角-右上到左下",填充角度为135°,如图7-20所示。

设置好想要的渐变效果后,单击"关闭"按钮。将设置好的白、蓝渐变填充应用于幻灯片,页面效果如图7-21所示。

图7-19 "渐变填充"按钮

图7-20 双色渐变

图7-21 "渐变填充"效果

边学边做

打开任务7-2中建立的演示文稿,尝试为"实践教学的特色"幻灯片设置不同的背景。

① 将背景设置为红黄双色渐变的方式,填充类型为射线。请写出操作步骤,并观察页面效果。

② 将背景设置为"预设"背景方案中的"碧海青天",填充类型为矩形。请写出操作步骤,并观察页面效果。

③ 将背景设置为"羊皮纸"的纹理填充方式。请写出操作步骤,并观察页面效果。

④ 将背景设置为"图案"填充效果,要求前景色为浅灰色,

设置纹理、图案效果的操作步骤与渐变效果相似，也比较简单，在此不举例讲解。大家可以通过①②③④这几个题目自行练习。背景色为白色，图案样式为"瓦形"。请写出操作步骤，并观察页面效果。

PowerPoint 2010 支持的背景图片格式有 "jpg" "gif" "bmp" "png" 等。在为幻灯片设置图片背景时应注意图片的变形问题，这与我们在第 1 章设置桌面背景是同样的问题，作为初学者，建议大家直接到网上下载图片作为背景，这样基本上就不会有变形。只要在百度中输入 "幻灯片背景图片"，就能找到大量精美的图片，一定能满足你的要求。有关图片搜索与下载的内容，我们已在第 4 章进行了学习。

> **小经验**
>
> 在如图 7-16 所示的"设置背景格式"对话框中，有"关闭"和"全部应用"两个按钮。单击"全部应用"按钮，将此背景方案应用于演示文稿中的每一张幻灯片；单击"关闭"按钮，将此背景方案应用于当前选中的幻灯片。如果我们只想修改其中一张幻灯片的背景，在操作时不小心单击了"全部应用"按钮，致使演示文稿中的大量幻灯片都改变了背景，那么此时应把背景设置为原来的样子，再单击"全部应用"按钮，然后再找到目的幻灯片，重新设置新背景，并单击"关闭"按钮，就可以了。

任务 7-3　添加"汇报提纲"幻灯片

任务描述

在任务 7-2 中，我们制作了"实践教学的特色"幻灯片。正如任务中所描述的，这张幻灯片是张老师汇报的近期教学情况中的其中一张幻灯片。也就是说，要完整地完成教学情况汇报，需要多张幻灯片，每张幻灯片有不同的内容。大家可以设想一下，要做汇报，通常第一张幻灯片会表明汇报题目、汇报人和汇报时间的有关信息，然后第二张幻灯片简要说明汇报提纲。现在我们就来制作张老师的汇报提纲幻灯片。汇报包括三方面内容：课堂教学、实践教学、问题与改进措施。最简单的效果如图 7-22 所示，大家也可以根据前面学习的背景知识，制作更满意的效果，同时应保持与"实践教学的特色"幻灯片的一致性。

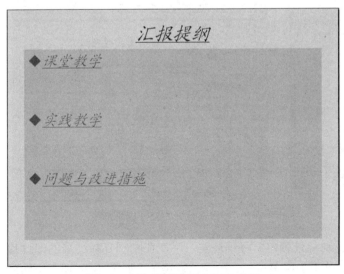

图 7-22　"汇报提纲"幻灯片效果

任务实现

（1）打开任务 7-2 中建立的"实践教学的特色"幻灯片。①

（2）现在我们需要在"实践教学的特色"幻灯片的前面，插入一张"汇报提纲"幻灯片，为了保持两张幻灯片的一致性，采用复制幻灯片的方法。在幻灯片区单击选中幻灯片，如图 7-23 所示。

边做边想

① 这张幻灯片所在的演示文稿的文件名是什么？
_____

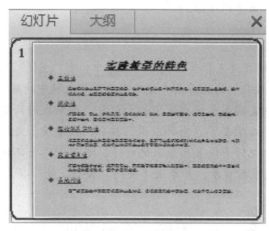

图 7-23　大纲区列出的幻灯片

单击"开始"→"剪贴板"→"复制"按钮，然后单击第 1 张幻灯片上面的空白处（如图 7-24 所示的红色长方形方框内），出现一条闪烁的细线，如图 7-25 所示。单击"剪贴板"分组中的粘贴图标，就完成了幻灯片的复制。

图 7-24　单击位置图示

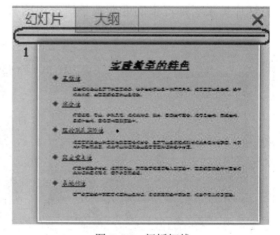

图 7-25　闪烁细线

（3）是不是复制的幻灯片没有复制背景颜色？仔细观察一下，在刚刚复制过来的幻灯片下面，有一个粘贴选项按钮，单击下三角按钮，出现粘贴菜单，如图 7-26 所示，然后单击"保留源格式"按钮，就能把背景颜色同时复制过来。

图 7-26 粘贴选项快捷菜单

（4）删除原"实践教学的特色"幻灯片中多余的内容，输入新内容。调整字号使其与日常习惯相一致，如题目文本的字号应比项目列表文本的字号大一些，等等。至此，我们在演示文稿中添加了一张幻灯片。

（5）如果你愿意把任务 7-3 中的操作再练习一遍，那么你也可以通过新建幻灯片来添加"汇报提纲"幻灯片，单击"开始"→"幻灯片"→"新建幻灯片"，后面的操作和任务 7-3 中类似，不再重复叙述。②

边做边想

② "新建幻灯片"的快捷键是"Ctrl+M"，想一下与"Ctrl+N"有什么区别。

知识点：演示文稿、PowerPoint 视图、编辑幻灯片

1. 演示文稿与幻灯片的概念

在进行下一步学习之前，我们先来澄清一下演示文稿、幻灯片的概念。演示文稿是用来说明一个问题的幻灯片集合，主要用于展示产品、方案。演示文稿可以看做一本书，幻灯片就是书里的每一页，是包含和被包含关系。

我们现在正在学习的 PowerPoint 2010 就是用于创建和制作演示文稿的。由于 PowerPoint 软件是最常用的演示文稿软件，通常也会用其缩写"PPT"来代表演示文稿。其演示文稿的扩展名也是".pptx"，这一点大家已经注意到了。用 PowerPoint 创建的演示文稿文件，文件中的一页叫做幻灯片。

幻灯片用来展示具体内容。在 PowerPoint 中，这些内容可以包括文字、图片、声音、视频、表格等各种元素，以及控制这些元素

边学边做

① 在任务 7-2 中，设计了"实践教学的

的显示效果。每张幻灯片一般至少包括两部分内容：用来表明主题的标题和用来论述主题的文本、图片、声音等各种元素。由多张幻灯片组成的演示文稿，通常在第一张幻灯片上单独显示演示文稿的主标题，在其余幻灯片上分别列出与主标题有关的子标题和表现元素。①

特色"幻灯片，并进行了保存，保存后的这个 pptx 文件就是一个演示文稿，只不过其内容很简单，是用于练习的。在任务 7-3 中，向这个演示文稿添加了一张"汇报提纲"幻灯片，现在思考一下，你原来所保存的演示文稿的文件名是否能代表这两张幻灯片的内容呢？请给演示文稿一个恰当的命名。

制作演示文稿的最终目的是进行演示，能否给观众留下深刻印象是评价演示文稿效果的主要标准。为此，在进行演示文稿设计时应遵循重点突出、简洁明了、形象直观的设计原则。在演示文稿中尽量减少文字的使用，因为大量文字说明往往使观众感到乏味。尽可能地使用其他能吸引观众的表现元素，如图形、图表等方式。此外，还可以加入声音、动画、影片剪辑等，来加强演示文稿的表达效果。

2. PowerPoint 2010 文稿窗口

在任务 7-2 和任务 7-3 中，我们把学习重点放在一张幻灯片内部，也就是在幻灯片中输入文字、设置背景等。这些操作都是在如图 7-27 所示的 PowerPoint 2010 文稿窗口中完成的。

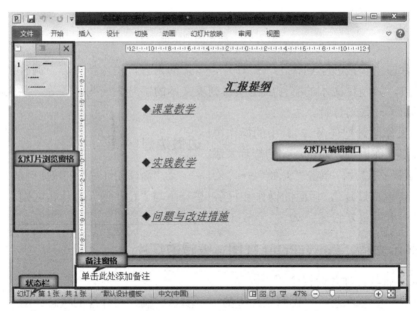

图 7-27　PowerPoint 2010 普通视图下的文稿窗口

从图中可以看出，PowerPoint 2010 的文稿窗口包括大纲/幻灯片浏览窗格、幻灯片编辑窗口、备注窗格等组成部分。

（1）大纲/幻灯片浏览窗格：在本区中，可在幻灯片文本大纲（"大纲"选项卡）和幻灯片缩略图（"幻灯片"选项卡）之间切换。在"大纲"选项卡中只显示幻灯片的文本部分，不显示图形对象和色彩。在"幻灯片"选项卡中，以缩略图的方式在演示文稿中观看幻灯片。

（2）幻灯片编辑窗口：用来编辑幻灯片的内容。

（3）备注窗格：用来编辑幻灯片的一些备注文本。用于为对应的幻灯片添加提示信息，对演讲者起备忘、提示作用，在实际播放演示文稿时观众看不到备注栏中的信息。

3. PowerPoint 2010 的视图

视图是 PowerPoint 提供的多种查看幻灯片的形式。在 PowerPoint 2010 中，有普通视图、幻灯片浏览视图、阅读视图、幻灯片放映视图和备注页视图 5 种工作视图。在 PowerPoint 2010 主窗口备注窗格的左下角，有 4 个视图按钮，从左到右分别对应普通视图、幻灯片浏览视图、阅读视图和幻灯片放映视图，大家可以分别试一下，体会这 4 种视图的不同效果。各种视图提供不同的观察侧面和功能。

1）普通视图

普通视图是主要的编辑视图，用于设计和制作演示文稿。普通视图有大纲模式和幻灯片模式两种，其中，普通视图的幻灯片模式如图 7-27 所示，是 PowerPoint 2010 默认的工作模式，我们前面的两个任务都是在这种模式下完成的。

普通视图的左侧有任务窗格，其中包括了"大纲"和"幻灯片"两个选项卡，单击"大纲"选项卡，可以进入到大纲模式。如图 7-28 所示。

此时大纲区只显示演示文稿的文本部分，不显示图形对象和色彩。当创作者暂时不考虑幻灯片的构图，而仅仅建立贯穿整个演示文稿的构思时，通常采用大纲模式。大纲模式是整理、组织和扩充文字最有效的途径。只需直接在大纲区中依次输入各个幻灯片的标题和正文，系统就会自动建立每张幻灯片。在大纲区中用鼠标左键拖动幻灯片的图标可以改变幻灯片的顺序，另外，在幻灯片中选定条目后右击，利用快捷菜单可使某张幻灯片的条目在不同的幻灯片之间移动。①②

边学边做

① 单击"大纲"选项卡后，在大纲区中选定同一条目，分别设置升级和降级，体会一下有什么不同。记录你的操作。

_____

② 因误操作将大纲区关闭了，该如何操作使其重新显示出来？记录你的操作。

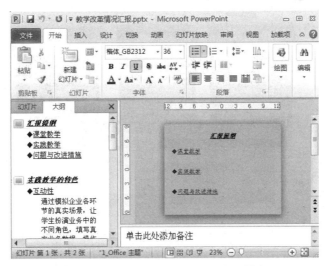

图 7-28　PowerPoint 2010 中的大纲模式

2）幻灯片浏览视图

这种视图可以以最小化的形式显示演示文稿中的所有幻灯片，在这种视图下，可以进行幻灯片顺序的调整、幻灯片动画设计、幻灯片放映设置和幻灯片切换设置等。

3）幻灯片放映视图

用于查看设计好的演示文稿的放映效果。单击普通视图幻灯片备注窗格左下角的第 4 个视图按钮，进入到幻灯片播放状态，此时，按下"Esc"键，看看有什么反应。

4）阅读视图

阅读视图用于向用自己的计算机查看你的演示文稿的人员而非受众（例如，通过大屏幕）放映演示文稿。如果希望在一个设有简单控件以方便审阅的窗口中查看演示文稿，而不想使用全屏的幻灯片放映视图，则也可以在自己的计算机上使用阅读视图。如果要更改演示文稿，可随时从阅读视图切换至某个其他视图。

4. 幻灯片的删除、复制

在制作演示文稿的过程中，不管事先的大纲规划得多仔细，制作细节内容时难免会有所修改，因而就需要插入、删除、移动幻灯片等，这些操作不涉及幻灯片的内容。在普通视图幻灯片模式的大纲区，或者幻灯片浏览视图中都可进行这些操作。操作步骤与文件操作类似，在此不重复。

任务 7-4　美化"案例介绍"幻灯片

任务描述

在"素材\第 7 章\任务 7-4"文件夹下，有一个演示文稿"案例介绍.pptx"，其中包含一张幻灯片，效果如图 7-29 所示，请将该片美化成如图 7-30 所示的效果。

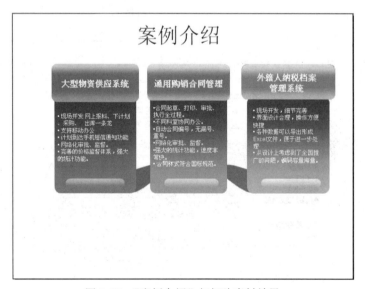

图 7-29　"案例介绍"幻灯片素材效果

通过观察，可看出在"案例介绍"幻灯片的效果片中添加了以下内容：

（1）背景。

（2）左上方公司 Logo 图标。

任务7-4 美化"案例介绍"幻灯片

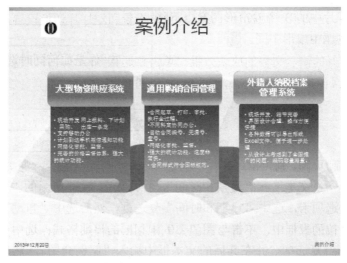

图 7-30 "案例介绍"幻灯片美化效果

(3) 下方设置了"日期""名称""页码"等内容。

任务实现

(1) 双击"案例介绍.pptx"文件,打开"案例介绍"幻灯片。①

(2) 通过 PowerPoint 软件内置的主题设置幻灯片背景。单击"设计"→"主题"→"其他主题",在下方出现"所有主题"下拉列表框,如图 7-31 所示。

图 7-31 "所有主题"下拉列表

在"所有主题"列表,鼠标放置于选中模板上,会显示该模板的名称,从中找到并选择"暗香铺面"主题。②③④

边做边想

① 该演示文稿的名字是什么?包含几张幻灯片?幻灯片的标题是什么?

_____

_____

② 记录如图 7-32 所示主题的名称。

图 7-32 练习②图

_____

③ 幻灯片主题包括其中的内容吗?

_____

④ 在某一主题上右击,出现快捷菜单,如图 7-33 所示,想一想"应用于所有幻灯片"和"应用于选定幻灯片"有什么不同?

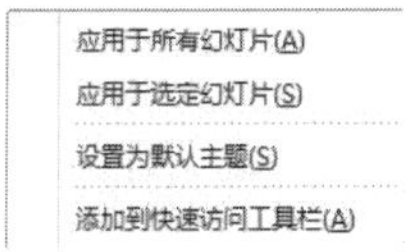

图 7-33 练习④图

同时选中幻灯片中的 3 个卷帘形图案，下移到"暗香铺面"主题中扇形中间。⑤

⑤ 你是如何同时选中 3 个卷帘形图案的？

（3）插入日期、页脚、编号。

单击"插入"→"文本"→"日期和时间"，打开如图 7-34 所示的"页眉和页脚"对话框。在"幻灯片"选项卡，选中"日期和时间"复选框，然后选中"自动更新"单选框，在表示日期类型的下拉列表框中，单击与图 7-30 中相同的日期格式；选中"幻灯片编号"复选框；选中"页脚"复选框，并在其后的文本框中输入"案例介绍"，然后单击"应用"按钮。这样就能在幻灯片中显示日期和编号。

图 7-34 "页眉和页脚"对话框⑥

边做边想

⑥ 在图 7-34 所示的"页眉和页脚"对话框中，关于日期和时间，有"自动更新"和"固定"两种不同选择。试想一下这两个选项的不同点。可通过更改系统日期来观察不同效果。

（4）插入公司图标。

下一步，我们在幻灯片中插入公司图标，图标存储在"素材\第 7 章\任务 7-4\公司图标.jpg"文件中。单击"插入"→"图像"→"图片"，在打开的"插入图片"对话框中找到"公司图标.jpg"文件，操作步骤与在 Word 文档中插入图片类似，在此不重复。将图标插入到幻灯片后，调整图片至适当的大小，把它放置到幻灯片的左上方。如图 7-35 所示。

图 7-35 插入图标后的幻灯片效果

图 7-36 "调整"分组

仔细观察刚刚插入的公司图标，我们发现，图标的白色背景与幻灯片的整体效果很不协调（可更换一个深色背景的设计模板，再次观察效果）。只要把图标的背景设置为透明色，就可以与幻灯片的背景融为一体。操作步骤是：选中公司图标，单击"格式"→"调整"→"删除背景"，如图 7-36 所示，即可使背景透明，与幻灯片背景成为一体。

（5）保存演示文稿，完成本次任务。

知识点：设计模板与插入各种对象

要制作出美观的幻灯片，需要对幻灯片的外观进行编辑、美化。其中操作最为简单、效果最为明显的美化方法是应用 PowerPoint 2010 提供的幻灯片主题和演示文稿设计模板。

1. 幻灯片主题

PowerPoint 2010 提供了多种内置的主题效果。所谓主题就是指将一组设置好的颜色、字体和图形外观效果整合到一起，即一个主题中结合了这三个部分的设置效果。用户可以直接选择内置的主题效果为演示文稿设置统一的外观。如果对内置的主题效果不满意，用户还可以在线使用其他 Office 主题，或者配合使用内置的其他主题颜色、主题字体、主题效果等自定义主题。①

边学边做

① 在"素材\第 7 章\任务 7-4"文件夹下，有"人物介绍.pptx"，包含 7 张幻灯片，请为第 1 张幻灯片应用"穿越"主题，其他幻灯片保持不变。写出操作步骤。
_____
_____

2. 演示文稿设计模板

前面我们已经学习过，演示文稿是由多个幻灯片组成，用来阐明一个问题的演示方案。演示文稿的设计模板，是 PowerPoint 2010 根据不同的用途为用户预制的演示文稿，如"产品介绍""项目总结""推销想法"等。演示文稿设计模板不仅预定义了画面，而且还设计了各个画面的演示内容，用户只要根据自己的演示内容做相应的修改就可以了。使用设计模板，用户可以简便快捷地统一整个演示文稿的风格，操作简单直观，适合初学者。用户可以使用系统内置的设计模板，也可以自定义设计模板。

单击"文件"→"新建"，右侧出现如图 7-37 所示的"可用的模板和主题"任务窗格。

图 7-37 "可用的模板和主题"任务窗格②

边学边做

② 母亲节快到了，王萌萌想为她的母亲制作一张贺卡。要求：

（1）使用 PowerPoint 2010 提供的演示文稿模板。

（2）该演示文稿只包含 1 张幻灯片，主题是祝贺母亲节。

（3）演示文稿文件名应能体现该演示文稿的主要内容和制作者。

并记录：

使用的是哪个模板？_____

该演示文稿模板包含几张幻灯片？_____

对多余的幻灯片应如何处理？_____

对这张母亲节贺卡模板，做了哪些改动？_____

图 7-38 "样本模板"任务窗格

在如图 7-37 所示的任务窗格中选择"样本模板",出现如图 7-38 所示的"样本模板"任务窗格,在此需要根据模板的名称来选择需要的模板,单击右侧的"创建"按钮,即可创建基于模板的演示文稿。

3. 幻灯片中插入各种对象

在任务 7-4 中,我们向幻灯片中插入了图片、编号、页脚等,可以发现,这些操作与 Word 中的操作很类似。在幻灯片中,还可以插入图表、文本框、艺术字、表格等,操作与 Word 中的操作也都类似,本章不再进行讲解。在后面总结与复习的"动手项目"中,通过制作一个实际的幻灯片,可以对这些操作进行熟悉,并且在"素材\第 7 章\课外资料"文件夹中也提供了详细具体的操作步骤,制作中有困难的读者,可参考。

要显示页眉和页脚对话框,也可以单击"插入"→"文本"→"页眉和页脚"或者"幻灯片编号"。插入日期、页脚和编号的操作非常简单,但是请大家注意,插入后的日期、页脚等文字,能不能改变字体和大小呢?如何调整?这些要在后续的母版中进行操作。

任务 7-5 个性化"大学生职业规划"模板

任务描述

"大学生职业规划"模板效果如图 7-39、图 7-40 所示。制作模板所用的素材见"素材\第 7 章\任务 7-5"文件夹。

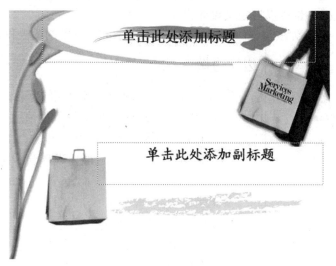

图 7-39 "大学生职业规划"模板首页

图 7-40 "大学生职业规划"模板内容页

任务实现

创建演示文稿模板,最有效的方法是创建个性化的母版,在母版中设置背景、自选图形、字体、字号、颜色等。为了充分展示自己的个性,创作模板之前,准备好要用到的背景图片、修饰图片、动画、声音文件等素材。背景图片可在网上下载,也可用 Photoshop 等软件自己制作。制作图片时,图片的色调最好淡雅些,可以加上个性化的图形文字标志。为了让设计模板小一些,图片的格式最好用 jpg 格式。

(1)新建演示文稿,单击"视图"→"母版视图"→"幻灯片母版",打开母版进行编辑。幻灯片母版如图 7-41 所示。

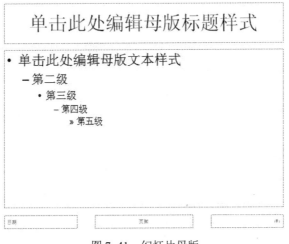

图 7-41 幻灯片母版

(2)单击"幻灯片母版"→"背景"→"背景样式",在弹出的下拉列表框中选择"设置背景格式"命令,在出现的"设置背景格式"对话框中选择"图片或纹理填充",将"任务 7-5"文件夹中的图片"background.jpg"作为母版背景。

(3)在幻灯片母版中插入修饰图片。单击"插入"→"图像"→"图片",在"任务 7-5"文件夹中找到图片"pic05.jpg""pic06.jpg"和"pic07.jpg",将其插入到幻灯片母版中,并调整图片至适当的大小,把它放置到如图 7-42 所示的位置。

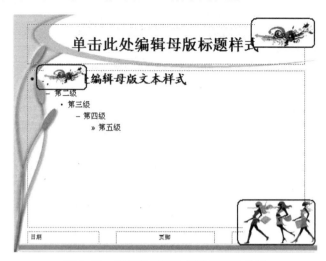

图 7-42　设置修饰图片后的幻灯片母版

刚才我们设置的是幻灯片母版。通常,一个演示文稿文件除了编写内容的幻灯片外,还有一个标题幻灯片,作为整个演示文稿文件的首页(或封面),我们可以通过标题母版进行设置。

(4)在打开的母版编辑窗口的左侧窗格中,选择"标题幻灯片版式",如图 7-43 所示。插入的标题幻灯片母版样式如图 7-44 所示。

图 7-43　插入标题母版

图 7-44　幻灯片标题母版

(5)可见,幻灯片母版和标题母版除了所应用的幻灯片版式不同外,其中的背景图片和修饰图片等内容相同。我们可以将标题母版中的修饰图片删除掉,并重新进行设置。在"任务 7-5"文件夹中找到图片"pic01.jpg""pic02.jpg""pic03.jpg"和"pic04.jpg",将其插入到标题母版中,并调整图片至适当的大小,把它放置到如图 7-45 所示的位置。

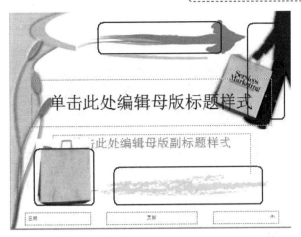

图 7-45　设置修饰图片后的标题母版

（6）将母版标题文本框放置于幻灯片的上方，同时设置标题文本为宋体、40 号，副标题文本设置为楷体、32 号；将幻灯片母版中的标题文本设置为宋体 36 号，内容文本设置为楷体、28 号。

（7）在功能区中单击"关闭母版视图"按钮，退出对母版的编辑。

（8）保存。将文件命名为"大学生职业规划"，将保存格式设为演示文稿设计模板文件（.potx）。①②

边做边想

① 保存演示文稿时，默认的保存格式为 pptx 格式，怎样才能保存为 potx 模板？

② 请写出幻灯片母版的基本使用方法、作用及在什么情况下适合使用幻灯片母版。

知识点：幻灯片母版

幻灯片母版用于设置幻灯片的样式，可供用户设定各种标题文字、背景、属性等，只需更改一项内容就可更改所有幻灯片的设计。比如，要求在演示文稿中的每一张幻灯片中放置公司图标，若将图片逐一的插入到每张页面中，会做大量重复性的操作而降低工作效率。我们可通过设置幻灯片母版的方式完成此操作。①

边学边做

① 若使用"幻灯片母版"的方式设置日期和页脚，但在"页眉和页脚"对话框中不选中这两项设置，请观察，幻灯片中的日期和页脚能显示吗？

而且，还可以通过母版修改 PowerPoint 2010 提供的幻灯片设计模板，如修改母版中的文本框大小或位置、文本属性、背景设计和配色方案等，且只需修改一次就可更改所有应用了相同模板的幻灯片。在素材包的"任务 7-5"文件夹，有一个演示文稿"计算机文化基础.pptx"。演示文稿文件中前 3 张幻灯片如图 7-46、图 7-47、图 7-48 所示。第 1 张幻灯片的版式为标题幻灯片，第 2、3 张是应用了"标题和文本"版式的幻灯片，这两张幻灯片应用了相同的幻灯片设计模板，其中标题文字为黑体、32 号，项目内容的文字为楷体、28 号。

现在，我们通过母版将标题幻灯片中的"钟表"形状的图片去掉，将第 2、3 张幻灯片中的标题文字修改为楷体、36 号,项目内容的文字修改为宋体、28 号。实现步骤如下。

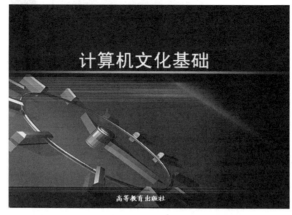

图 7-46 "计算机文化基础.pptx"中的标题幻灯片

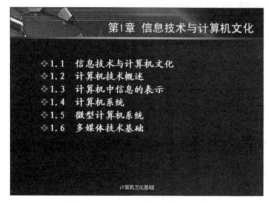

图 7-47 第 1 张内容幻灯片

图 7-48 第 2 张内容幻灯片

(1)单击"视图"→"母版视图"→"幻灯片母版",在窗口的左侧窗格出现幻灯片母版和标题母版这两种母版样式,如图 7-49 所示。

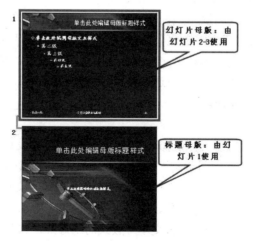

图 7-49 幻灯片母版和标题母版

（2）单击标题母版，编辑窗口如图7-50所示。选中标题母版中的"钟表"形状的图片，按"Delete"键将其删除。②③

边学边做

② 利用幻灯片母版，将图7-47和图7-48中幻灯片上方的钟表图片替换为其他图片。

③ 通过个性化"大学生职业规划"模板的制作，请总结幻灯片母版与标题母版的区别与应用。

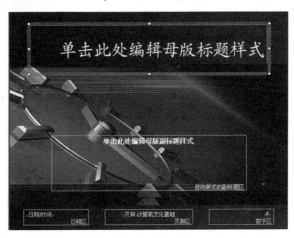

图7-50 标题母版编辑窗口

（3）单击幻灯片母版，编辑窗口如图7-51所示。选中"单击此处编辑母版标题样式"字样，将其文本属性设置为楷体、36号。选中"单击此处编辑母版文本样式"字样，将其文本属性设置为宋体、28号。

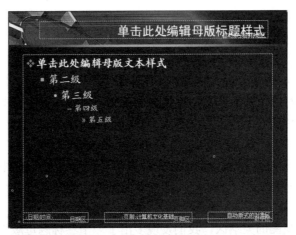

图7-51 幻灯片母版编辑窗口

任务7-6 为"汇报提纲"幻灯片应用"炫"模板

任务描述

在任务7-4中,我们在"案例介绍"幻灯片中加入了图标和日期等。我们发现,这张原始的幻灯片的效果也是非常吸引人的,立体感强。幻灯片中同样是包含3个方面的内容,其效果比我们在任务7-3中制作的"汇报提纲"幻灯片要好得多。那么这种具有很"炫"效果的幻灯片是如何制作出来的呢?下面我们就来设计具有立体感效果的"汇报提纲"幻灯片,效果如图7-52所示。

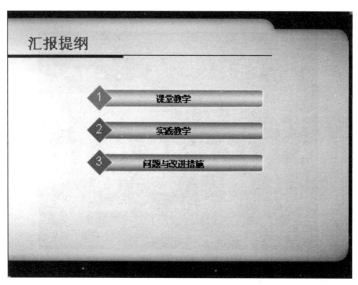

图7-52 立体感效果的"汇报提纲"幻灯片

任务实现

(1)打开"素材\第7章\任务7-6"文件夹下的"四元素模板.pptx",将其中的幻灯片复制到"汇报提纲"幻灯片所在的演示文稿,注意确保复制效果与原片完全相同。为了便于效果比较,将模板放在"汇报提纲"幻灯片的下面。如图7-53所示。

(2)单击选中第4个条目框,然后按"Delete"键,将其删除。用"汇报提纲"幻灯片中的中文替换模板中对应位置的英文,直接选中英文,然后输入中文即可。

(3)在模板幻灯片的右上角,有一行小字"Company Logo",其用意是提示在此处放置单位的标志,如果没有标志,就应删掉这段小字。在文字上单击,没有任何变化,这说明这几个文字是设计在幻灯片母版中的。首先确保模板幻灯片处于选中状态,然后单击"视图"→"母版视图"→"幻灯片母版",进入母版视图,此时就可以很容易地将右上角的几个文字删掉。

(4)在"母版"视图的大纲区,我们发现多出了一个"标题母版",如图7-54所示。这是伴随"四元素模板"而来的,可以删除,也可以不做任何处理。

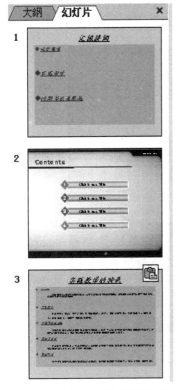 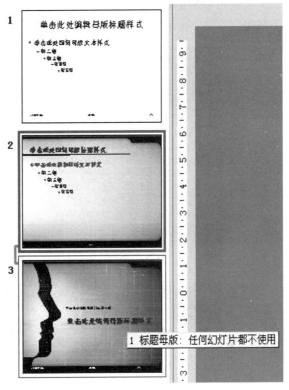

图 7-53　复制"四元素模板"后的效果　　　　图 7-54　多出了一个标题母版

知识点：模板的获取与选择

通过刚才的任务 7-6，我们发现，有了模板，制作美观的幻灯片是非常容易的事情。那么，如何获得更多的模板呢？可以在网上搜索。通过百度搜索，输入关键词"PPT 模板"，或者类似的关键词，会有很多的搜索结果。①

有了模板，如何根据要展示的内容来选择合适的模板也很关键。在"素材\第 7 章\课外资料"文件夹，我们为大家提供了一些模板，可以浏览参考。

边学边做

① 搜索任务 7-6 所用到的"四元素模板"。并记录：输入的关键词是什么？在哪个网站下载模板的？

_____

_____

任务 7-7　制作带背景音乐的"我的大学生活"封面幻灯片

任务描述

演示文稿的首张幻灯片，或称封面幻灯片，是非常关键的。制作精美的封面幻灯片既能在视觉上吸引观众的注意力，又能体现整个文稿的基本内容。前面分析过，"我的大学生活"演示文稿包括 3 个方面的内容，因此选取了 3 张分别体现"学院""专业学习"和"业余生活"的图片，笔者制作的封面幻灯片效果见图 7-55，素材存储在"素材\第 7 章\任务 7-7"文件夹下。大家也可以根据自己的喜好，寻找更适合自己的素材。在播放时，封面幻灯片还应具有如下效果：

图7-55 "我的大学生活"封面幻灯片效果

（1）舒缓的背景音乐。

（2）单击代表学院的图片时，连接到学院主页。

任务实现

（1）参照给出的封面幻灯片效果和素材，制作封面幻灯片，涉及幻灯片的文字格式、插入图片和图片设置等内容，前面已经学习过，制作中有困难的读者，可参考以前学习过的内容。①

边做边想

① 思考一下，背景放在母版中与放在幻灯片中有什么不同？

（2）下面我们添加幻灯片的背景音乐。单击"插入"→"媒体"，单击"音频"下的下三角按钮，在展开的列表框中选择"文件中的音频"。打开"插入音频"对话框，选择素材中的"背景音乐.mp3"，单击"确定"按钮。

（3）这时幻灯片上出现表示声音的小喇叭图标，现在我们来看一下幻灯片放映时背景音乐的播放效果。单击"幻灯片放映"→"开始放映幻灯片"→"从头开始"，或者按"F5"键，是不是有音乐了？②

② 幻灯片放映是什么作用？体会声音播放特点。记下两处令人不满意之处。

（4）在插入音频后，同样需要对其进行编辑与设置，才能达到更好的播放效果。下面将编辑并设置声音效果，具体操作步骤如下。

编辑音频。单击选中幻灯片中的"声音"图标，单击"播放"→"编辑"→"裁剪音频"，打开"裁剪音频"对话框，设置开始时间与结束时间，单击"确定"按钮，如图7-56所示。

图 7-56 "剪裁音频"对话框

选择声音开始时间。在"音频选项"分组中单击"开始"下三角按钮,在展开的下拉列表中选择声音开始的时间,在此选择"自动"选项,如图 7-57 所示。

设置音频选项。直接插入声音文件,未经任何个人设置,放映时有两处不满意之处:一是画面上有声音图标,影响美观效果;二是在放映过程中,音乐只播放一遍就停止了,但是通常情况下我们希望音乐能重复播放,因此需要对声音进行进一步设置。在"音频选项"分组中勾选"放映时隐藏"和"循环播放,直到停止"复选框,如图 7-58 所示。

图 7-57 设置声音开始时间

图 7-58 设置音频选项

(5) 下面我们来制作图片的超链接。单击"插入"→"链接"→"超链接"或者右击,在弹出的快捷菜单中选择"超链接"命令,出现如图 7-59 所示的"编辑超链接"对话框。

图 7-59 "编辑超链接"对话框

在"链接到"栏,单击"原有文件或网页"图标,在地址栏,输入学院的网页地址。单击"确定"按钮,这样幻灯片在放映时,只要单击学院图片,就可以在放映过程中直接链接到学院主页。

(6) 保存演示文稿。③

边做边想

③ 假设你是放映者,请写出这张幻灯片的解说词。

_____

_____

知识点：插入超链接和音/视频文件

1. 插入超链接

所谓"超链接"是网页制作中的一个名词，也就是从当前网页切换到其他网页中去的一个入口。随着超链接功能的不断发展，该功能已被其他应用程序所移植，PowerPoint 也具有超链接功能。超链接是实现从一个演示文稿或文件快速跳转到其他演示文稿或文件的捷径，通过它可以在自己的计算机上，甚至网络上进行快速切换。超链接可以是幻灯片中的文字或图形，也可以是网页。

在对话框中的"链接到"选择区可以选择链接指向的类型："原有文件或网页""本文档中的位置""新建文档""电子邮件地址"；对话框右部分显示与选择的链接指向的类型相应的选择项目，具体指向链接指向的文档或者演示文稿中的具体幻灯片等。选择"原有文件或网页"查找目的文档，选定后单击"确定"按钮退出，超级链接就创建好了。

若要编辑或删除已建立的超级链接，可以在普通视图中，在用作超链接的文本或对象右击，在弹出的快捷菜单中选择"编辑超链接"命令或"删除超链接"命令。

在文稿演示过程中，把鼠标指针移到链接标志上时，指针就会变成手形，此时单击链接就可以实现跳转，打开文档或网页。

2. 插入声音文件

在上面的任务 7-7 中，我们在幻灯片中插入了一首 mp3 音乐作为幻灯片的背景音乐，并通过设置声音对象的属性，隐藏了默认显示的声音图标，控制了播放效果。从操作步骤来看，在幻灯片中插入声音非常简单。除了可以插入文件中的声音，PowerPoint 2010 还可以插入剪贴画声音以及录制声音。单击"插入"→"媒体"→"音频"后，出现的级联菜单中有"文件中的音频""剪贴画音频"和"录制音频"三个选项。

（1）剪贴画音频：使用 PowerPoint 2010 提供的声音或音乐，选择"剪贴画音频"，打开"剪贴画"音频媒体类型任务窗格，然后双击所需的声音，如"鼓掌欢迎""轻松音乐"等，鼠标停留在声音图标上时，会出现简要说明。

（2）文件中的声音：使用已有的声音文件，选择"文件中的音频"，打开"插入音频"对话框，如图 7-60 所示，从中选择所需的声音文件。值得注意的是，PowerPoint 2010 对插入的声音文件类型有一定限制。如图 7-60 所示的对话框，在"文件类型"下拉列表中，列出了 PowerPoint 2010 中能够插入的声音文件类型，如 mp3、wav、midi 等。因此，在插入声音时应注意文件的类型是否满足要求。①

边学边做

① 如果拟插入的声音文件不满足格式要求，应如何处理？
_____
_____
_____
_____

（3）录制声音：要录制自己的声音，选择"录制音频"，打开"录音"对话框，单击 ● 图标开始录音。

插入声音后，幻灯片上会出现一个小喇叭声音图标，要对声音的播放进行进一步的设置，可选中声音图标，通过"播放"选项卡下的"编辑"分组和"音频选项"分组进行设置。其中"编辑"分组可以剪裁音频、设置淡化持续时间，"音频选项"分组可以设置音量、选择声音开始时间以及设置音频选项。

任务7-7 制作带背景音乐的"我的大学生活"封面幻灯片

图 7-60 能插入的声音文件类型

例如，想让插入的声音文件在多张幻灯片中连续播放，可以在"音频选项"分组中的"开始"下拉列表中选择"跨幻灯片播放"。②

边学边做

② 在音乐播放开始和结束处想设置淡入淡出的效果应该怎么设置？写出步骤。
_____

3. 插入视频文件

可以采用与插入背景音乐类似的方法在演示文稿中插入一段视频。下面我们通过制作"灌篮高手"幻灯片，学习在幻灯片中插入视频，并控制播放效果。"灌篮高手"幻灯片效果如图 7-61 所示，此处我们不再叙述详细的制作步骤，大家可以根据自己的喜好制作满意的效果。作为素材，该视频文件存储在"任务7-7"文件夹下。单击"插入"→"媒体"→"视频"可以在幻灯片中插入视频。如图 7-61 所示的效果图中，视频画面的外边框是一个文本框，文本框内的文字是"精彩视频"，文本框大小与视频画面大小一致，有黑色较粗的边框。③④

边学边做

③ 能插入的视频有哪几种类型？
_____
_____

④ 如果要插入的视频不满足格式要求，该如何处理？
_____
_____

图 7-61 "灌篮高手"带视频幻灯片效果

223

制作完毕后，我们重点学习一下播放控制，也就是在放映时，不出现视频画面，当单击"精彩视频"这几个文字时，开始播放视频。

（1）选中视频画面，单击"播放"→"视频选项"，选中"未播放时隐藏"复选框，如图7-62所示。

图7-62 "视频选项"分组

（2）同样选中视频画面，单击"动画"→"高级动画"→"动画窗格"，在右侧出现的"动画窗格"任务栏中，双击"nba.wmv"列表，出现如图7-63所示的"暂停影片"对话框，在"计时"选项卡，单击"触发器"按钮后，出现"部分单击序列动画"和"单击下列对象时启动效果"两个启动选项，选中"单击下列对象时启动效果"单选按钮，并在其后的对象列表框中选择"精彩视频"。这个操作表示，幻灯片播放时，当单击"精彩视频"这几个文字时，会开始播放视频。

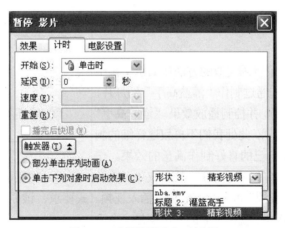

图7-63 "暂停影片"对话框

（3）然后单击"确定"按钮，现在播放一下试试吧。

 小经验

由于视频文件容量较大，插入到演示文稿中播放时，有可能导致播放速度慢或者黑屏不能播放的情形，因此，在设计时，视频最好采用wmv文件格式，且画面的尺寸不宜过大。

4．插入Flash动画

除了插入视频外，也能在幻灯片中插入Flash动画，可爱、逼真的卡通人物，常常令观看者开心一笑。在幻灯片中插入Flash动画的步骤如下所述。

（1）首先单击"文件"→"选项"，打开"PowerPoint选项"对话框，选择左窗口的"自定义功能区"，在右窗口的自定义功能区中选中"开发工具"复选框，如图7-64所示，此时PowerPoint 2010功能选项卡中出现了"开发工具"。

图 7-64 自定义功能区

（2）单击"开发工具"→"控件"→"其他控件"按钮，在弹出的下拉列表中，选择"Shockwave Flash Object"选项，这时鼠标变成了细十字线状，按住左键在幻灯片工作区拖拉出一个矩形框，也就是 Flash 的播放窗口，调整矩形框至合适大小。

（3）在矩形框上右击，在弹出的快捷菜单中，选择"属性"，打开"属性"对话框，在"Movie"选项后的方框中输入需要插入的 Flash 动画文件名及完整路径，然后关闭"属性"对话框。

放映幻灯片时不能控制播放，比如，就像刚才的"灌篮高手"幻灯片，是当单击"精彩视频"时开始播放视频，而这种方式插入的 Flash 动画，是与所在幻灯片同时播放的。要控制 Flash 动画的播放，可采用任务 7-8 中所学习的动作设置等内容。

> 小经验
>
> 为了便于移动演示文稿，最好将 Flash 动画文件与演示文稿保存在同一个文件夹中，这样在 Movie 选项输入文件名时，只需写明文件名，而不需要写带文件夹的完整路径形式。

任务 7-8　制作带视频的"学院简介"幻灯片

任务描述

在任务 7-7 中，我们制作了"我的大学生活"演示文稿的第一张幻灯片。下一步来设计"学院简介"幻灯片。图 7-65 是笔者设计的参考效果，大家也可以自行设计画面效果，所需素材存储在"任务 7-8"文件夹。

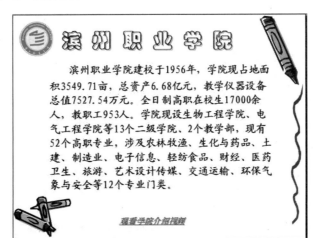

图 7-65　"学院简介"幻灯片参考效果

任务实现

现在我们共同来完成插入"学院简介"视频,其他效果由大家自行设计。

(1)在幻灯片下边缘添加一个文本框,输入文字"观看学院介绍视频",并调整文字大小与其他元素协调一致。

(2)选中上述文本框中的文字,单击"插入"→"链接"→"动作",出现如图 7-66 所示的"动作设置"对话框。在"单击鼠标"选项卡,选中"超链接到"单选框,并在其后的下拉列表中选择"其他文件",然后定位到素材中的"学院简介视频.mpg"。

(3)放映幻灯片,单击"观看学院简介视频"超链接,就能播放视频了。

边做边想

① 你的视频能播放吗?如果不能,请检查你的电脑上是否安装了视频播放软件,如 Windows Media Player、暴风影音、金山影霸等。

_____

② 如果能,请记录你所看到的与上面"灌篮高手"幻灯片中的视频播放效果有什么不同?

_____
_____
_____
_____

图 7-66 "动作设置"对话框①②

知识点:动作设置

演示文稿放映时,由演讲者操作幻灯片上的对象去完成下一步的某项既定工作,则称这项既定的工作为该对象的动作。通过动作设置,可以把演示文稿链接成一个不可分割的整体,这样演讲者可以根据自己的需要随时切换到某一张幻灯片,或快速跳转到其他演示文稿中的某一张幻灯片,必要时也可以启动其他的应用程序,或打开某一个 Internet 网站。这些都使得 PowerPoint 如虎添翼,从而大大地增强了演示文稿的综合演示能力。

通过任务 7-8,我们已经体会到,动作设置是实现超链接的另一种方式。在如图 7-66 所示的"超链接到"项,如我们在任务 7-7 中用插入超链接的方法一样,也是提供了幻灯片跳转,以及打开其他文件的一种方式。①②

边学边做

① 仿照任务 7-8,在幻灯片播放时链接到一个 Word 文档。记录步骤。

_____

② 用同样的方法,在幻灯片播放时链接到一个 Flash 动画。

若选中"运行程序"单选按钮,则表示放映时单击对象会自动运行所选的应用程序,用户可以在文本框中输入所要运行的应用程序及其路径,也可以单击"浏览"按钮选择所要运行的应用程序。单击"确定"按钮,对象动作设置完毕。

在"动作设置"对话框中还有一个"鼠标移过"选项卡,是表示放映时当鼠标指针移过对象时发生的动作,其动作设置的内容与"单击鼠标"选项卡完全相同。

任务 7-9 制作渐次显示的"专业介绍"幻灯片

任务描述

本次任务中,我们来制作一个"专业介绍"幻灯片,向朋友介绍你的专业。要介绍的信息包括:所在的信息工程学院基本情况,包含哪些专业?有多少教师?然后是计算机网络技术专业毕业生的主要就业岗位。幻灯片播放和讲解时要求有以下效果:

(1)首先,显示信息工程学院的介绍信息。

(2)单击幻灯片后,"计算机网络技术"突出显示。

(3)再次单击幻灯片,显示专业就业岗位。

最终效果如图 7-67 所示。

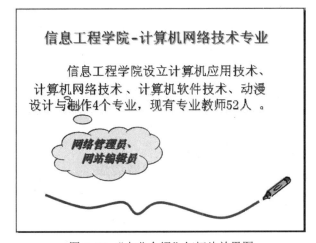

图 7-67 "专业介绍"幻灯片效果图

任务实现

(1)打开前两次任务中建立的演示文稿,在末尾添加新幻灯片,并将新幻灯片的"内容版式"设置为"空白"。

(2)为了实现突出强调"计算机网络技术"专业的效果,我们需要把这几个文字放置在一个单独的文本框中,这样,文本框可以作为一个单独的对象来设置其动作。因此,在空白幻灯片上放置 4 个文本框,内容分别为"信息工程学院-计算机网络技术专业""信息工程学院设立计算机应用技术、计算机网络技术、计算机软件技术、动漫"和"设计与制作 4 个专业,现有专业教师 52 人",并调整文字,设计格式参考效果如图 7-67 所示。

(3)单击"插入"→"插图"→"形状",在弹出的下拉列表中选择"标注"中的"云形标注",在幻灯片上拖动出一个云形标注,将其指向"计算机网络技术"文本框,并输入文字"网络管理员、网站编辑员",效果如图 7-67 所示。

(4) 下面来制作播放时"计算机网络技术"这几个文字的突出显示效果。首先,选中这些文字,单击"动画"→"高级动画"→"添加动画",在弹出的下拉列表中选择"强调"效果中的"陀螺旋";在"高级动画"分组中单击"动画窗格"按钮,在"动画窗格"中双击动画效果,出现"陀螺旋"效果选项对话框,在"数量""开始"对应的下拉列表分别设置,如图 7-68 所示。

(5) 在"陀螺旋"对话框中,如图 7-69 所示,在"效果"选项卡,"增强"栏的"动画播放后"项,将默认的"不变暗"修改为一种较亮的颜色,如黄色、蓝色等。这样设置后,当强调动画播放完毕后,这几个文字可以变为不同的颜色,作为突出。

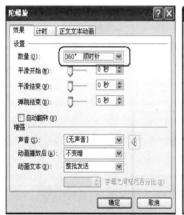

图 7-68 "陀螺旋"效果默认设置

图 7-69 "陀螺旋"效果对话框

(6) 选中"云形标注",单击"动画"→"高级动画"→"添加动画",在弹出的下拉列表中"进入"效果类别选择设置一种你满意的效果。

(7) 保存。播放一下,看看是否达到了本次任务要求的效果。①②③

边做边想

① 写一段解说词,用自己的语言描述播放动画过程。

② 若要为"计算机网络技术专业"字样添加"放大/缩小"效果,应如何操作?

③ 为"云形标注"添加"菱形"进入效果,方向放大,中速。

知识点:幻灯片的动态效果

在播放演示文稿时,如果加入一些文字、图片的动画效果,能够增加作品的可观赏性和吸引力。同时,也可以突出重点,控制信息的演示流程,例如我们在刚才的任务 7-9 中,通过设置动画,可以实现当演讲者解说到专业时,才显示专业信息。PowerPoint 2010 中包含两种动画效果,一种是幻灯片中各个对象(也就是各组成元素,如文本框、表格、图片等)的动画效果,另一种是幻灯片切换时的动画效果。

1. 对象的动画效果

在播放过程中,要设置某一对象的动画效果,如讲解过程中强调显示某些文字,控制某个图片的显示方式等,需要使用"自定义动画"。通过"自定义动画",对选中的对象设置某种动画类型、动画效果、启动方式、动画方向和播放速度等。

要为某一对象设置动画效果,需首先选中该对象,然后单击"动画"→"高级动画"→"添加动画",在出现的下拉列表中选定一种动画类型,共有4种类型:"进入""强调""退出""动作路径"。

(1)进入:放映时对象通过动画进入幻灯片。

(2)强调:放映时对象已经在幻灯片上,做完动画后它仍然停留在幻灯片上。

(3)退出:放映时对象已经在幻灯片上,做完动画后它从幻灯片上消失。

(4)动作路径:一种特殊形式的动画,可以让对象按照设定的路径运动。对象的路径动画指对象能够沿着事先规定的路径运动,动作路径既可以采用系统内置,也可以使用线条工具绘制。动作路径动画往往用于制作类似小鸟飞翔、抛物运动等复杂动画效果,在课件制作过程中经常用到。

在为幻灯片中的对象添加动画后,可以更改动画的运行方向、运行方式等。动画的运行方式是指动画的方向、动画的序列等。在"高级动画"分组中单击"动画窗格"按钮,打开"动画窗格"任务窗口,单击需要更改运行方式的动画效果选项右侧下三角按钮,在展开的下拉列表中单击"效果选项"命令,打开"动画效果"对话框,可以设置动画的运行方向、开始触发方式、速度等。

动画的开始触发方式有3种:单击时、与上一动画同时和上一动画之后。

(1)单击时:指只有单击幻灯片后动画才会发生,往往用于手动控制动画播放。

(2)与上一动画同时:指和上一个对象动画同时发生,用于多个对象同时触发动画。

(3)上一动画之后:指在上一个对象动画完成后才发生,用于多个对象依次触发动画。

动画播放的顺序是由动画窗格中的"自定义动画列表"来决定的,当对象被添加了动画效果后,它就在列表中占有一项,放映时,按照"自定义动画列表"自上而下依次播放对象动画。调整对象动画的放映顺序的方法:单击底部的"向上箭头"可向前移动,单击"向下箭头"可向后移动。

下面我们制作小圆点沿正弦波移动的幻灯片,学习动作路径的使用。

(1)新建演示文稿,在幻灯片上绘制一个高度和宽度均为0.2厘米的椭圆,并填充颜色,该椭圆为移动点,将该椭圆放置到幻灯片合适位置。

(2)选中小椭圆,单击"动画"→"高级动画"→"添加动画",在展开的下拉列表中单击"其他动作路径"命令,在打开的"添加动作路径"对话框中,找到并选择"正弦波",单击"确定"按钮。

2. 幻灯片切换的动画效果

在演示文稿放映过程中由一张幻灯片进入另一张幻灯片就是幻灯片切换,即幻灯片的切换效果是一种页面过渡效果,能够变换页面间的交换方式。从而增强幻灯片放映时的动感,使幻灯片更有趣味性。操作步骤如下所述。

（1）在"切换"选项卡下单击"切换到此幻灯片"分组中的快翻按钮，在展开的下拉列表中列出幻灯片的切换效果。如图 7-70 所示。①②③

（2）选择需要的切换效果；在"切换到此幻灯片"分组中单击"效果选项"按钮，在展开的下拉列表中选择切换动画的方向；在"计时"分组中，单击"声音"下拉列表右侧按钮，在展开的下拉列表中设置幻灯片转换时的声音；在"计时"分组中，单击"持续时间"下拉列表右侧的数值调节按钮，调整动画持续时间；在"计时"分组的"换片方式"中勾选"单击鼠标时"复选框，则单击幻灯片时将自动跳转到下一张幻灯片中，勾选"设置自动换片时间"复选框，然后在其后文本框中单击数值调节按钮，或直接输入幻灯片切换间隔时间，也就是当前幻灯片放映的时间，则当幻灯片放映时间到达指定的间隔时间时，会自动播放下一张幻灯片内容。

图 7-70 "幻灯片切换"任务窗格

边学边做

① 选中演示文稿中的一张幻灯片，将其切换效果设置为"随机水平线条"，并伴有"风铃"声音，鼠标单击时触发切换效果。请写出操作方法。
_____
_____

② 将"自左侧棋盘式"这种幻灯片切换效果应用于演示文稿中的所有幻灯片，幻灯片每隔 5 秒钟自动换页。请写出操作方法。
_____
_____

③ 选中一张幻灯片，为其任意设置幻灯片切换方式。在幻灯片区单击幻灯片序号下的播放动画标志，看看有什么作用？
_____
_____

 小经验

如果将换片方式同时设置了"单击鼠标时"和"设置自动换片时间"。若放映时间没有达到设定间隔时间时，单击幻灯片，将直接跳转到下一张幻灯片，也就是说，"单击鼠标时"换片方式优先于"设置自动换片时间"方式。

如果希望将演示文稿中所有幻灯片间的切换，设置为与当前幻灯片所设切换相同，可以在设置当前幻灯片切换效果后，单击"切换"→"计时"→"全部应用"来实现。

任务 7-10　自动播放"电子银行"演示文稿

任务描述

小李是一名银行职员，应领导要求，小李制作了一个向储户介绍"电子银行"产品的演示文稿，包含 18 张幻灯片，其中第 6 张、第 7 张、第 9 张、第 14 张、第 17 张幻灯片展示的内容较为重要。该演示文稿要在银行办公大厅的显示终端上自动播放，并且重要的幻灯片展示的时间要长一些，当播放完整个演示文稿后自动返回首页重新播放。作为素材，"电子银行.pptx"存储在"素材\第 7 章\任务 7-10"文件夹下。

任务实现

（1）打开"电子银行.pptx"。要使演示文稿自动播放，需设置为"在展台浏览"的放映方式。单击"幻灯片放映"→"设置"→"设置幻灯片放映"，打开"设置放映方式"对话框，在其中设置幻灯片的放映方式为"在展台浏览"，如图 7-71 所示。①②

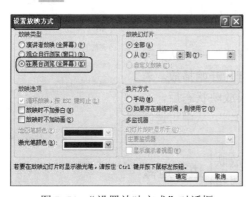

图 7-71　"设置放映方式"对话框

（2）设置排练计时。在"设置"分组中，单击"排练计时"按钮，启动计时系统，如图 7-72 所示。单击"预演"对话框内的时间框，定位光标，可按照"小时：分：秒"的格式输入时间为 5 秒钟，或让其自动计时到 5 秒钟，完毕后按回车键，则所输入的时间生效，并自动放映下一张幻灯片且继续计时。③④

图 7-72　启动计时系统

边做边想

① 在演示文稿放映过程中，若希望结束放映，请写出可实现的几种操作方法。

② 如何实现演示文稿的自动切换和循环放映？请写出操作方法。

③ 将演示文稿中每一张幻灯片在展台的停留时间设置为 10 秒钟，请写出操作方法。

④ 如图 7-72 所示，分别单击其中的"下一项"按钮 ➡ 和"暂停"按钮 ⏸，请写出它们的作用。

(3)保存计时。当播放完最后一张幻灯片后，系统会自动弹出一个提示框，单击"是"按钮，上述操作所记录的时间将保留下来。设置完毕后，可在幻灯片浏览视图下，看到所有设置了时间的幻灯片，下方显示有该幻灯片在屏幕上停留的时间，播放这一组幻灯片时，以此次记录下来的时间放映。

(4)观看放映效果。单击"幻灯片放映"→"开始放映幻灯片"→"从头开始"按钮或按"F5"键，可从第一张幻灯片开始放映；单击"从当前幻灯片开始"按钮或使用"Shift+F5"组合键，可从当前幻灯片开始放映。看看现在的效果是否满意？

知识点：幻灯片的放映

演示文稿创建完毕之后，就可以演示输出了。使用计算机的屏幕作为演示文稿的输出，可以充分利用计算机的特性，对演示文稿中的对象设置动画效果。在演示过程中，我们可以随机控制幻灯片的播放，在幻灯片上添加批注及设置循环放映或自动演示等效果。

为了使所做的演示文稿更精彩，且让观众更好地观看并接受、理解演示文稿，在放映前需要对演示文稿的放映方式进行一定的设置，使演讲者在幻灯片播放时对其进行更好的控制，以提高播放效率和使用效果。在 PowerPoint 中可以根据需要，使用 3 种不同的方式进行幻灯片的放映，即演讲者放映方式、观众自行浏览方式以及在展台浏览放映方式。

1）观看放映方式

单击"幻灯片放映"→"开始放映幻灯片"→"从头开始"或按"F5"键，演示文稿从第一张幻灯片开始播放。若要快速将演示文稿跳转到某一幻灯片，进入放映状态后，右击，在弹出的快捷菜单中选择"定位至幻灯片"，从中可选择要放映的下一张幻灯片，如图 7-73 所示。

图 7-73　定位幻灯片

在放映过程中，演讲者若要在幻灯片放映时在上面做一些标记，可从图 7-73 中选择"指针选项"，在展开的级联菜单中可以选择画笔的类型和墨迹颜色。①

当鼠标变成笔状图标时，可在幻灯片中涂画，这时橡皮擦工具变为可用，可用它来擦除涂画的痕迹。②

边学边做

① 放映幻灯片时，若要对幻灯片中的一段文字做红色标注，如何进行操作？
_____

② 在幻灯片的放映过程中，若要终止其放映，可直接按键盘上的哪一个键？
_____

2）演讲者放映

这是常规的放映方式。在放映过程中，可以人工控制幻灯片的放映进度和动画出现的效果。

3）观众自行浏览

如果演示文稿在小范围放映，同时又允许观众动手操作，可以选择"观众自行浏览（窗口）"方式。在这种方式下演示文稿出现在小窗口内，并提供命令在放映时移动、编辑、复制和打印幻灯片，移动滚动条从一张幻灯片转到另一张幻灯片。

4）在展台浏览

如果演示文稿在展台等无人看管的地方放映，可选择"在展台浏览（全屏幕）"方式。当选定该放映方式后，PowerPoint会自动设定选中"循环放映，Esc键停止"的复选框。

任务 7-11 打印讲义

任务描述

开会前，小李想把本次会议要播放的演示文稿文件中的幻灯片从第一幅开始打印出来，事先发给参会人员，让大家先了解一下会议主题和内容。但往往一张纸上只能打印出一张幻灯片，这样很浪费。小李希望在一张纵向的A4纸上打印出横向排列的6张幻灯片，以黑白方式全部打印出来，打印10份。

任务实现

（1）在打印讲义之前，应完成页面设置和打印设置工作。单击"设计"→"页面设置"，打开"页面设置"对话框，如图7-74所示。

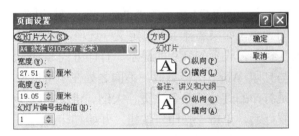

图7-74 "页面设置"对话框

在"幻灯片大小"下拉列表中，选择幻灯片输出的纸张大小为"A4纸张（210*297毫米）"。若要使第一张幻灯片的页码为1，"幻灯片编号起始值"应设为"1"。

在"方向"栏中，设置幻灯片的打印方向为"横向"，讲义方向（即纸张方向）为"纵向"。

（2）打印设置。单击"文件"→"打印"，展开"打印"任务列表，如图7-75所示。

选择"打印范围"为"打印全部幻灯片"，打印内容为"讲义"中的"6张水平放置的幻灯片"，"颜色"设为"纯黑白"。

选中"根据纸张调整大小"复选框，使6张幻灯片能够自适应纸张大小；选中"幻灯片加框"复选框，可为打印出来的幻灯片添加外边框。

设"打印份数"为10份，设置为"逐份打印"，单击"打印"按钮，即可打印。①②

边做边想

① 打印讲义时设置或不设置"逐份打印"有何区别？

_____

_____

② 若要在同一张纸上打印8张幻灯片，请写出操作方法及步骤。

_____

_____

图 7–75　打印任务列表

知识点：演示文稿的打印、网上发布与打包

1. 打印演示文稿

在打印前首先要对幻灯片的页面进行设置，也就是说以什么形式、什么尺寸来打印幻灯片或备注页、讲义或大纲。在如图 7–74 所示的"页面设置"对话框，在"幻灯片大小"下拉列表中选择幻灯片输出的大小，如果选择了"自定义"选项，应在"宽度""高度"框中输入相应的数值。在"方向"栏中，设置幻灯片的显示、打印方向和打印纸张的方向。

打印时的参数设置与打印 Word 文档类似，不同之处在于可以设置在"打印"任务列表中的"幻灯片"区设置是打印幻灯片还是备注页、大纲、讲义，以及每页打印几张幻灯片等多项内容。各种参数设置好后，单击"打印"按钮，开始打印。

若要使幻灯片以彩色方式打印出来，将"颜色"设为"颜色"，且你的电脑必须连接了彩色打印机，并将此打印机设置为默认打印机。

2. 网上发布演示文稿

要想在网上发布演示文稿，可以将演示文稿文件转换为 Web 页文件，之后即可用浏览器来查看演示文稿的内容。将演示文稿转换为 Web 页文件的步骤如下所述。

（1）打开要在网上发布的演示文稿，单击"文件"→"另存为"，打开"另存为"对话框。

（2）在此对话框中可以直接将演示文稿保存为 XML 的文件格式，设置网页文件存放的位置后，单击"保存"按钮即可，使用户能以网页的形式将演示文稿打开。若单击"文件"选项卡下的"保存并发送"中的"发布幻灯片"命令，可以实现幻灯片的发布。

（3）对于生成的 Web 页文件，可以放置在 Web 服务器上，其他用户通过浏览器即可对 Web 页文件进行浏览。

（4）此时选择左侧的幻灯片标题，右侧窗口中就会显示相应幻灯片的内容。通过最底行的按钮可以控制浏览的形式。

3. 将演示文稿打包成 CD

将演示文稿打包就是创建一个包以便其他人可以在大多数计算机上观看此演示文稿。此包的内容包括演示文稿中链接或嵌入项目，如视频、声音和字体，还包括添加到包中的所有其他文件，避免在放映时出现数据丢失等情况。操作步骤如下所述。

（1）单击"文件"→"共享"，在列表中单击"将演示文稿打包成 CD"选项，单击"打包成 CD"按钮。

（2）打开"打包成 CD"对话框，在"将 CD 命名为"文本框中输入 CD 名称，单击"复制到文件夹"按钮，打开"复制到文件夹"对话框，在此单击"浏览"按钮，设置复制到的位置。

（3）此时系统开始对文件进行打包，稍等片刻将自动打开文件夹，显示打包后的文件。

总结与复习

本章小结

本章我们通过完成 11 个具体、常见的实际任务，初步体验了幻灯片中不同对象的编辑与动画效果的设置、幻灯片背景与版式设置、幻灯片放映与打印等内容的操作方法和步骤。本章重点讲解了幻灯片中文本的排版与编辑、幻灯片页面外观的修饰与美化、各种媒体对象的插入与属性设置、幻灯片切换、设置幻灯片中对象的动画效果、幻灯片视图、演示文稿的放映与打印等内容，带领大家掌握了演示文稿主要功能的基本操作及应用。学习结束后，请大家参照本章开始的能力目标，对你的学习效果做出自我评价，然后完成后面的习题进行检验。

关键术语

演示文稿、幻灯片、段落缩进、行距、段间距、对齐方式、项目符号和编号、幻灯片版式、幻灯片设计、幻灯片母版、配色方案、页眉和页脚、艺术字、剪贴画、文本框、自选图形、超链接、动作设置、音频文件、视频文件、幻灯片切换、换页方式、动画方案、自定义动画、动作路径、普通视图、备注页视图、幻灯片浏览视图、阅读视图、幻灯片放映视图、演讲者放映、观众自行浏览、在展台浏览、排练计时、预演时间、演讲者备注、自定义放映、打印幻灯片、打印讲义、打印备注页、打印大纲视图、打印预览。

动手项目

（1）请制作如图 7-76 所示的幻灯片。

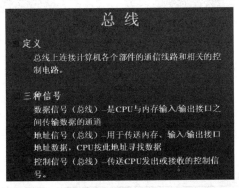

图 7-76 "动手项目"1 幻灯片效果

（2）请制作如图 7-77 所示的幻灯片，要求：

图 7-77 "动手项目" 2 幻灯片效果

① 制作一演示文稿的封面，自选图片作为幻灯片的背景；
② 幻灯片使用"标题幻灯片"版式。

（3）请制作如图 7-78 所示的幻灯片。

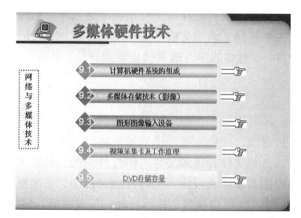

图 7-78 "动手项目" 3 幻灯片效果

（4）请大家自己搜集素材，制作如图 7-79 所示的幻灯片，要求：

图 7-79 "动手项目" 4 幻灯片效果

① 使用自选图形制作备注标识；
② 为幻灯片中的 4 个企业级管理系统的中文字样添加超链接，单击时能链接到相应的幻灯片；
③ 在幻灯片左下角分别设置链接到"第一张"和"下一张"幻灯片的动作按钮；
④ 将文字和图片元素合理整合在幻灯片中。
（5）按照如下要求制作演示文稿。
① 应用主题"行云流水"，制作"手机欣赏"演示文稿，使用 6 张幻灯片来介绍 6 款手机；
② 幻灯片上有文本、艺术字、图片、背景等元素；
③ 设置所有幻灯片的切换效果为"水平百叶窗"，"风铃"的声音，持续时间 3 分钟，单击鼠标时换页；
④ 将第一张幻灯片的标题文本的动画效果设置为"从顶部飞入"，"打字机"的声音，整批发送，单击鼠标启动动画效果；
⑤ 将第一张幻灯片中插入的图片的动画效果设置为"从左侧缓慢切入"，延迟时间 0.5 秒，"风铃"的声音，单击鼠标启动动画效果；
⑥ 使用排练计时功能进行幻灯片放映；
⑦ 将此演示文稿打包。
（6）设计一个介绍你所在城市的演示文稿，要求如下：
① 幻灯片不少于 5 张；
② 第一张幻灯片是"标题幻灯片"；
③ 其他幻灯片中要包含有与提名要求相关的文字、图片或艺术字，并且这些对象要通过"自定义动画"进行设置；
④ 除"标题幻灯片"之外，每张幻灯片上都要显示页码；
⑤ 选择一种"应用设计模板"对文件进行设置；
⑥ 设置每张幻灯片的切入方式。

学以致用

（1）浏览"素材\第 7 章\总结与复习\学以致用 1.pptx"，从制作技术角度，说出该演示文稿的可完善之处（至少 10 处）。

（2）要制作一个以某公司产品推介为主题的演示文稿，要求在其中的每一张幻灯片中的左上角放置公司标志，每种产品名称以黑体、三号字、红色显示，在页脚处添加公司名称字样，以蓝白渐变的方式填充幻灯片背景。请你设计制作方案，并制作出其中的一张幻灯片。

（3）制作一张关于你所在学校的幻灯片。打开此幻灯片，有音乐播放，并可通过鼠标控制音乐的播放与停止。幻灯片中包括学校简要的文字介绍，两侧放置校园图片，在幻灯片中间放置学校的视频文件，单击可以播放视频。请你搜集素材，自行设计并完成此幻灯片的制作。

（4）制作个人简历演示文稿，在幻灯片中设置切换效果和动画效果，请你自行设计制作方案。

（5）每逢节日将至，朋友之间都会以发送贺卡的形式互致问候。在计算机网络高速发展的今天，如在电子邮件中附上自制的电子贺卡，为朋友送去祝福，将会显得更加珍贵和与众不同。利用 PowerPoint 2010 制作带有动画效果的生日贺卡，并发送给你的朋友，所用素材可以在网上搜索。

（6）自己选择一门所学课程，制作一个教学演示文稿。要求演示文稿中要含有文字、表格、图片、组织结构图、超级链接；含有动画效果、背景等元素；含有自定义动画路径、能循环播放；设置幻灯片切换方式；要求幻灯片数量在 10 张以上。

（7）在幻灯片中插入超链接后，会在链接文字上出现下划线。请问如何将此下划线去掉？可上网搜索可行的方法并加以实践。

第 8 章 保护计算机

情境引入

晓玲的工作和生活都离不开计算机，计算机不仅为晓玲的工作带来便利，也丰富了她的业余生活。但是在使用计算机的过程中，经常会遇到各种故障，比如计算机速度莫名其妙地变慢、遭遇病毒入侵致使文件无法打开、系统崩溃导致计算机不能正常启动等。遇到问题时，只能找专业人员维护。"求人不如求己"，只要用心学习，计算机的大部分日常维护自己也能够解决。

本章围绕如何保护计算机正常工作，讲解了安装操作系统、系统数据备份、预防和查杀病毒、磁盘整理等计算机维护方面的内容。

本章学习目标

能力目标：
- ✓ 能够安装操作系统
- ✓ 能够安装、使用虚拟机软件
- ✓ 能够正确进行硬盘分区
- ✓ 能够根据系统用途选择合适的文件系统
- ✓ 会使用 Ghost 软件完成系统备份
- ✓ 能够正确地使用杀毒软件

知识目标：
- ✓ 理解计算机的启动过程
- ✓ 理解虚拟机的概念和用法
- ✓ 掌握硬盘分区的类型和分区管理过程
- ✓ 理解分区管理的过程
- ✓ 掌握硬盘分区的基本工具的用法
- ✓ 熟练掌握 Ghost 软件的各类术语
- ✓ 掌握系统备份的方法

素质目标：
- ✓ 充分挖掘计算机的潜能
- ✓ 合理规划硬盘分区
- ✓ 合理规划安全使用计算机的方案

实验环境需求

硬件要求：

多媒体计算机、内存 1 G、空闲硬盘空间 10 G 以上软件要求：
Windows 7、VMware1.0、PQ Magic、"电脑管家"软件

任务 8–1　查杀计算机病毒

任务描述

下面我们使用电脑管家作为杀毒软件的范例，完成病毒查杀的相关操作过程，如全盘查杀和按需查杀。

任务实现

（1）在任务栏右下角，单击"电脑管家"图标 ，打开"电脑管家"工作窗口，如图 8–1 所示。

图 8–1　"电脑管家"工作窗口

（2）单击左侧菜单栏上的"病毒查杀"选项，出现 3 种病毒查杀方式：闪电杀毒、全盘杀毒和指定位置杀毒，如图 8–2 所示。

（3）单击"闪电杀毒"选项，自动完成关键部位的查杀，杀毒过程如图 8–3 所示，杀毒时长大约 1–2 分钟。整个系统的查杀可以通过"全盘杀毒"进行，运行时间较长，根据数据量大小，需 2–6 小时，一般仅在夜晚或者时间充裕时进行。

（4）单击"指定位置杀毒"选项，出现"选择查杀位置"对话框，如图 8–4 所示，选中需要查杀的对象，然后单击"开始杀毒"按钮；也可以在"计算机"窗口右击被选中的对象，在快捷菜单中选择"扫描病毒（电脑管家）"查杀选中的对象。

（5）查杀完毕后，显示杀毒结果，可疑文件和病毒程序自动进入"隔离区"，可疑程序和病毒一旦进入隔离区，将不能被其它程序调用，也不能运行，防止病毒再次传染（复制）。

图 8-2 选择杀毒方式

图 8-3 闪电杀毒过程

图 8-4 指定查杀位置

单击图 8-2 中的"隔离区"标签，将显示如图 8-5 所示的隔离区内文件。杀毒软件可能会存在误伤的情况，会导致个别系统不能正常运行。这时候可以从"隔离区"恢复误伤的程序或者文件。选中隔离区内的文件后，可以恢复或者删除相应文件，对误操作的文件可以恢复，有疑问的文件可以发送给防病毒软件厂商，对确定的病毒文件可以彻底删除。

图 8-5　隔离区的文件

知识点：病毒分类及网络攻击

电脑管家能够识别的有害程序或病毒有：广告软件、后门程序、恶作剧程序、引导区病毒、宏病毒，等等。下面针对一些已经研究较多的病毒程序进行简要说明。

（1）广告软件（Adware）：会强制显示横幅广告或者在屏幕上显示弹出窗口广告条的软件，通常无法移除。它会通过连接数据，分析用户的使用行为。

（2）后门程序（Backdoor）：可以绕过计算机访问安全机制对计算机进行访问的程序。一般来说，通过后台执行的程序，攻击者可拥有几乎不受限制的权限。在后门程序的帮助下，攻击者可窃取用户的个人数据，但后门程序主要用来在相关系统上安装更多的计算机病毒或者蠕虫。通过连接数据，程序可分析用户的使用行为，从数据安全考虑，是有很大威胁的。

（3）恶作剧程序（Hoaxes）：本身没有过激危害，但影响正常工作的一类程序。

（4）引导区病毒（Boots Sector Viruses）：感染硬盘的引导区或主引导扇区的病毒。这种病毒覆盖系统执行所必需的重要信息，往往会导致系统引导出现问题，甚至无法启动系统。

（5）宏病毒（Macro virus）：是用应用程序（例如 Word 中的 Basic）的宏语言编写的小程序，通常只在该应用程序的文档中扩散，也称为文档病毒。它们活动时需要启用相应的应用程序和运行中的已感染宏。宏病毒并不攻击可执行文件，只会攻击相应宿主应用程序的文档。

（6）变形病毒：能改变自己的特征码的病毒，它会使杀毒软件检测难度增大。

（7）僵尸病毒：感染计算机后，黑客会控制计算机成为僵尸计算机，为实现其犯罪目的，黑客可以通过远程控制滥用计算机。受感染的计算机按照命令启动"拒绝服务"攻击，例如发送垃圾邮件和钓鱼电子邮件。

任务 8-2 优化计算机

任务描述

在实际工作中,计算机的日常维护必不可少,否则会因为垃圾文件的累积导致磁盘可用空间的减少和运行速度的减缓,更会因为缺少系统高危漏洞的修补而导致安全漏洞敞开、有害程序侵入,还有很多方面的问题都会凸显,最终会导致系统可用性丧失。

有若干软件可以协助我们进行计算机的日常维护工作,如金山卫士、电脑管家、360 安全卫士等。这里以"电脑管家"为例。

任务实现

(1)打开如图 8-1 所示的"电脑管家"工作窗口。

(2)单击左侧的"电脑加速"选项,右侧显示"电脑加速"窗口。单击"一键扫描"按钮,扫描系统中有哪些加速项,扫描结果如图 8-6 所示。

图 8-6 加速项扫描结果

(3)"开机启动加速"显示了系统所有的开机自启动软件,可以禁用某些自启动软件,使开机速度加快,如图 8-7 所示。

(4)单击图 8-1 左侧的"垃圾清理"选项,然后单击右侧的"一键扫描"按钮,扫描系统内的垃圾文件,扫描结果如图 8-8 所示。垃圾文件分为 Windows 系统垃圾、聊天软件垃圾、上网垃圾等几类垃圾的具体信息。单击"垃圾文件"右侧的向下箭头,可以展开垃圾文件清理的详细信息,单击某个文件类型,并选择确定垃圾文件的清理范围。因为回收站经常会有需要回收的文件,所以一般不会勾选。

(6)电脑管家的软件管理功能分为软件宝库和软件升级、卸载功能,如图 8-9 所示。"宝库"中分类存放了腾讯优选的常用软件,常用的压缩工具、浏览器、输入法、聊天通讯等都有详细的清单。若知道相关软件的名称或者关键字,则可以直接在搜索框中搜索。将鼠标移动到需要安装的软件上,会显示"一键安装"按钮,单击该按钮后,电脑管家会自动完成下载和安装,同时要注意,安装过程中大部分步骤需要进一步确认,否则软件安装过程会暂停等待。安装成功后,"一键安装"按钮会自动变为"启动"按钮,单击"启动"按钮后会自动打开对应软件。

图 8-7 关闭开机启动项

图 8-8 垃圾扫描结果

"升级"功能可以自动列出计算机中已经安装的所有软件,并且分类显示,若有新版,会自动提示升级。"卸载"功能可以方便地卸载软件。

知识点:木马及间谍软件等

(1)脚本病毒和蠕虫。脚本病毒是使用 JavaScript 等脚本语言编写的程序,能把自身嵌入其他新脚本中,或者通过调用操作系统功能进行扩散。蠕虫是一种能自我复制的程序,是唯一可能侵入任何类型的破坏性程序。

(2)网址嫁接:修改浏览器的主机文件将查询的正常地址转向具有欺骗性的地址。这种方式比传统的钓鱼更直接,即使输入正确的网址,系统也只能访问假网站。

(3)钓鱼:即钓取互联网用户的个人详细信息。钓鱼者通常向受害人发送看起来很正式的信件(如电子邮件),意在引诱他们向自己透露机密或隐私信息,比如网上银行账户的用户名和密码。钓鱼者使用窃取的详细访问信息冒充受害人的身份进行交易。

图 8-9 "软件管理"窗口

（4）Rootkit：是一组在计算机系统被侵入后安装的软件工具，用于隐藏侵入者登录信息、隐藏进程和记录数据。它们会尝试更新已安装的间谍程序，重新安装被删除的间谍软件。

（5）间谍软件：在用户不知情的情况下拦截或部分控制计算机的操作的软件。间谍软件利用受感染的计算机获取商业利益。

（6）特洛伊木马：能伪装成具有特定功能、执行时才显露真实功能的程序。大多数木马都使用有吸引力的名称，意在引诱用户运行，一旦运行木马就会激活执行破坏性操作，例如格式化硬盘。还有一种特殊形式的特洛伊木马 Dropper，能将病毒嵌入计算机系统中。

任务 8-3　安 装 Windows 7

任务描述

新计算机（裸机）指没有安装任何操作系统的计算机，其操作系统的安装一般分为 4 个步骤：
（1）准备物理计算机及所有相关的驱动光盘。
（2）准备安装光盘映像或者其他操作系统安装文件来源及 Windows 系统的序列号。
（3）准备硬盘的分区（可忽略）。
（4）操作系统的安装。

这里我们选用的是 Windows 7 操作系统。假定物理计算机已经准备完毕，系统光盘映像已经准备好。

假定第一、二步准备工作已经完成，也就是物理计算机已经准备完毕，系统光盘映像已经准备好。注意用纸张记录好 Windows 安装文件的密匙（序列号），找到该计算机的各种驱动光盘备用。第三步准备硬盘分区的操作这里忽略，直接进入第四步完成操作系统的安装，具体步骤如下所述。

任务实现

（1）使用 Windows 7 的官方光盘引导新计算机。设置系统第一启动设备为光盘启动，并将 Windows 7 旗舰版简体中文光盘放入待安装计算机，重新启动计算机，出现光盘启动提示界面，如图 8-10 所示，此时快速按下回车键，会出现如图 8-11 所示加载安装文件提示，否则不能启动 Windows 7 系统光盘安装。稍等若干秒后会出现安装界面。

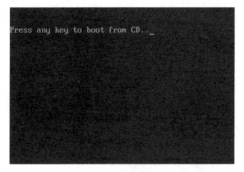
图 8-10　光盘启动提示界面

图 8-11　加载安装文件

（2）安装程序文件加载完成后出现 Windows 7 安装界面，如图 8-12 所示，因为 Windows 7 安装光盘是简体中文的，所以这里全部选择默认值，单击"下一步"按钮。

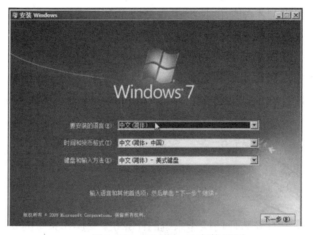
图 8-12　Windows 7 安装界面

（3）单击"现在安装"按钮，开始安装。如图 8-13 所示。

图 8-13　确认安装界面

(4) 出现许可协议条款, 在"我接受许可条款"前面打上钩, 接着单击"下一步"按钮。如图 8-14 所示。

(5) 出现"安装类型选择"界面, 因为不是升级, 所以选择"自定义(高级)"选项。如图 8-15 所示。

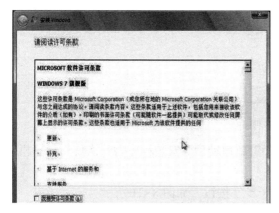

图 8-14 许可条款界面

图 8-15 安装类型选择界面

(6) 出现"安装位置选择"界面, 在这里选择安装系统的分区, 如果要对硬盘进行分区或格式化操作, 选择"驱动器选项(高级)"。如图 8-16 所示。

(7) 这里可以对硬盘进行分区, 也可对分区进行格式化。选择好安装系统的分区后, 单击"下一步"按钮。如图 8-17 所示。由于 Windows 7 在安装时会自动对所在分区进行格式化, 所以可以无需对安装系统的分区进行格式化。

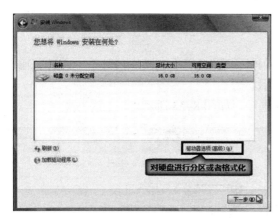

图 8-16 安装位置选择界面

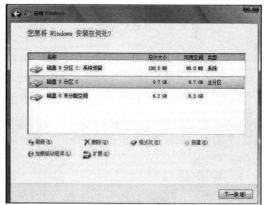

图 8-17 重新分区或者格式化

(8) Windows 7 开始安装。如图 8-18 所示。

(9) 安装完成后, 电脑需要重新启动, 重新启动后, 开始更新注册表设置, 并启动服务, 进入最后的完成安装阶段。如图 8-19 所示。

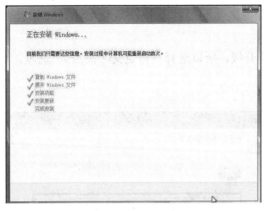
图 8-18 开始安装界面

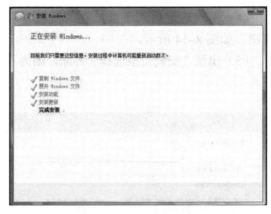
图 8-19 完成安装界面

（10）安装阶段完成后，电脑需要重新启动。重新启动后，安装程序为首次使用计算机做准备。如图 8-20 所示。

（11）输入用户名和计算机名称，单击"下一步"按钮。如图 8-21 所示。

图 8-20 首次启动界面

图 8-21 输入用户名和计算机名称

（12）为帐户设置密码，如果这里不设置密码（留空），以后电脑启动时就不会出现输入密码的提示，而是直接进入系统。如图 8-22 所示。

（13）设置系统更新方式，建议选择推荐的选项。如图 8-23 所示。

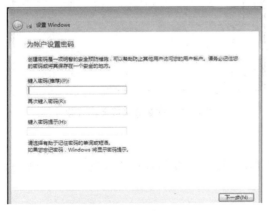
图 8-22 设置密码

图 8-23 系统更新方式选择

(14) 设置电脑的日期和时间。如图 8-24 所示。

(15) 设置网络位置，有家庭、工作和公用三个选项，其中家庭网络最宽松，公用网络最严格，根据自己的实际情况进行选择。如图 8-25 所示。

图 8-24　设置时间和日期　　　　　　　　图 8-25　设置网络

(16) 完成设置，如图 8-26 所示。

(17) 安装完成后会自动重启，出现启动画面。第一次启动比较慢，需要等待系统完成相应的配置，然后进入 Windows 7 桌面，如图 8-27 所示。系统会自动完成后续步骤，启动 Windows 桌面。至此，Windows 安装完成。

 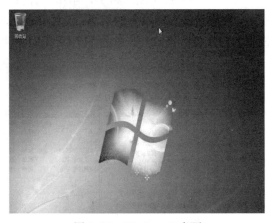

图 8-26　完成设置界面　　　　　　　　　图 8-27　Windows 7 桌面

(18) 进入桌面后还有部分设置任务和硬件驱动程序安装任务，这里就不再赘述。

知识点：硬盘分区

硬盘的分区，就像房间要分为不同的区域使用一样，硬盘作为最重要的信息储存设备，在使用前要完成存放区块的划分，这样才能实现高效的存储。硬盘被分割成的若干区域就是磁盘分区。目前常见的分区方式有 MBR 和 GPT 两种。MBR 是主引导记录（Main Boot Record）的简写，其中的分区表适用于 2 TB 以下的磁盘。GPT 全称为 GUID 分区表（GUID Partition

Table），它允许每个磁盘最多 128 个分区，支持高达 18 拍字节的卷大小，允许将主磁盘分区表和备份磁盘分区表用于冗余，还支持唯一的磁盘和分区 ID。GUID 全称为全局唯一标识符（Globally Unique Identifier）。随着 Windows 8 系统的推广，新磁盘容量的普及，如大于 2 T 的硬盘的普及，就必须采用 GPT 分区完成硬盘分区。目前 Windows 的 64 位系统均支持 GPT 分区。

传统的 MBR 硬盘分区有 3 类：主分区、扩展分区和非 DOS 分区。主分区能够安装操作系统，能够完成计算机启动，这样的分区可以直接格式化，然后安装系统，直接存放文件。扩展分区必须先划分出逻辑分区，然后才能格式化，进而存放数据。非 DOS 分区是一种非常重要的特殊分区形式，将硬盘的一部分区域划分出来供另外的操作系统使用，只有非 DOS 分区操作系统才能管理和使用。

分区信息与操作系统无关，主分区和扩展分区信息保存在硬盘上的一个特殊位置 MBR，任何操作系统均可读写。而逻辑分区则保存在扩展分区内。在一个硬盘中最多只能存在 4 个主分区。如果一个硬盘上需要超过 4 个以上的磁盘分区的话，那么就需要使用扩展分区了。如果使用扩展分区，那么一个物理硬盘上最多只能有 3 个主分区和 1 个扩展分区。扩展分区不能直接使用，它必须经过第二次分割成为若干逻辑分区，然后才可以使用。一个扩展分区中的逻辑分区可以有任意多个。

在计算机的磁盘管理器中，可以看到分区的详细情况，具体步骤如下所述。

（1）在桌面，右击"计算机"图标，在弹出的快捷菜单中，选择"管理"，显示"计算机管理"窗口。

（2）在控制台左侧的树中，单击"计算机管理"→"存储"→"磁盘管理"，如图 8-28 所示，会展示各存储设备的信息。磁盘 0 使用基本分区，大小为 465.76 GB；C 盘为 57.70 GB，使用 NTFS 分区格式；E 盘为 117.19 GB，使用 NTFS 格式。

图 8-28 磁盘管理详图

支持硬盘分区的软件很多，如分区魔术师 PQ Magic、硬盘厂商经常提供的 DM、Windows 系统自动的命令行工具 fdisk 等。

分区魔术师是非常经典的系统分区管理工具，简单直观易学。借助它可以完成空白硬盘的分区与格式化工作，实现分区的动态调整，如图 8-29 所示是其启动后的界面。

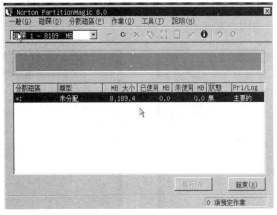

图 8-29　PQ Magic 的基本用户界面

任务 8-4　划分硬盘分区

任务描述

下面以空白硬盘的分区与格式化为例说明。

要求：将一个空白硬盘分区为三个部分，未来在 Windows 系统显示为 C、D、E 三个磁盘。具体结构如图 8-30 所示。

任务实现

（1）本例中以空白硬盘分区为例，所以需从光盘启动分区魔术师软件。如果是对已经安装好 Windows 7 系统的计算机进行分区，可直接运行分区魔术师。大家在进行此项练习之前，需具备 Ghost 版 Windows 7 安装盘。从光盘启动计算机，出现界面如图 8-31 所示的引导启动菜单。输入数字 6 后，启动分区魔术师 PM8.0，如图 8-29 所示。

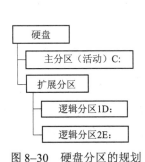

图 8-30　硬盘分区的规划　　　　图 8-31　系统启动菜单

（2）建立主分区，用于安装 Windows 系统，作为系统分区。单击"未分配"空间，下拉"作业"菜单，选择"建立…"菜单项，如图 8-32 所示，出现"建立分割磁区"对话框，如图 8-33 所示。在对话框中，选择建立为"主要分割磁区"，确定分区类型为"FAT32"，输入修改分区大小为"4 000"MB，然后单击"确定"按钮即可。分区结果如图 8-34 所示。

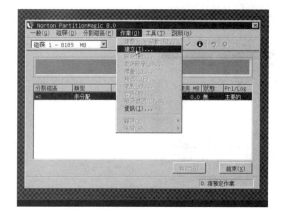 

图 8-32　"作业"菜单　　　　　　　　　图 8-33　"建立分割磁区"对话框

（3）建立磁盘扩展分区。第一个分区已经建立，在下图中可以清楚地看到 C：分区，但是还有"未分配"类型空间 4 188.8 MB，单击此未分配空间，下拉"作业"菜单，如图 8-35 所示继续建立磁盘扩展分区。扩展分区内可以容纳多个逻辑分区，逻辑分区可以真正分配空间。

 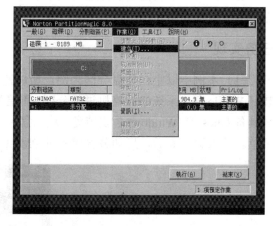

图 8-34　第一个主分区的分割　　　　　　图 8-35　第二个分区的"建立"

建立扩展分区时，选择建立的分区为"延伸"类型（扩展分区），无须格式化，大小为剩余的全部空间，建立效果如图 8-36 所示。

（4）建立逻辑分区。单击"未分配"空间，继续在"作业"菜单中选择"建立…"，出现对话框如图 8-37 所示。设定建立为"逻辑分割磁区"（逻辑分区），分区类型为"NTFS"，输入分区标签为"DATA"，输入大小为"2 196.4"，其他选项不修改，修改完毕单击"确定"按钮执行。

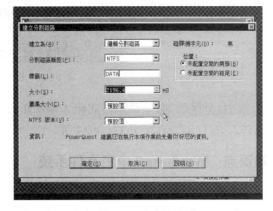

图 8-36 建立"延伸"分区后　　　　　　图 8-37 建立"逻辑分割磁区"对话框

(5) 重复步骤 (4),完成第二个逻辑分区的建立,设定使用所有剩余空间,标签为"backup",分区类型为"NTFS"类型。磁盘所有空间分配完毕后,得到图 8-38。

(6) 最后一定要单击图 8-38 中的"执行"按钮,并单击"是"按钮变更后分区工作才真正开始。分区完毕后,接着会根据设定的分区类型格式化,所有进度完成后,就可以安装操作系统 Windows 7 了。进度未完成不能中断,如图 8-39 所示,否则需重新分区。

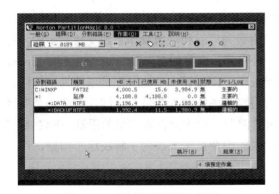

图 8-38 规划分区配置完毕后　　　　　　图 8-39 应用规划的分区

特别注意,图 8-40 中"C:"分区的"状态"应为"活动",而图示为"无"。"活动"表示为启动分区,安装操作系统后计算机可以自动从活动分区启动 Windows 7 系统。若为"无",即使安装了系统该分区也不能启动计算机。设置活动的具体步骤是选中相应分区"C:",单击"分割磁区"菜单,在弹出的下拉菜单中单击"设置活动"选项即可。

图 8-40 详细分区列表

(7) 所有进度完成后,单击"结束"按钮,出现"警告"对话框,如图 8-41 所示。单击"确定"按钮退出分区魔术师,系统自动启动。

图 8-41 提示重新启动对话框

磁盘分区后,必须经过格式化才能够正式使用,格式化后常见的磁盘格式有:FAT(FAT16)、FAT32、NTFS、ext2、ext3、ext4 等。

知识点:Windows 7 中的文件系统

DOS 和 FAT 文件系统最初都被设计成可以支持在一块硬盘上最多建立 24 个分区,分别使用从 C 到 Z 的 24 个驱动器盘符。但是主引导记录中的分区表最多只能包含 4 个分区记录,为了有效地解决这个问题,DOS 的分区命令 FDISK 允许用户创建一个扩展分区,并且在扩展分区内再建立最多 23 个逻辑分区,其中的每个分区都单独分配一个盘符,可以被计算机作为独立设备使用。

在 Windows 家族中常见的文件系统主要有 FAT、FAT32、NTFS 三种,Linux 中常见的文件系统主要有 ext2、ext3、ext4,这里主要说明一下 Windows 的文件系统。

1. FAT16

这是 MS-DOS 和早期的 Win95 操作系统中最常见的磁盘分区格式。它采用 16 位的文件分配表,能支持最大为 2 GB 的硬盘,是目前应用最为广泛和获得操作系统支持最多的一种磁盘分区格式,几乎所有的操作系统都支持这一种格式,典型的有 Windows 全系列、Linux。该分区格式最明显的缺点是磁盘利用效率低。Windows 中磁盘文件的分配是以簇为单位的,一个簇只分配给一个文件使用,不管这个文件占用整个簇的多少容量。这样,即使一个文件很小,它也要占用了一个簇,导致剩余空间的闲置浪费。由于分区表容量的限制,FAT16 支持的分区越大,磁盘上每个簇的容量也越大,造成的浪费也越大。为了解决这个问题,产生了新的 FAT32 分区格式。

2. FAT32

这种格式采用 32 位的文件分配表,使其对磁盘的管理能力大大增强,突破了 FAT16 对每一个分区的容量只有 2 GB 的限制。由于现在的硬盘生产成本下降,其容量越来越大,运用 FAT32 的分区格式后,我们可以将一个大硬盘定义成一个分区而不必分为几个分区使用,大大方便了对磁盘的管理。而且,FAT32 具有一个最大的优点:在一个不超过 8 GB 的分区中,FAT32 分区格式的每个簇容量都固定为 4 KB,与 FAT16 相比,可以大大地减少磁盘的浪费,提高磁盘利用率。支持 FAT32 分区格式的操作系统有 Windows 98 之后的 Windows 版本、Linux、Android 等。这种格式目前主要用在各种移动存储设备中,如存储卡、U 盘、移动硬盘。

3. NTFS

NTFS 格式的优点是安全性和稳定性极其出色,在使用中不易产生文件碎片。它能对用户的操作进行记录,通过对用户权限进行非常严格的限制,使每个用户只能按照系统赋予的权限进行操作,充分保护了系统与数据的安全。目前支持这种分区格式的操作系统已经很多,从 Windows NT 和 Windows 2000 直至 Windows Vista、Windows 7、Windows 8。

任务 8–5　快速安装系统

任务描述

安装 Windows 系统是比较麻烦的工作，除了前面已经做好的分区工作外，还要准备好各类驱动程序、办公应用软件等，要让一台机器能够基本工作，需要约 50 分钟，能正常工作就得 90 分钟，一个上午顶多安装好两台机器的系统。一到病毒爆发的季节，管理员整天忙于重装系统。借助 Ghost 镜像技术可以完成系统快速安装，用 10～20 分钟的时间完成原来 90 分钟才能做完的工作，并能实现无人值守安装。

任务实现

（1）将 Ghost 版 Windows 7 安装盘放入光驱，从光盘启动计算机，出现启动菜单，如图 8-31 所示，输入数字键"1"选择"把系统装到硬盘第一分区"，出现 Ghost 软件的恢复界面，如图 8-42 所示。还原用时 3～30 分钟不等，新机器一般在 5 分钟以内，老机器一般在 15～20 分钟。

（2）Windows 系统自动恢复到 C 盘完毕后，Ghost 软件会提示重新启动，经确认后重新启动计算机。若没有活动分区，会返回到没有发现操作系统提示"Operating system not found"黑底界

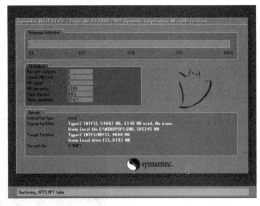

图 8-42　自动恢复 windows 到 C 分区

面，若有活动分区，则进入系统自动安装过程。安装过程中无须用户参与，几分钟后，即可完成安装，一个全新的 Windows 7 系统安装到计算机上。下面的图 8-43 和图 8-44 是安装过程出现的安装界面。特别说明，恢复的 Windows 系统中集成了几乎所有的常见硬件驱动程序，各类驱动解压缩安装后，绝大部分机器都可以正常工作。

图 8-43　安装设备界面

图 8-44　应用设置界面

任务 8-6　备份及还原系统

任务描述

操作系统的备份和还原的方法很多，既可以使用 Windows 7 自身所用的还原点功能，也可以使用杀毒软件等所提供的备份工具。这里使用的是 Ghost 软件，与前面系统安装所用的工具是相同的。利用 Ghost 完成分区备份是系统日常备份的常用手段，方法简洁高效，但也有一定的危险性，训练时需借助虚拟机进行。

新安装完成系统配置时，推荐立刻做好系统备份。

要求：将 Windows 系统所在的分区完全备份到其他数据分区。通常系统分区是 C 分区，数据分区是 D、E 分区，这里可以选择将 C 分区备份文件 cbak.gho 存储到 D 分区。然后再使用 Ghost 完成还原操作，即将 D 分区中的 cbak.gho 还原到 C 分区。

任务实现

（1）虚拟计算机重新启动后，出现如图 8-45 所示的画面时，按下"ESC"键，弹出选择启动设备对话框如图 8-46 所示，并输入数字"3"选择"CD-ROM Drive"。

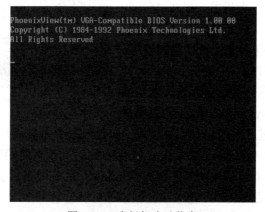

图 8-45　虚拟机启动信息

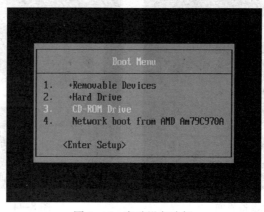

图 8-46　启动设备选择

（2）将 Ghost 版 Windows 7 安装盘放入光驱，从光盘启动计算机，启动后出现画面，如前文图 8-31 所示。输入数字键"7""手动运行 Ghost 11"，出现 Ghost 软件，如图 8-47 所示。

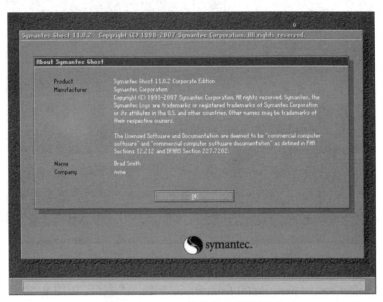

图 8-47　Ghost 软件授权信息界面

（3）单击"OK"按钮后，进入系统，在自动弹出的菜单中，选择菜单"Local"→"Partition"→"To Image"，如图 8-48 所示，确定备份指定的分区数据到另一个分区。

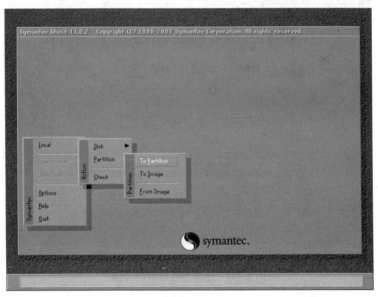

图 8-48　Ghost 分区操作菜单

（4）选择后出现"Select local source drive by clicking on the driver number"窗口，如图 8-49 所示，确定需要备份的硬盘，使用"Tab"键移动光标到"OK"按钮，输入"Enter"键确定。

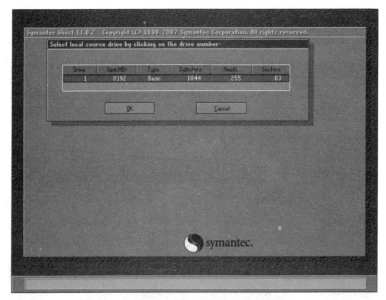

图 8-49 选定需要备份的分区所在硬盘

（5）出现"Select source partition(s) from Basic drive：1"窗口，如图 8-50 所示，使用"Tab"键移动光标到"Part"号为 1 的行，键入"空格"选定（使高亮显示），按"Tab"键移动光标到"OK"按钮，键入"Enter"确定需要复制为镜像的源分区。

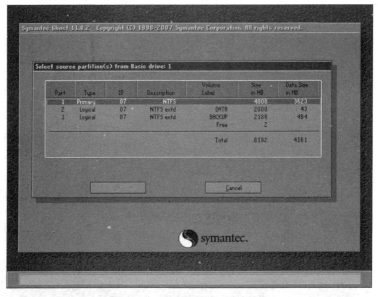

图 8-50 选定需要备份的分区

（6）确定存放镜像文件的分区。在显示的"Select destination partition from Basic drive：1"中，用键入"空格"选中"2 DATA"分区，并确定，即出现"File name to copy image to"对话框，如图 8-51 所示。使用"Tab"键移动光标到"File name"文本框，输入文件名"cbak"，扩展名不变。使用"Tab"键移动光标到"save"按钮，输入"Enter"确定，开始镜像制作过程，如图 8-52 所示。

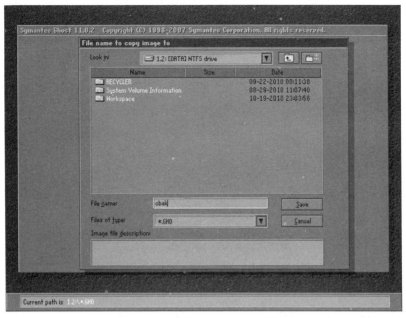

图 8-51　选择镜像文件存放分区

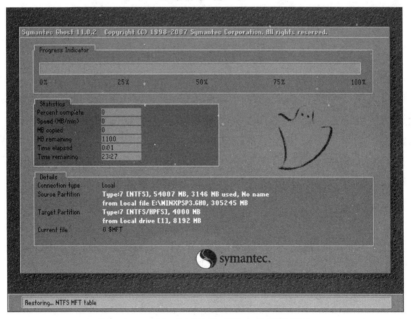

图 8-52　目标分区备份到指定分区的进度

（7）备份完成后，Ghost 会回到初始界面，退出 Ghost 系统之后计算机重新启动。至此系统备份工作完成。

（8）将备份在 D 分区的 cbak.gho 还原，恰为前面备份过程的逆过程。还原过程的（1）到（2）步同备份过程；第（3）步如图 8-53 所示，请使用"Local"→"Partition"→"From Image"来完成还原操作的确定；第（4）步确定还原 cbak.gho 的存放位置；第（5）确定还原到 C 分区；第（6）、（7）步与备份过程相同，就不再赘述。

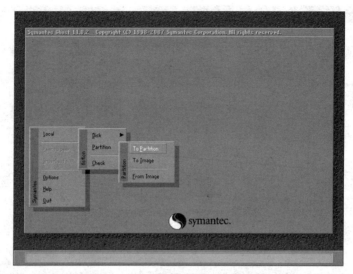

图 8-53 分区还原菜单 From Image

总结与复习

本章小结

本章我们通过完成 6 个具体、常见的实际任务,学习了如何划分硬盘分区、安装 windows、备份系统、还原系统、全盘查杀杀毒、按需查杀杀毒、定时查杀杀毒、隔离区文件管理等。本章内容经过精挑细选,首先解决了防杀病毒问题,杀毒软件的用法大同小异,使用上都很方便。然后解决了大家练习安装操作系统的问题,同时也是方便系统备份还原解决方案,这部分的重点是 Ghost 软件使用,难点是分区管理问题。学习结束后,请大家参照本章开始的能力目标,对你的学习效果做出自我评价。然后,完成后面的习题进行检验。

关键术语

磁盘分区、主分区、扩展分区、文件系统、FAT、FAT32、NTFS、ISO 映像、Ghost、分区备份、分区还原、病毒、木马、间谍程序、防病毒、防火墙、路由器、按需查杀、全盘查杀、病毒分类、隔离区。

动手项目

(1)请进行如下操作。

① 下载 VMware Workstation 并安装到自己计算机上。

② 新建 Windows 7 虚拟机,内存 512 MB,硬盘 20 GB。

③ 下载 Windows 7 的 ISO 映像(安装光盘镜像)。

④ 给 Windows 7 虚拟机划分硬盘分区,C 分区(活动主分区)8 GB,D 逻辑分区 6 GB,E 逻辑分区 6 GB,并格式化为 NTFS 文件系统。

⑤ 安装 Windows 7 系统到 C 分区。

⑥ 借助金山卫士等工具将 Windows 系统进行优化和修补。

⑦ 使用 Ghost 工具完成系统备份。

（2）请为一台计算机制定一个保养规划，保护计算机能更好的工作。

（3）请选择免费的防火墙软件和防病毒软件，并进行比较，给同学们推荐一下。

（4）请使用小红伞为自己的计算机或同学的计算机做好病毒防护，具体操作如下：

① 整机查杀一次；

② 定时在晚上 10:00 快速查毒一次；

③ 对检出的病毒进行处理，分析病毒是否删除、还原、上报。

学以致用

（1）张爷爷也是计算机迷，最近新组装了一台台式机但没有安装操作系统，单独安装系统要花 100 块钱。请你帮忙安装 Windows 7 系统。

提示：新计算机的系统安装需要先分区，然后才能安装系统。

（2）张爷爷的台式机刚刚安装了操作系统 Windows 7，请你帮忙把系统备份一下。

（3）张爷爷的台式机在使用几个月之后，由于大量垃圾数据、磁盘数据碎片的存在，速度越来越慢，请你帮忙把系统优化一下。由于系统优化需要较多的时间，并且需要查阅很多的资料，你的时间不太够用。这时你会选择怎么样的优化策略？若有备份的系统分区数据呢？

（4）给张爷爷的计算机推荐一款免费的杀毒软件，并帮助他学会如何使用。